Karl Heinz Koch (Hrsg.)

Industrielle Prozeßanalytik

Mit 95 Abbildungen

Springer

Professor Dr. Karl Heinz Koch

Auf dem Mühlenhofe 41
44267 Dortmund

Die Deutsche Bibliothek – CIP-Einheitsaufnahme

Koch, Karl H.:
Industrielle Prozessanalytik / Karl H. Koch. – Berlin ;
Heidelberg ; New York ; Barcelona ; Budapest ; Hongkong ;
London ; Mailand ; Paris ; Santa Clara ; Singapur ; Tokio :
Springer, 1997

ISBN 978-3-662-01084-6   ISBN 978-3-662-01083-9 (eBook)
DOI 10.1007/978-3-662-01083-9

© Springer-Verlag Berlin Heidelberg 1997

Ursprünglich erschienen bei Springer-Verlag Berlin Heidelberg New York 1997

Softcover reprint of the hardcover 1st edition 1997

Produktion: PRODUserv Springer Produktions-Gesellschaft
Einbandentwurf: Struve & Partner, Heidelberg;
Satz: Fotosatz-Service Köhler OHG, 97084 Würzburg
SPIN: 10465252   52/3020 - 5 4 3 2 1 0 – Gedruckt auf säurefreiem Papier

Vorwort

Die industrielle Prozeßanalytik ist wie das gesamte Gebiet der Analytischen Chemie integraler und essentieller Bestandteil jedes auf chemischen Reaktionen basierenden Industrieunternehmens. Sie liefert Entscheidungshilfen in der Abfolge der Prozeßschritte, ihre Ergebnisse haben damit entscheidende sachliche, ökonomische und ökologische Auswirkungen. Daher muß dieser Teil der Analytik bereits in die Lehre der modernen „angewandten" Analytischen Chemie miteinbezogen werden. Nur so kann schon der Studierende den realen Bezug dieser wissenschaftlichen Materie erkennen und lernen, in welcher Weise die Methoden der Analytik in der Praxis zu Problemlösungen herangezogen werden: Eine Diskrepanz zwischen universitärer Ausbildung und Berufswirklichkeit wird vermieden und die Vielfalt in der „instrumentellen" (physikalischen) Analytik wird verständlicher.

Dieses Buch wendet sich daher zum einen an Studenten der höheren Semester der Analytischen Chemie, der Chemietechnik (chemische Verfahrenstechnik), der Werkstoff- und Materialwissenschaften und zum anderen an den analytischen Praktiker, an den Chemieingenieur und den Verfahrenstechniker, der Informationen über die Möglichkeiten und Verfahren der Prozeßanalytik und Kenntnisse über ihre Leistungsfähigkeit, z. B. im Hinblick auf industrielle Prozeßoptimierungen, benötigt. Hierbei werden auch insbesondere die in kleineren und mittleren Betrieben tätigen Chemie-Ingenieure und Verfahrenstechniker einbezogen, die ohne einen erfahrenen Analytiker an ihrer Seite prozeßanalytische Aufgaben zu lösen haben. Dabei sollen die einzelnen Kapiteln zugefügten Listen von Lieferfirmen, die natürlich keinen Anspruch auf Vollständigkeit erheben können, als Hinweis hilfreich sein und einen leichteren Einstieg in die praktische Problemlösung ermöglichen. Den fortgeschrittenen analytisch interessierten Studenten soll dieser Band Erkenntnisse über die Notwendigkeit zur Entwicklung und Anwendung analytischer Verfahren in der industriellen Praxis vermitteln, und er kann möglicherweise der Richtungsfindung beim fortgeschrittenen Studium dienen.

Diese Darstellung der industriellen Prozeßanalytik soll eine Ergänzung bewährter Lehr- und Handbücher darstellen und geschieht in der Erkenntnis, daß neuere Buchveröffentlichungen aus dem Bereich der industriellen Analytik derzeit nicht vorliegen.

Bei der Beschreibung des in den ersten Kapiteln nach den drei Aggregatzuständen gegliederten Inhaltes werden jeweils die naturwissenschaftlichen

Grundlagen der Methoden kurz dargelegt und danach der erreichte Stand der Technik (state-of-the-art) anhand von Beispielen erläutert. Die jedem Kapitel angefügten Literaturhinweise sollen eine Vertiefung des Stoffes erschließen. Dabei können die in den angegebenen Veröffentlichungen erwähnten Zitate eine weitere Hilfestellung sein.

In besonderen Kapiteln werden exemplarisch das Zusammenwirken und die wechselseitige Abhängigkeit und Beeinflussung verschiedener Fachdisziplinen dargestellt. Auf diese Weise wird z.B. der zukünftige Analytiker oder Chemieingenieur unmittelbar mit der Notwendigkeit des interdisziplinären Dialogs bekannt gemacht.

In einem abschließenden Kapitel wird die Einbindung der Qualitätssicherung – ein Begriff, der gerade im Zusammenhang mit dem europäischen Binnenmarkt von wesentlicher Bedeutung für die gesamte Industrie und für die Analytik geworden ist – in die Prozeßtechnik und -analytik behandelt.

Schließlich sollte erwähnt werden, daß bei der Behandlung der einzelnen Teilgebiete die wissenschaftlichen Grundlagen der analytischen Methoden im allgemeinen vorausgesetzt werden.

Für anregende Diskussionen und förderliche Hinweise dankt der Unterzeichnete in aufrichtiger Verbundenheit Herrn Prof. Dr. Manfred Grasserbauer. Besonderer Dank gilt den Herren Prof. Dr. B. O. Kolbesen, Frankfurt/Main, und Prof. Dr. A. Manz, London, für Anregungen zur Abfassung der Kapitel „Prozeßanalytik in der Halbleiterindustrie" bzw. „Prozeßanalytik in der Chemischen Industrie" und die Bereitstellung diesbezüglicher Literatur. Ferner sei Herrn Dr. J. Flock, Dortmund, für die Anfertigung zahlreicher Bildvorlagen herzlich gedankt. Schließlich gebührt dem Springer-Verlag Dank für die problemlose Realisierung dieses Projektes und die Ausgestaltung dieses Buches.

Dortmund/Wien, im Juli 1996   K. H. Koch

Abstract

Die industrielle Prozeßanalytik ist wie das gesamte Gebiet der Analytischen Chemie integraler und essentieller Bestandteil jedes auf chemischen Reaktionen basierenden Industrieunternehmens. Sie liefert Entscheidungshilfen in der Abfolge der Prozeßschritte und ihre Ergebnisse haben damit entscheidende sachliche, ökonomische und ökologische Auswirkungen. So wendet sich dieses Buch an den analytischen Praktiker, an den Chemieingenieur und Verfahrenstechniker, der Informationen über die Möglichkeiten und Verfahren der Prozeßanalytik und ihre Leistungsfähigkeit, z. B. im Hinblick auf industrielle Prozeßoptimierungen, benötigt, aber auch an Studenten höherer Semester der Analytischen Chemie, der chemischen Verfahrenstechnik sowie der Werkstoff- und Materialwissenschaften. Es sollen aber auch die in kleineren und mittleren Unternehmen tätigen Verfahrensingenieure angesprochen werden, die ohne einen erfahrenen Analytiker an ihrer Seite prozeßanalytische Aufgaben zu lösen haben. Dabei sollen die Literaturangaben und die einzelnen Kapiteln zugefügten Listen von Lieferfirmen, die natürlich keinen Anspruch auf Vollständigkeit erheben können, als Hinweise hilfreich sein und einen leichteren Einstieg in die praktische Problemlösung ermöglichen. In besonderen Kapiteln werden das Zusammenwirken und die wechselseitige Abhängigkeit und Beeinflussung verschiedener Fachdisziplinen exemplarisch dargestellt. Auf diese Weise wird z. B. der zukünftige Analytiker oder Chemieingenieur unmittelbar mit der Notwendigkeit und den Ergebnissen eines interdisziplinären Dialogs bekannt gemacht.

Inhaltsverzeichnis

1 Einführung

1.1
Aufgabenbereich der industriellen Analytik

Zu Beginn soll der Begriff (chemische) „Analytik" kurz erläutert werden, um von daher den hier zu behandelnden speziellen Teil der Analytischen Chemie[1], die industrielle Prozeßanalytik, einordnen zu können. Unter „Analytik" wird das Gewinnen von Informationen über die qualitative und/oder quantitative Zusammensetzung, aber auch über die räumliche Struktur von Stoffen verstanden [1], wobei die Entnahme und Vorbereitung des Untersuchungsmaterials ebenso dazugehört wie die – u. U. sehr schwierige und langwierige – Auswertung der Meßergebnisse [2] (Chemometrik [3]). Diese Verarbeitung von analytischen Daten schließt in speziellen Fällen die Verfahrensstufe der Datenreduktion ein, um ein plausibles und unmittelbar überschaubares Ergebnis zu erhalten. Aus dieser Charakteristik folgt, daß die Analytik über das Gebiet der klassichen analytischen Chemie wesentlich hinausgeht [4, 5].

Das Analysen*ergebnis* dient dabei u. U. nicht nur dem industriellen Auftraggeber (Verfahrensingenieur) oder dem Forscher sondern besitzt gleichzeitig Bedeutung für den Verbraucher (Bedarfsgegenstände), den Gesetzgeber [6] (Chemikaliengesetz) und/oder die Medien als Vertretung des öffentlichen Interesses (Umweltrelevanz) [7]. Um das analytische Ziel zu erreichen, bedarf es einer Strategie, die ihren Ansatz bei der Objektbeschreibung findet und danach die Methoden zur Erreichung des Zieles festlegt (Abb. 1.1). Hinsichtlich der Metho-

---

1 Bisher allgemein anerkannte *Definition*: „Analytische Chemie" ist die Wissenschaft der synoptischen mikro- und/oder makrologischen Betrachtung und informationellen Aufarbeitung der materialbezogenen und reagensabhängigen Signale aus den chemischen, physikalischen oder biochemischen Reaktionen zwischen Probe und Reagens, die zur Substanzaufklärung führt.

Definition von K. Cammann (*Competition: „Analytical Chemistry – today's definition and interpretation", 1992):* Analytical Chemistry is defined as the self-reliant, chemical sub-discipline which develops and delivers appropriate methods and tools to gain information on the composition and structure of matter, especially concerning type, number, energetic state and geometrical arrangement of atoms and molecules in general or within any given sample volume.

Definition der Working Party of Analytical Chemistry (WPAC) der FECS (EUROANALYSIS VIII, Edinburgh (UK), 1993: „Analytical Chemistry is a scientific discipline which develops and applies methods, instruments and strategies to obtain information on the composition and nature of matter in space and time."

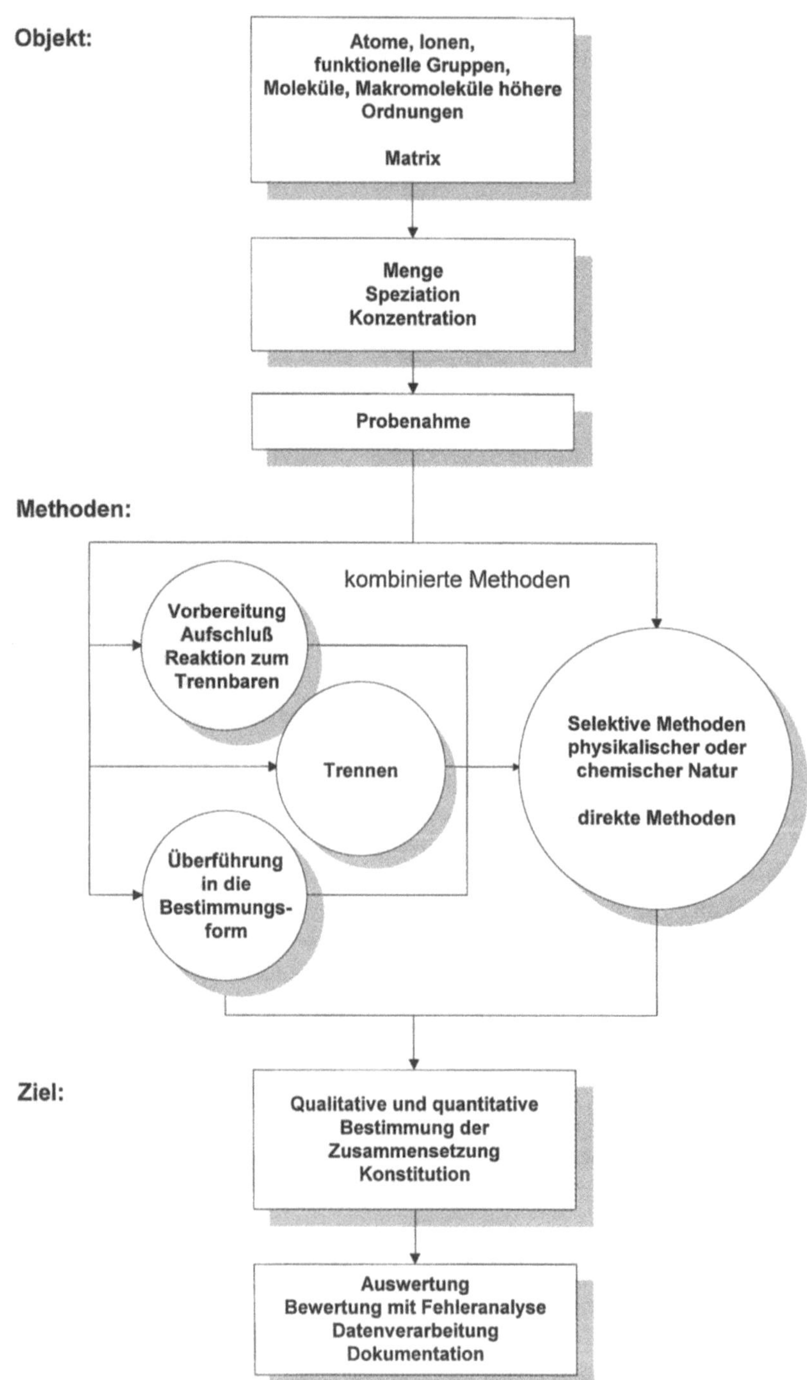

Abb. 1.1. Strategie in der Analytik

den ist anzumerken, daß die moderne Analytik von einer Vielfalt geprägt ist, die im Methodenverbund, auch die Lösung kompliziertester Fragestellungen erlaubt. Als Beispiel für die zeitliche Entwicklung dieser Verbreiterung der analytischen Methodik sei auf die Stahlindustrie als eine der Grundstoffindustrien verwiesen (Abb. 1.2): Während noch 1950 ausschließlich rein chemische Verfahren eingesetzt wurden, begann 1960 die verbreitete Einführung atomspektroskopischer Methoden; 1970 besitzt die Phasenanalyse bereits große Bedeutung und es beginnt die Anwendung von Gaschromatographie (GC) sowie Infrarotspektroskopie (IR); ab 1980 findet der Einstieg in die Oberflächenanalytik statt. Die für diese Entwicklungen maßgebenden Faktoren werden zu einem späteren Zeitpunkt noch erläutert werden.

Der Titel dieses Buches *„Industrielle Prozeßanalytik"* umreißt bereits programmatisch den zu behandelnden Themenkreis [8] und enthält einen fachlichen Anspruch, den es nachfolgend zu definieren gilt. Danach ist die industrielle Prozeßanalytik [9] als ein Teil der instrumentellen, in der Prozeßtechnik angewandten Analytik, der die Anwendung von Multielement- und/oder Multimethodenkonzepten bedeutet, zu verstehen [10]. Dieser Bereich der Prozeßanalytik – oder besser „chemischen Prozeßanalytik" – ist damit abgegrenzt gegenüber der prozeßbegleitenden Messung physikalischer Größen, wie Temperatur, Druck, Viskosität u.a., die nur bedingt als Prozeßanalytik betrachtet werden können. Die (chemische) Prozeßanalytik umfaßt diskontinuierlich und kontinuierlich arbeitende Methoden, wobei in-line- und on-line-Verfahren[2] mehr und mehr gefordert und entwickelt werden [11]. Letztere gewinnen zunehmend an technischer und wirtschaftlicher Bedeutung, wobei in der Entwicklungsphase häufig erhebliche stoffbezogene Probleme gelöst werden müssen [12].

Der Aufgabenbereich der gesamten *industriellen Analytik* [13] geht natürlich über den gerade skizzierten Bereich der Prozeßanalytik im engeren Sinne wesentlich hinaus [14, 15]. Zu den rein prozeßbegleitenden und produktbeschreibenden Untersuchungen treten ergänzend die Analyse

- von Rohstoffen unterschiedlichster Art (u.U. einschließlich der Proben aus der Erzprospektion oder der Rohstoffgewinnung).
- von Nebenprodukten der verschiedenen Verfahrensstufen,
- von Konkurrenzprodukten im Sinne der Marktbeobachtung,
- von Hilfs- und Betriebsstoffen, wie Kesselspeisewässer, Brauchwässer, Schmiermittel, Kraftstoffe, gasförmige, flüssige und feste Brennstoffe, Bau- und Anstrichstoffe,
- von Abgasen und Abwässern und deren Beurteilung im Hinblick auf das Umweltgeschehen und die gesetzlichen Auflagen,

---

2 in-line = Untersuchung im Produktionsfluß (ohne Probenentnahme),
  on-line = Untersuchung kontinuierlich entnommener und analysierter Teilmengen,
  off-line = Untersuchung (diskontinuierlich) entnommener und analysierter Proben ohne direkte (automatische) Anbindung an das Prozeßgeschehen,
  at-line = Schnellprüfung (Test) in Prozeßnähe.

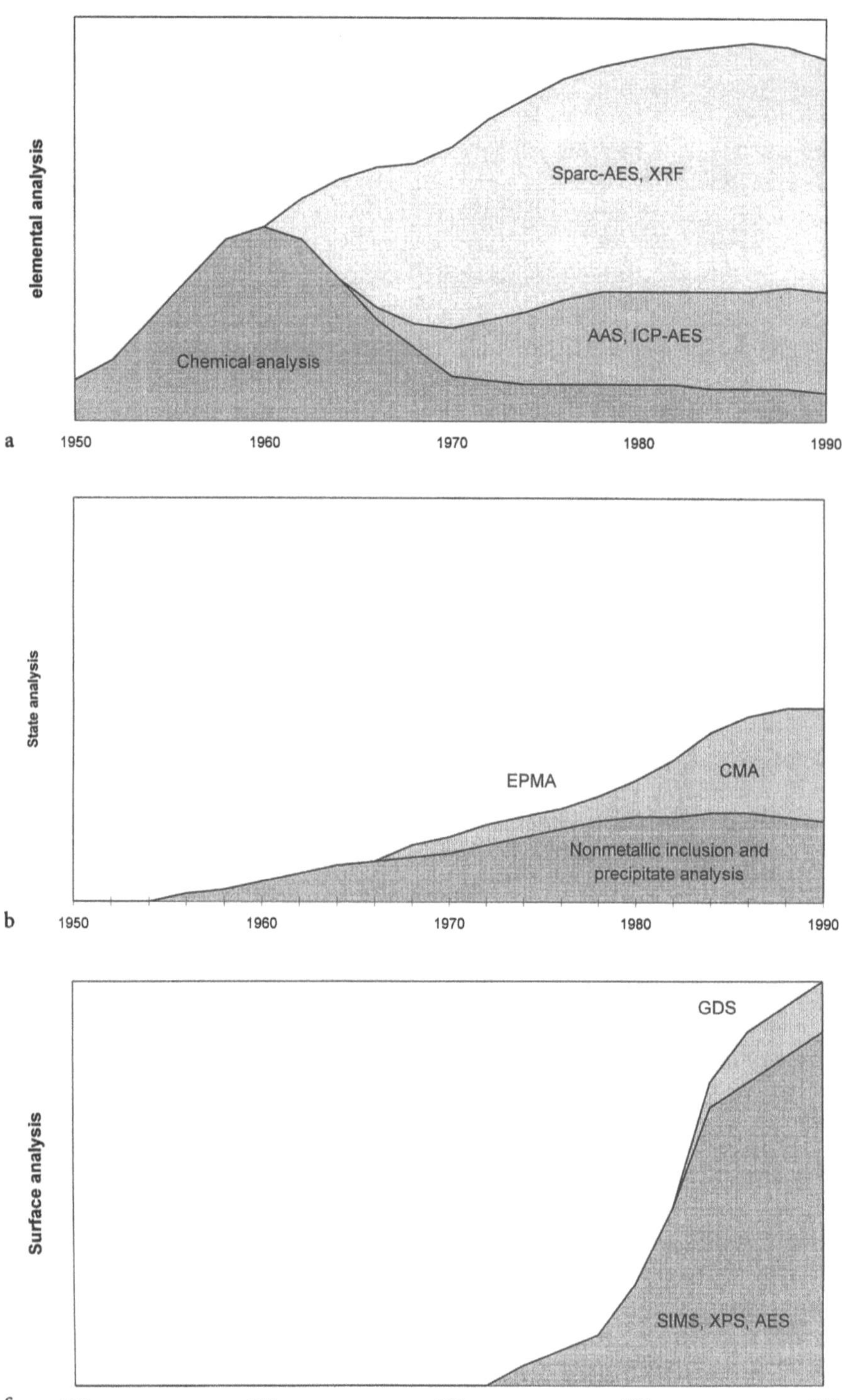

Abb. 1.2. Historische Entwicklung der chemischen Analytik in der Stahlindustrie (ab 1950)

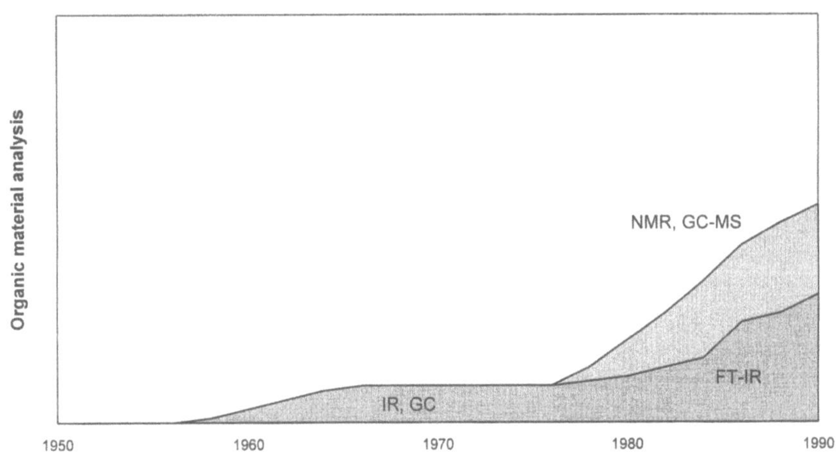

Abb. 1.2 d (Siehe auch Abb. 3.7, S. 53 und 54)

– von Wasch- und Reinigungsmitteln für die unterschiedlichsten Zwecke (Reinigung von Maschinenteilen, Anlagen, Werkshallen, Wäscherei),
– von Proben aus dem Bereich der Ergonomie und Arbeitsmedizin.

(Diese Aufzählung kann wegen der Unterschiedlichkeit der analytischen Anforderungen in den einzelnen Industriezweigen keinen Anspruch auf Vollständigkeit erheben).

Die Höhe der Sachinvestitionen und spezifischen Forschungsaufwendungen, die die wichtigsten Industriebranchen für ihre Zukunftssicherung aufbringen, sind sehr unterschiedlich und hängen von einer Reihe technischer und wirtschaftlicher Faktoren ab. Zu diesen zukunftssichernden Maßnahmen gehören aber in jedem Fall zu einem nicht unerheblichen Teil die Entwicklung und Applikation analytischer Methoden. Das gleiche gilt für den Wettbewerb zwischen den verschiedenen Werkstoffen, der durch vielfältige Substitutionstendenzen gekennzeichnet ist (Abb. 1.3). Auch hier spielt die Analytik eine wichtige Rolle bei der Charakterisierung der konventionellen und neuentwickelten Werkstoffe sowie der Beschreibung ihrer chemischen Eigenschaften.

Zu den genannten Aktivitäten gehören ferner problembezogene Forschungs- und Entwicklungsarbeiten und die Schulung der Mitarbeiter und die Ausbildung des Nachwuchses (Berufsausbildung zum Chemielaboranten; Anfertigung anwendungsorientierter Diplomarbeiten und Dissertationen).

Der *Prozeßanalytik* kommt eine besondere technische und wirtschafliche Bedeutung zu [11], wie im weiteren Verlauf an einer Reihe eindrucksvoller Beispiele gezeigt werden wird. Die technische Bedeutung liegt zum einen darin, daß dieser Bereich der Analytik die Beschreibung, Überwachung und Steuerung technischer Prozesse und die Charakterisierung der erzeugten Produkte ermöglicht. Der wirtschaftliche Aspekt besteht in der Schaffung von Voraussetzungen für die Kostenminimierung der Prozeßtechnik. Ferner trägt dieser Teil der Ana-

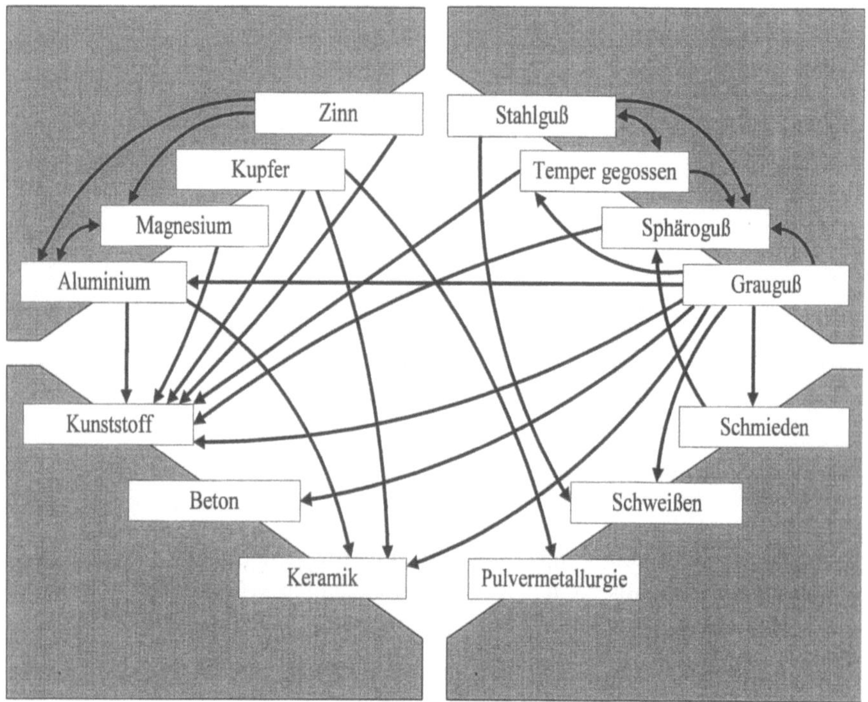

Abb. 1.3. Substitutionstendenzen bei Werkstoffen

lytik erheblich zur Qualitätskontrolle der Produkte bei, auf die an anderer Stelle noch näher eingegangen werden wird.

Auch hinsichtlich der *Automatisierung von industriellen Prozessen* kommt der Analytik eine hervorragende Rolle zu [17], da sie in vielen Fällen überhaupt erst die notwendigen Voraussetzungen für einer erfolgreiche Prozeßregelung oder -steuerung zu schaffen vermag [10, 18]. Das erfordert häufig, daß zunächst das anzuwendende Untersuchungsverfahren selbst automatisiert werden muß [19, 20]. Demzufolge spricht man von einer Automation *in* der Analytischen Chemie und *mit* der Analytischen Chemie [21–27].

Damit sind die Begriffe der „Automation" und der „Automatisierung" angesprochen. Eine Definition für das Automatisieren: Verwendung mechanischer und instrumentaler Vorrichtungen, um menschliche Arbeit und Fähigkeiten zur Ausführung eines gegebenen Prozesses teilweise oder vollständig zu ersetzen; derartige Systeme werden durch Rückführung von Informationen gesteuert, um eine selbstkontrollierende oder selbstjustierende Apparatur zu ermöglichen. Je höher der dabei erreichte Grad der Automatisierung ist, desto wichtiger sind Störungsdiagnosen und Störungsbehandlung. Die dazu benötigten Fähigkeiten zeichnen den Menschen weit vor jeder Technik aus. Eine hohe Verfügbarkeit einer Anlage setzt also den qualifizierten *Menschen* voraus. Nur er ist in der Lage, flexibel zu reagieren und zu improvisieren. Daraus folgt, daß auch in der

Zukunft bei der Steuerung von technischen Prozessen auf den Menschen nicht verzichtet werden kann.

Die soeben benutzten Begriffe wie Steuern, Regeln und Automatisieren bedürfen im Hinblick auf die im weiteren Verlauf erfolgende Darstellung verschiedener Prozeßabläufe und zum besseren Verständnis der Gesamtproblematik einer kurzen Erläuterung. Daher folgt eine Auswahl der wichtigsten Begriffe und ihrer Inhalte [28]:

Steuerung:	Umwandlung von durch Meßinstrumente erhaltene Informationen durch den Menschen (s. Abb. 1.4).
Regelung:	Umwandlung von instrumentell erhaltenen Informationen durch Wandler in Steuergrößen für den Prozeß. Der Mensch hat überwachende Funktion.
Instrument:	Konstruktion, die Eigenschaften und Zustände in phänomenologisch verwertbare Informationen überführt (Messen, Berechnen oder Mitteilen eines vorliegenden Zustandes). Instrumentation: Einsatz von Instrumenten. instrumentieren: einsetzen von Instrumenten.
Mechanismus:	Anordnung beweglicher Objekte mit definierter Wirkung.
Maschine:	Konstruktion mit Mechanismen zur wiederholten Ausübung einer vorbestimmten Funktion.
Mechanisation:	Einsatz von Maschinen (um menschliche Arbeit zu ersetzen). mechanisieren: einsetzen von Maschinen.
Automat:	Konstruktion von Mechanismen und Instrumenten, die ein in sich informativ geschlossenes System (Rückführung von Informationen) bildet.
Automation:	Einsatz von Automaten.
Automatisation:	Einsatz von Automaten unter Hinzuziehung der Kybernetik.

1.2
Zur Geschichte der industriellen Prozeßanalytik

Der Ursprung der Prozeßanalytik ist in der Betriebs- und Rohstoffkontrolle, wie sie zu Beginn dieses Jahrhunderts zu breiter Anwendung gelangte, zu sehen. Es ist nicht uninteressant, einen kurzen Blick auf die historische Entwicklung zu werfen, um den heute erreichten Stand und die Bedeutung dieses Zweiges der Analytik besser werten zu können. Es ist vielfältig erkennbar, daß die *„chemisch-technische Analyse"* – eine früher für diesen technisch orientierten Teil der Analytik übliche Bezeichnung – als Triebfeder für die *gesamte* chemisch-analytische Entwicklung gelten kann. Viele Methoden wurden als „technische" Methoden erfunden und gelangten erst im weiteren Verlauf zu wissenschaftlicher Vertiefung und Anerkennung (Tabelle 1.1).

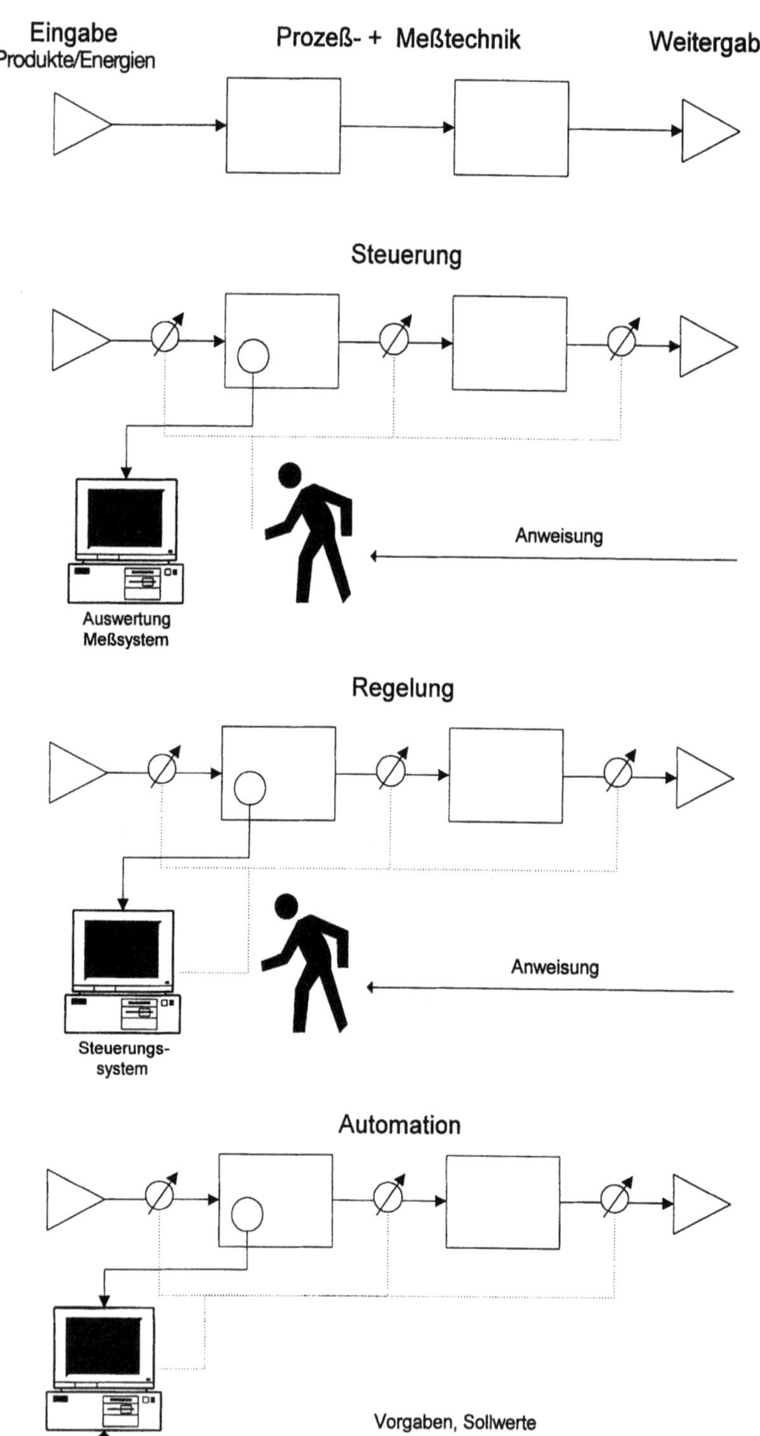

Abb. 1.4. Prinzip der Steuerung, der Regelung und der Automation

Tabelle 1.1. Aus der Geschichte der Analytischen Chemie.

Jahr	Autor	Methodik
		Titrimetrie
1795	Descroizilles	Maßanalytische Wertbestimmung von technischen Säuren und Alkalien
1824	Gay-Lussac	Chlorimetrie
1828	Gay-Lussac	Alkalimetrie
1832	Gay-Lussac	Maßanalytische Bestimmung des Silbers
1846	Margueritte	Permanganatmethode zur Bestimmung des Eisens
1850	Schwarz	
1853	Bunsen	Wissenschaftliche Begründung der Titrimetrie
1855	Mohr	
		Emissionsspektroskopie
1867	Lielegg	Spektroskopische Beobachtungen der Bessemerflamme (Windfrischverfahren zur Stahlerzeugung)
1936	Thanheiser und Heyes	Emissionsspektralanalyse von Stählen mit unmittelbarer photoelektrischer Bestimmung einzelner Elemente
1955		Beginn des Einsatzes von Emissionsspektrometern in der europäischen Stahlindustrie

Die 1795 von Descroizilles begründete Maßanalyse diente zunächst *nur* der Kontrolle und Wertbestimmung von technischen Produkten, nämlich Säuren und Alkalien. Auch die Arbeiten zur Chlorimetrie (1824), Alkalimetrie (1828) und zur Silberbestimmung (1832) von J. L. Gay-Lussac wie die Permanganatmethode zur Bestimmung des Eisens von F. Margueritte (1846) entsprangen aus Erfordernissen der Technik. Erst Arbeiten von R. Bunsen (1853), H. Schwarz (1850) und F. Mohr (1855) führten schließlich zur allgemeinen wissenschaftlichen Begründung und Anerkennung dieser titrimetrischen Methoden.

Anfang dieses Jahrhunderts erschienen Neuauflagen der ersten umfassenden Darstellungen „chemisch-technischer Analysenmethoden" (Post-Neumann, 1908; Lunge-Berl 1921/22) [29, 30], die bereits die auch heute noch übliche Dreiteilung des Fachgebietes in Rohstoff-, Betriebs- und Endproduktkontrolle kennen.

Als historisches Beispiel sei die Überwachung der Schwefelsäurefabrikation nach dem Bleikammerverfahren erwähnt (Lunge-Berl, 1921). Die Untersuchung der *Rohstoffe* umfaßte hier die chemische Analyse von Kiesen, Blenden oder elementarem Schwefel sowie von Salpeter und Salpetersäure. Die „*Betriebskontrolle*" bestand in der regelmäßigen Untersuchung der Röstgase, der Kammergase (SO_2, nitrose Gase), der Austrittsgase (O_2, Säuregehalt) und der „Betriebssäure", d. h. der an den verschiedenen Verfahrenspunkten anfallenden Zwischenprodukte. Den Abschluß bildete die Untersuchung des *Endproduktes* Schwefelsäure nach den jeweils geforderten Kriterien.

Als bemerkenswertes historisches Beispiel aus dem Gebiet der Emissionsspektralanalyse sei erwähnt, daß der österreichische Gymnasialprofessor

A. Lielegg bereits 1867 spektrale Beobachtungen der beim Prozeßablauf aus dem Bessemer-Konverter entweichenden Flammenerscheinungen (Von Henry Bessemer 1855 erfundenes Windfrischverfahren zur Stahlerzeugung) zur Verbesserung der Prozeßüberwachung vorgeschlagen hat [31]. Die in jener Zeit erschienenen Arbeiten enthielten bereits alle wesentlichen Kriterien, die dann in der jüngsten Vergangenheit zum umfassenden Einsatz der Emissionsspektrometrie in der Metallurgie geführt haben.

Es dauerte allerdings noch rd. 70 Jahre, bis G. Thanheiser und J. Heyes 1936 am Kaiser-Wilhelm-Institut für Eisenforschung (heute Max-Planck-Insitut) in Düsseldorf erstmalig die unmittelbare photoelektrische Bestimmung von Mangan und Chrom in Stählen gelang [32].

Diese Entwicklung wurde in den 40er Jahren in den USA fortgeführt. Die ersten Emissionsspektrometer mit Funkenanregung (Quantometer) entstanden; und 1955 begann der Einsatz der ersten importierten Geräte in der deutschen Stahlindustrie. Seither ist die Erzeugung von Stahl mit der Emissionsspektrometrie unmittelbar verknüpft und von ihr abgängig [33]. An dieser Stelle sei aber auch erwähnt, daß nach mehr als 130 Jahren das eigentliche Ziel A. Lieleggs, die unmittelbare Prozeßüberwachung eines metallurgischen Verfahrens (ohne den Schritt der Probenahme), noch nicht oder noch nicht befriedigend erreicht worden ist. (Näheres s. später.)

1.3
Wirtschaftliche Bedeutung der chemischen Prozeßanalytik

Steigende Qualitätsanforderungen, die ständige Suche nach Prozessen hoher Effektivität und höherer Produktivität, die Optimierung bekannter Prozesse und die Umweltgesetzgebung stellen die Triebfedern für das ständige Wachstum des Marktes insbesondere mit On-line-Analysesystemen dar. Während sich die Märkte in den USA und Europa bis zum Jahre 2000 kontinuierlich, aber gemäßigt entwickeln werden, steht dem asiatisch-pazifischen Raum in den nächsten Jahren ein großer Durchbruch in der Prozeßanalytik bevor, so daß aus diesen Staaten der größte Nachfrageschub kommen wird. Die jährlichen Wachstumsraten werden dabei im Durchschnitt 6 Prozent betragen, wie aus einer Studie des Marktforschungsinstitutes Frost & Sullivan, London, hervorgeht. Danach wird die On-line-Analytik, die ihren ersten großen Aufschwung in den 80er Jahren erlebte, nun ihren Marktanteil erheblich ausbauen.

Während in Nordamarika die Anwendungen hauptsächlich bei der Produktion von Reinstwasser einen starken Einfluß auf die Zunahme der On-line-Analytik ausüben werden, sind in Europa Wasser- und Abwasserkontrollen sowie die pharmazeutische und die Papiererzeugung wichtige Anwendungsfelder. Eine bedeutende Triebfeder für das Wachstum des Analytik-Marktes wird natürlich weiterhin die Chemische Industrie liefern. Starke Impulse auf den Weltmarkt werden von der japanischen Industrie aufgrund der fortschreitenden Prozeßkontrolle in den zahlreichen Industriezweigen ausgehen.

In dieser Situation wird der Weltmarkt der Analysegerätehersteller immer wettbewerbsintensiver. Die Welle der Akquisitionen und Fusionen führender Hersteller wird weiter anhalten, wobei nationale Grenzen immer unwichtiger werden.

Neben dem mit dem jeweiligen Betriebsergebnis eines Produktionsbetriebes oder eines ganzen Unternehmens verknüpften betriebswirtschaftlichen Aspekt hat die Prozeßanalytik – national und weltweit gesehen – auch eine interessante personalwirtschaftliche Komponente, wie das nachfolgende Beispiel aufzeigen soll:

In der Stahlindustrie sind weltweit schätzungsweise etwa 10 000 Emissionsspektrometer installiert, die einschließlich der spezifischen Kosten für die Laboratorien, die Geräte für die Probenahme, die Probenvorbereitung und den Probentransport sowie die Datenverarbeitung etwa die folgende Investitionssumme repräsentieren [34]:

$$10\,000 \times 600\,000,- \text{ DM} = 6 \text{ Milliarden DM}$$

(Dabei wurden die industriell eingesetzten Röntgenfluoreszenz-, Atomabsorptions- und ICP-Spektrometer, deren Anzahl in der gleichen Größenordnung liegen dürfte, nicht in die Betrachtung einbezogen!)

Verknüpft man die Anzahl dieser Geräte mit den daran tätigen Personen, so resultiert folgendes Bild:

Da die überwiegende Zahl der Spektrometer zur Produktionsüberwachung im mehrschichtigen Betrieb eingesetzt sind, kann als Durchschnittswert pro Gerät (Probenvorbereitung, Bedienung, Aufsicht, Wartung) bei 3schichtigem Betrieb (einschl. Ersatzgestellung) mit 4 Personen gerechnet werden, d. h. allein mit der Emissionsspektrometrie in der Stahlindustrie sind weltweit

$$4 \times 10\,000 = 40\,000 \text{ Menschen (!) beschäftigt.}$$

Damit liegt diese Zahl in der gleichen Größenordnung wie die Belegschaftszahlen von Weltunternehmen mit Jahresumsätzen in der Größenordnung von 10 bis 20 Mrd. DM.

1.4
Darstellung und Organisationsformen der Prozeßanalytik

Bei der Darstellung der Methoden und Anwendungsgebiete der (industriellen) Prozeßanalytik gibt es methoden- und stofforientierte Betrachtungsweisen. Keine dieser Beschreibungsarten ist wegen der Komplexität dieses Themenkreises allein als ordnendes Prinzip brauchbar. Daher wird nachfolgend eine Kombination von beiden versucht: Zur Vermittlung eines Überblicks oder methodischer Grundlagen erfolgt die Darstellung methodenorientiert, sie ist stofforientiert bei den vielschichtigen Beispielen der betrieblichen Praxis. Als weiteres ordnendes Prinzip soll eine Gliederung nach den 3 Aggregatzuständen: gasförmig, flüssig, fest der jeweiligen Prozeßstoffe erfolgen.

Die einzelnen Abschnitte werden mit der Behandlung der Methoden der Probenahme und der Probenvorbereitung beginnen, dann die analytischen

Methoden umfassen und mit Beispielen aus der industriellen Praxis enden. In besonderen Kapiteln soll danach die enge Verpflechtung von Verfahrenstechnik und Analytik, ihre Abhängigkeit voneinander und ihre gegenseitige Beeinflussung, aufgezeigt werden. Die Schlußkapitel befassen sich mit Fragen der Qualitätsprüfung, der Sicherstellung von Untersuchungsergebnissen und geben einen Ausblick auf zukunftsorientierte Forschungs- und Entwicklungsrichtungen.

Vor der Behandlung der einzelnen Kapitel der Prozeßanalytik sollte noch die Organisation chemisch-analytischer Laboratorien in der Industrie angesprochen werden [13]. Während sich in den Großunternehmen der Chemischen Industrie häufig eine dezentrale Organisation der analytischen Tätigkeiten findet, ist in Werken der Metallindustrie oder der Kunststoffverarbeitung die Analytik zentral organisiert [35].

Die Zentralisierung der gesamten chemischen und analytischen Tätigkeiten in einem Laboratoriumsbereich mit seinen speziell ausgebildeten und erfahrenen Fachkräften hat nicht nur den Vorteil der optimalen Personalauswahl für ein gegebenes Problem, es lassen dort auch die Aufwendungen für kostspielige Analysengeräte und deren Wartung den günstigsten Wirkungsgrad zu [36]. Die weitergehende Spezialisierung und Instrumentierung in der Analytik müßte folgerichtig weiter zur Zentralisierung der analytischen Laboratorien drängen.

1.5
Bedeutung der Probenahme

Der Darstellung von Verfahrenswegen der chemischen Prozeßanalytik, für die – abgesehen von in-line-Verfahren – der Verfahrensschritt der Probenahme von grundsätzlicher Bedeutung ist, soll zunächst die Erläuterung einiger wichtiger Begriffe und Definitionen vorangestellt werden. Das erscheint zwingend notwendig, um durch Verwendung einer einheitlichen Terminologie Mißverständnisse bei der Interpretation von Ergebnissen oder im Warenverkehr zu vermeiden.

Dazu muß zunächst geklärt werden, war unter „Probenahme" in der chemischen Analytik zu verstehen ist [37]. Hier bedeutet „Probenahme" die Entnahme einer Teilmenge aus einem größeren Massengut zu Untersuchungszwecken, wobei alle Eigenschaften dieses Teiles (Probe) mit denen der Hauptmasse übereinstimmen müssen. Die „gezogene" Probe muß für das geprobte Material repräsentativ sein [38]. Für die Probenahme der verschiedenen Stoffe gibt es eine Reihe von Richtlinien (Normen) und Verfahren, um das genannte Ziel zu erreichen.

Die Bedeutung einer sach- und stoffgerechten Probenahme wird am Beispiel der Schmelzüberwachung eines Stahlwerkes klar. Hier muß eine Probe von rd. 80 g Masse für eine Schmelze von 200 bis 300 t Stahl kennzeichnend sein (Massenverhältnis $1:2 \times 10^6$). Erfolgt die Analyse mittels Funkenemissionsspektrometrie, so werden von der Probe lediglich etwa 1 mg verdampft (Massenverhältnis $1:10^{11}$!), von dem aber nur ein Bruchteil angeregt und spektralanalytisch wirksam wird. Damit wird die Forderung nach der Homogenität einer Probe im Hinblick ein verläßliches Analysenergebnis unmittelbar einsichtig.

Eine zuverlässige Probenahme von Massengütern ist nur durch automatische Probenahmeeinrichtungen, die u. U. Investitionen in Millionenhöhe erfordern und eigenständige Werksanlagen darstellen können, zu lösen [39]. Jede Probenahme steht in enger Beziehung zu den nachgeschalteten Untersuchungen und ist als erster Schritt der Analyse zu betrachten. Daher muß der Analytiker auch unmittelbar auf die Probenahme Einfluß nehmen können [40].

Im Zusammenhang mit der Probenahme und im Hinblick auf das sich daran anschließende Analysenverfahren sollten einheitlich und klar definierte Begriffe, Ziel jeglicher Normungsarbeit (s. DIN 55350, Tl. 14 [41]), verwendet werden.

Die nachfolgenden Erläuterungen einzelner Begriffe sind dem „Handbuch für das Eisenhüttenlaboratorium" [42] entnommen. Umfassendere Darstellungen sind in zahlreichen Normen der verschiedensten Fachgebiete niedergelegt, auf die im Bedarfsfall verwiesen werden wird. Begriffe, die darüber hinaus auftreten, werden jeweils im Kontext erklärt.

Definitionen zur Probenahme und Probenvorbereitung (in alphabetischer Reihenfolge)

- *Analysenprobe (Analysen-Portion)*: Probe zur Durchführung von Analysen, z. B. zur Ermittlung der chemischen Zusammensetzung oder des Phasenaufbaus. Man unterscheidet z. B. gasförmige, flüssige, pulverförmige, spanförmige, stückige, gepreßte und umgeschmolzene Analysenproben.
- *Effektive Analysenprobe (Bestimmungs-Portion)*: Anteil der Analysenprobe, der bei der Durchführung eines Analysenverfahrens tatsächlich herangezogen wird, z. B. die Einwaage bei der chemischen Analyse, die bestrahlte Masse bei der Röntgenfluoreszenzanalyse, die verdampfte Probenmasse bei der Emissionsspektrometrie.
- *Einzelprobe, Inkrement (Probe-Portion)*: Kleinste Menge Probegut, die einem Los in einem Probenentnahmevorgang entnommen wird.
- *Homogenität*: Gleichmäßigkeit eines Materials. Eine Materialmenge ist homogen, wenn das zu prüfende Merkmal in allen für die Bestimmung der Homogenität sinnvollen bzw. festgelegten Teilmengen im gleichen Maße vorliegt.
  Als Maß für die Homogenität kann die Standardabweichung des Merkmals in der zu probenden Materialmenge (Los) dienen, sofern die Standardabweichung für das Prüfverfahren entsprechend niedrig ist.
- *Laboratoriumsprobe*: Probe, die nach teilweise durchgeführter oder abgeschlossener Probenaufbereitung zur Absendung an das Laboratorium vorliegt. Sie kann, muß aber nicht identisch sein mit der Analysenprobe.
- *Los*: Materialmenge, aus der eine Probe gewonnen werden soll.
- *Probe (Stoffportion)*: Eine für das Los repräsentative Materialmenge. Der Begriff „Probe" in der Probenahme ist identisch mit dem Begriff „Stichprobe" in der Statistik.

- *Probegut*: Das während der Probenentnahme bzw. Probenaufbereitung jeweils gewonnene oder nach der Teilung weitergeführte Material.
- *Probenabschnitt*: Von einem Produkt (z. B. Probestück) abgetrennter Teil, aus dem die Analysenprobe und/oder die Proben für andere Prüfungen gewonnen werden.
- *Probenahme*: Gesamter Vorgang von der Entnahme von Proben oder Einzelproben und ggf. dem Zerkleinern, dem Mischen und Teilen bis zum Vorliegen einer Probe für den gewünschten Zweck. Sie besteht aus Probenentnahme und Probenaufbereitung.
- *Probenaufbereitung*: Das Zerkleinern, Mischen und Teilen des Probegutes zur Gewinnung der Analysenprobe oder der Probe für eine andere Prüfung.
- *Probenentnahme*: Entnahme von Proben oder Einzelproben aus dem zu prüfenden Gut nach einem festgelegten Plan.
- *Probenvorbereitung*: Vorbereitung einer Analysenprobe oder einer für eine andere Prüfung bestimmten Probe für die vorgesehene Messung. Hierunter fallen z. B. bei Verbrennungsverfahren die Einwaage, bei der chemischen Analyse die Einwaage, das Auflösen und das Durchführen von Reaktionen und bei spektralanalytischen Prüfungen von festen Proben das Schleifen bzw. das Fräsen.
- *Probestück*: Das aus dem Los für die Entnahme der Proben ausgewählte Stück, z. B. das ausgewählte Blech oder der ausgewählte Stab.
- *Repräsentativität*: Kennzeichnung einer Probe in bezug auf den zu bestimmenden Bestandteil. Die Probe ist repräsentativ für das zu untersuchende Material bzw. das Los, wenn der Massenanteil dieses Bestandteiles in der Probe im Rahmen der Genauigkeit der Untersuchung mit demjenigen in dem gesamten zu untersuchenden Material übereinstimmt.
  Soll eine Eigenschaft geprüft werden, so ist eine Probe dann repräsentativ, wenn diese Eigenschaft in der Probe und in dem gesamten zu prüfenden Material im Rahmen der Genauigkeit der Untersuchung übereinstimmt.
- *Sammelprobe*: Vereinigung aller Einzelproben.
- *Teilprobe*: Zusammenfassung der Einzelproben in Gruppen führt zu Teilproben.

Im Hinblick auf das internationale Maßsystem (SI), das neben der Masse (in kg) u. a. die Stoffmenge (in mol) als Grundgröße enthält, war es unerläßlich, für ein ganz bestimmtes, abgegrenztes Quantum eines Stoffes einen adäquaten Ausdruck zu benutzen, der unabhängig von irgendwelchen noch zu bestimmenden Eigenschaften, insbesondere Größen sein mußte. Ungewohnt, aber durchaus praktikabel und dem angelsächsischen Sprachgebrauch ähnlich, bezeichnet man dieses (noch unbestimmte, aber eindeutig bestimmbare) Quantum Materie als eine „Stoff-Portion" (DIN 32 629) [43]. Im Hinblick auf Probenahme und Analyseverfahren ist folglich zu unterscheiden zwischen derjenigen Stoffportion, die eine repräsentative Teilmenge des gesamten zu analysierenden Materials ist: der Probe-Portion und schließlich jenes Teils davon, der analysiert wird:

die Analysen-Portion. In dieser enthalten ist der Anteil des zu Bestimmenden, die Bestimmungs-Portion. Sie kann während des Analysenganges in mehrere aliquote Bestimmungs-Portionen aufgeteilt werden. Von allen Stoff-Portionen können die Masse oder die Stoffmenge bestimmt werden. Die entsprechenden Grundeinheiten sind das Gramm bzw. das Mol.

Die Probe ist aber nicht nur eine Anhäufung von Materieteilchen, sondern auch Information. In ihr ist der „Bauplan" enthalten, den zu erforschen es durch Informationsextraktion gilt (H. Malissa) [44]. Das „Synholon"[3] Probe steht also im Mittelpunkt einer wissenschaftlich fundierten Arbeit und neben den qualitativen und quantitativen Materieparametern ist mehr und mehr das Schwergewicht auf die Formparameter zu legen (Form-Materie-Bezug der Probebetrachtung).

1.6
Literatur

1. Kelker H, Kraft G, König K-H (1980) in: Ullmanns Encyklopädie der technischen Chemie, 4. Aufl., Verlag Chemie, Weinheim Bd. 5, S. 1
2. Bandermann F (1980) „Auswerten von Meßdaten", in: Ullmanns Encyklopädie der technischen Chemie, 4. Aufl., Verlag Chemie, Weinheim Bd. 5, S. 41
3. Danzer K (1992) Mitt. GDCh-Fachgruppe Anal. Chem. 4/92, M 104
4. Danzer K, Than E, Molch D, Küchler L (1987) „Analytik – Systematischer Überblick", 2. Aufl., Wissenschaftl. Verlagsges. m.b.H., Stuttgart
5. Ballschmiter K (1993) Mitt. GDCh-Fachgruppe Anal. Chem. 2/93, M 47
6. Hein H (1993) „Labor 2000", LaborPraxis 1993:152
7. Hoffmann H-J (1993) „Labor 2000", LaborPraxis 1993:158
8. Riebe MT, Eustace DJ (1990) Anal. Chem. 62:Nr. 2, 65 A
9. Melzer W, Jaenicke D (1980) „Prozeßanalytik", in: Ullmanns Encyklopädie der technischen Chemie, 4. Aufl., Verlag Chemie, Weinheim, Bd. 5:891
10. Koch KH (1987) Mikrochim. Acta I:151
11. Kaiser MA, Ullman AH (1988) Anal. Chem. 60:823 A
12. Jakobs SM, Mehta SM (1988) Int. Lab. (May):20
13. Leithe W (1964) „Analytische Chemie in der industriellen Praxis", Methoden der Analyse in der Chemie, Bd. 2, Akadem. Verlagsgesellschaft, Frankfurt/M.
14. Koch KH (1985) Fresenius' Z. Anal. Chem. 321:1
15. Koch KH (1993) CLB Chem. Lab. Biotechn. 44:120
16. Borman S (1987) Anal. Chem. 59:Nr. 14, 901 A
17. Voetter H, Huyten F (1969) Fresenius' Z. Anal. Chem. 245:11
18. Kienitz H, Kaiser R (1966) Fresenius' Z. Anal. Chem. 222:119
19. Bartels H (1981) in: „Analytiker-Taschenbuch", Bd. 2, Springer-Verlag Berlin-Heidelberg, New York, S. 31
20. Ebel S (1987), in: „Analytiker-Taschenbuch", Bd. 6, Springer-Verlag, Berlin-Heidelberg-New York

---

3 Der im Zusammenhang mit einer „Probe" gebrauchte philosophische Begriff „Synholon" setzt sich zusammen aus den beiden griechischen Wörtern syn ($\sigma\upsilon\nu$) = (adv.) zusammen, zugleich oder (präp.) zugleich mit, versehen mit und holon ($\tau\grave{o}$ $\ddot{o}\lambda o\nu$) = das Ganze, Weltall, Hauptsache ($\acute{o}\lambda o\varsigma$ = ganz, vollständig).
Synholon ($\sigma\upsilon\nu o\lambda o\nu$) bedeutet also ein Ganzes (eine Stoffportion), das alle Informationen (Merkmale), die zur Beschreibung dieses Ganzen herangezogen werden können, wie chemische Zusammensetzung, Bindungsformen der einzelnen Elemente, kristallographische Struktur, physikalische Eigenschaften usw., beinhaltet.

21. Malissa H (1972) „Automation in und mit der Analytischen Chemie", Moderne Analytische Chemie, Bd. 5/1, Verlag der Wiener Medizinischen Akademie, Wien,
22. Malissa H (1966) Fresenius' Z. Anal. Chem. 222:100
23. Malissa H, Jellinek G (1968) Fresenius' Z. Anal. Chem. 238:81
24. Malissa H, Jellinek G (1969) Fresenius' Z. Anal. Chem. 247:1
25. Malissa H (1971) Fresenius' Z. Anal. Chem. 256:7
26. Malissa H, Rendl J (1972) Fresenius' Z. Anal. Chem. 258:363
27. Malissa H (1974) Fresenius' Z. Anal. Chem. 271:97
28. Fresenius' Z. Anal. Chem. *1968*, 237, 81
29. „Post's chemisch-technische Analyse", Handbuch der analytischen Untersuchung zur Beaufsichtigung chemischer Betriebe, für Handel und Unterricht. 3. Auflage, Hrsg. B. Neumann, 1908
30. Lunge-Berl: „Chem.-tech. Untersuchungsmethoden", Hrsg. E. Berl, 1. und 2. Bd., 7. Auflage, Springer-Verlag, Berlin, 1921/1922
31. Lielegg A (1867) Wiener Ber. 55:II, 153–161; 56:II, 24
32. Thanheiser G, Heyes J (1937/38) Arch. Eisenhüttenwes. 11:31
33. Koch KH (1984) Spectrochim. Acta 39 B:1 067
34. Slickers K (1992) „Die automatische Emissions-Spektralanalyse", Verlag d. Brühlschen Universitätsdruckerei, Lahn-Gießen
35. Kipsch D (1989) Neue Hütte 34:141
36. Sansoni B (1986) Fresenius' Z. Anal. Chem. 323:535
37. „Probenahme – Theorie und Praxis", Heft 36 der Schriftenreihe der GDMB, Verlag Chemie, Weinheim, 1980
38. Gy PM (1981) Aufbereitungs-Techn. Nr. 12:655
39. Koch W, Roeder KP, Dobner W, Huber G (1970) Thyssenforsch. 2:H. 1, 6
40. Kaiser R (1980) Fresenius' Z. Anal. Chem. 300:9
41. DIN 55350, Tl. 14: Begriffe der Qualitätssicherung und Statistik; Begriffe der Probenahme
42. Handbuch für das Eisenhüttenlaboratorium, Bd. 5, Verlag Stahleisen, Düsseldorf, 1987
43. DIN 32629 (November 1988): Stoffportion – Begriff, Kennzeichnung
44. Malissa H (1980) Fresenius' Z. Anal. Chem. 300:9

2 Prozeßanalytik gasförmiger Medien

2.1
Bedeutung für Industrie und Gesellschaft

Die Bedeutung und die Notwendigkeit der Untersuchung gasförmiger Stoffe für die Allgemeinheit ist bei dem heutigen Stand der öffentlichen Umweltdiskussion für jedermann einleuchtend und wird an folgenden Beispielen unmittelbar einsehbar: Überwachung der Luftverunreinigungen im Hinblick auf die Maßnahmen zur „Reinhaltung" der Luft, Überwachung der Grubensicherheit im Bergbau sowie der öffentlichen Sicherheit in Verkehrstunneln, Lagerräumen und Großräumen mit künstlicher Belüftung oder zur Kontrolle und Dosierung von Begasungen zur Schädlingsbekämpfung. Besondere Vielfalt zeigt das Gebiet der *Prozeßanalytik* bei der Überwachung von Produktionsvorgängen in der Chemischen Industrie, der kontinuierlichen Abgasanalyse zur Erzielung einer optimalen Fahrweise von Kraftwerken, Turbinenaggregaten und Walzwerksöfen oder bei der Überwachung und Steuerung metallurgischer Prozesse, wie die nachfolgenden Beispiele belegen sollen.

Kontinuierlich arbeitende Gasanalysatoren sind verbreitet zur Überwachung, Regelung und Steuerung von Prozessen im Einsatz. Das klassische Gebiet ist sicher die Rauchgasüberwachung von *Feuerungsanlagen* [1]: Die Beurteilung der Verbrennungsvorgänge ist wichtig zur Gewährleistung einer bestmöglichen Nutzung des Brennstoffs mit dem Ziel eines hohen Wirkungsgrades der Anlagen, damit der Schonung der Resourcen und einer Verminderung des Ausstoßes von Schadstoffen. Dazu dient die kontinuierliche Analyse des Rauchgases auf O_2, CO und CO_2. Hinzu kommen die Messungen der Schadstoffkomponenten SO_2, NO und NO_2.

Eine ähnliche Zielsetzung besitzt die Überwachung und Regelung von *Industrieöfen*. Der oxidierende, neutrale oder reduzierende Charakter der Ofenatmosphäre, von der die Eigenschaften des Einsatzgutes weitgehend abhängen, wird kontinuierlich von Gasanalysatoren überwacht. Die Analysatoren sollen hier zum einen die Abgaszusammensetzung kontinuierlich überwachen und zum anderen den Einfluß der Ofenatmosphäre auf das Einsatzgut zu beurteilen gestatten. Aus technologischen Gründen soll neben der wirtschaftlichen Wärmeerzeugung der Sauerstoffanteil des Rauchgases in einem Wärmofen in bestimmten Grenzen gehalten werden, um nur geringe Abbrandverluste durch Zunderbildung an der Oberfläche, z.B. eines glühenden Walzgutes, sicherzustellen. Der Sauerstoffanteil der Ofenatmosphäre und damit das Brennstoff/ Luftverhältnis muß also in engen Grenzen gehalten werden.

In der *Chemischen Industrie* tritt sehr häufig Sauerstoff als Reaktionspartner auf. Die Überwachung dieses Gases mit automatisch arbeitenden Gasanalysatoren ist daher für einen einwandfreien Prozeßablauf und zur Erzielung einer optimalen Ausbeute von großer Wichtigkeit. Hier ist z. B. die Bestimmung des Sauerstoffanteils im SO_2-Gemisch bei der Schwefelsäure-Herstellung zu nennen, um die Luftzufuhr für die Oxidation des SO_2 und SO_3 regeln zu können. Bei der Ethenoxid-Herstellung wird aus Ethen unter Druck bei Anwesenheit eines Katalysators Ethenoxid hergestellt. Das aus Ethen und Luft bestehende Gasgemisch (Frischgas) wird dabei im Kreis gefahren. Durch eine ständige O_2-Bestimmung wird der Wirkungsgrad des Prozesses verfolgt und zur Beachtung des Sicherheitsaspektes dafür Sorge getragen, daß der O_2-Anteil des Frischgases unter der Explosionsgrenze bleibt. Als Beispiel für eine spurenanalytische Aufgabe kann der Hinweis auf die Ammoniak-Synthese dienen. Die Katalysatoren für die Ammoniak-Synthese sind sehr sauerstoffempfindlich. Daher muß der O_2-Anteil des N_2/H_2-Gemisches unter 50 mg/kg O_2 bleiben. Diese prozeßanalytische Aufgabe wird ebenfalls durch ein kontinuierliches (elektrochemisches) Meßverfahren gelöst.

Reiner Sauerstoff, reiner Stickstoff und reines Argon haben in den letzten Jahrzehnten große technische Bedeutung erlangt. Die wirtschaftliche Erzeugung geschieht durch das Linde-Verfahren der *Luftverflüssigung* und die anschließende Rektifikation. Die Luftzerlegungs- und Reinigungsanlagen werden durch automatische Gasanalysatoren überwacht. Die ständige Bestimmung der einzelnen Gaskomponenten erlaubt es, die Anlagen mit optimaler Leistung zu fahren und Stillstandszeiten zu minimieren.

Die prozeßanalytische Untersuchung gasförmiger Stoffe spielt auch in der *Stahlindustrie* eine bedeutende Rolle. Das gilt sowohl für das bei der Reduktion der Eisenerze im Hochofen entstehende Gichtgas, das bei der Stahlherstellung durch Oxidation des Kohlenstoffs anfallende Konverterabgas wie die bei der Stahlentgasung durch Vakuumbehandlung des schmelzflüssigen Stahls freiwerdenden Gasanteile. Hinzu kommt die Überwachung von Wärmöfen in den Walzwerken und die Regelung von Schutzgasatmosphären bei der Glühbehandlung von Stählen. Im Zusammenhang mit der Prozeßanalytik der Stahlherstellung und -verarbeitung wird dieses Gebiet der Gasanalyse noch eingehender beleuchtet werden (s. Kap. 6).

Die im Rahmen der Prozeßanalytik zu untersuchenden Gase umfassen demnach Prozeßgase, Rauch-, Inert- und Abgase sowie Emissionen [2]. Zu ihrer Analyse werden chemische und physikalische Methoden eingesetzt, wobei interessant ist, daß bereits vor mehr als 90 Jahren Apparate für die schnelle und kontinuierliche Gasanalyse beschrieben und gebaut wurden [3]. In den meisten Fällen handelte es sich seinerzeit um die kontinuierliche Bestimmung des CO_2-Anteils in Rauchgasen zur Regelung von Feuerungsanlagen. Die Wirkungsweise eines in den Anfängen der Prozeßanalytik betrieblich eingesetzten Rauchgasanalysators (System Krell-Schultze, 1900) beruhte auf der Feststellung der Massenunterschiede einer Gas- und einer Luftsäule von gleicher Höhe. Der

Massenunterschied beider gleichhoher Gassäulen wurde durch ein empfindliches Mikromanometer angezeigt, wobei der jeweilige Stand der Meßflüssigkeit im Mikromanometer durch eine Lichtquelle fotografisch ununterbrochen aufgezeichnet werden konnte.

Neben diesem Prinzip des hydrostatischen Druckunterschiedes fanden optische Prinzipien, wie Messung des Brechungsexponenten oder die Interferometrie, frühe Anwendung. Heute werden spektroskopische, gaschromatographische, elektrochemische oder auch chemische Methoden in der Prozeßanalytik genutzt. Hinzu kommt die Messung physikalischer Effekte und Eigenschaften, wie z.B. die Dichte, die Viskosität, die Wärmeleitfähigkeit oder der Paramagnetismus.

In den letzten Jahren hat eine stürmische Entwicklung rechnergesteuerter Gasanalysengeräte und -systeme eingesetzt [4]. Der Einsatz von Mikroprozessoren in einem Gasanalysator vereinfacht die Realisierung der teilweise komplexen Untersuchungsabläufe. Die Überwachung der Systemperipherie, wie z.B. Gasentnahmesonden, Filter, Kühler, beheizte Leitungen und Pumpen, durch einen Rechner führt zu prozeßgerechten Anlagen, die mit hoher Zuverlässigkeit und geringem Wartungsaufwand betrieben werden können. Das kontinuierliche Messen von kleinen Konzentrationen mit der stets geforderten Langzeitstabilität wird durch automatisches Rekalibrieren des Systems möglich. Mit besonderen Sensoren ausgestattete Geräte sind z.B. in der Lage, Ausfälle in der Hardware zu erkennen und durch logisches Verknüpfen mehrerer Informationen zuverlässige Fehlerdiagnosen zu stellen. Durch Verarbeiten verschiedener Signale können optimierte Signale für eine Prozeßsteuerung bereit gestellt werden. Die hohe Flexibilität der heutigen rechnergestützten Gasanalyse bietet eine bedarfsgerechte Anpassung an die betrieblichen Erfordernisse.

Das Rekalibrieren, das Linearisieren und das Prüfen der Temperaturabhängigkeiten, der Meßwertauflösung und der Langzeitstabilität sowie die Dokumentation der Geräteparameter können bei rechnergestützten Systemen automatisch ausgeführt werden. Das Zusammenwirken mehrerer Analysatoren oder deren Kommunikation mit einem Leitrechner werden über serielle Schnittstellen ermöglicht. Durch Einsatz von Modems sind rechnergestützte Systeme auch über große Entfernungen vernetzbar. Dadurch können einerseits Meßgrößen einer entfernt liegenden Zentrale zugeleitet und andererseits bei Ausfällen Ferndiagnosen durchgeführt werden, die zu einer schnellen Fehlerbeseitigung führen können und u.U. das Entsenden von Servicepersonal überflüssig machen.

2.2
Probenahme gasförmiger Phasen

Im Vergleich zu den Aggregatzuständen „fest" und „flüssig" ist die Probenahme von Gasen einfach (DIN 51835) [5]. Es muß im wesentlichen darauf geachtet werden, daß die Entnahme bei laminarer Strömung erfolgt und daß in den durchströmten Rohren Wandeffekte ausgeschlossen werden. Enthält das Gas

Staub oder Aerosole, so müssen diese – sofern nur die Zusammensetzung der reinen Gasphase interessiert – abgeschieden werden. Die Entnahme erfolgt diskontinuierlich oder kontinuierlich aus dem Gasstrom mit Hilfe von Sonden.

Für die Prozeßanalytik haben natürlich die kontinuierlich-automatischen Verfahren herausragende Bedeutung erlangt. Eine Vielzahl von Prozessen in der Chemischen Industrie (s. 2.1) werden über die kontinuierliche Analyse von Gasphasen überwacht und geregelt (Prozeßanalysatoren). Die gewonnenen Meßwerte dienen nicht nur der optimalen Prozeßführung sondern ggf. auch der Überwachung von Sicherheits- und behördlichen Emissionsauflagen. Die kontinuierliche Entnahme der Probe erfolgt entweder über eine Stichleitung oder ein Bypass-System (Abb. 2.1). In jedem Fall muß eine möglichst kurze Totzeit (Zeitpunkt zwischen Entnahme und Analyse der Probe) angestrebt werden.

Die Technik der Gasentnahme wird durch das abgebildete Schema eines einfachen Entnahmesystems erläutert (Abb. 2.2). Der Probenstrom wird mit einer Entnahmesonde aus einer produktführenden Leitung bzw. aus einem Behälter entnommen und über eine Stichleitung dem Analysator zugeführt. Die Entnahmesonde ist über einen Flansch mit dem Entnahmestutzen auf der Rohrleitung bzw. an dem Behälter verbunden [2]. Die Verwendung einer Sonde ergibt wegen ihres relativ geringen Volumens kleine Totzeiten und erschwert das Eindringen von Flüssigkeiten und Feststoffen, die evtl. schichtartig an der Rohr- bzw. Behälterwandung entlangwandern. Bei einem Gasdruck größer 0,5 bar wird dem Absperrventil (s. Abb. 2.2) ein Druckminderer, für Gasdrücke kleiner 0,1 bar eine Förderpumpe (meist Membranpumpe oder Membrankompressor) nachgeschaltet und das Gas über die Entnahmeleitung dem Analysengerät zugeleitet. Die evtl. notwendige Entspannung des Gases erfolgt in der Regel nahe dem Entnahmeort, um die Transportgeschwindigkeit durch die Entnahmeleitung hoch

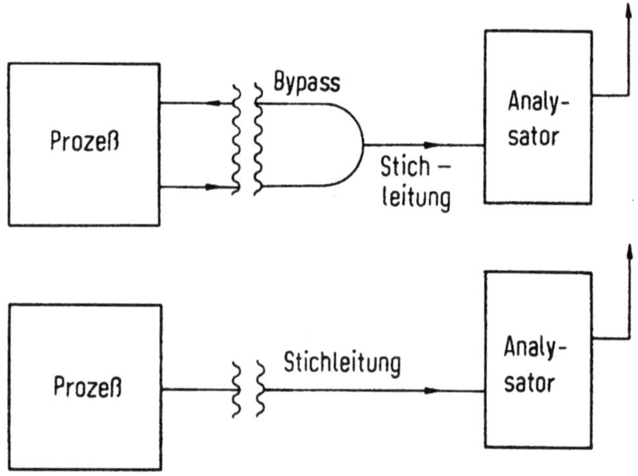

Abb. 2.1. Prinzip der Gasprobenahme

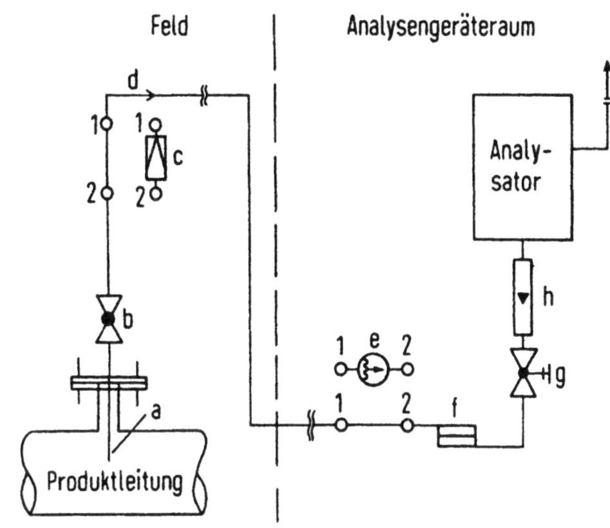

Abb. 2.2.
Schema eines Gasproben-
entnahmesystems
*(Mit Genehmigung der
VCH Verlagsgesellschaft
mbH, Weinheim)*

a = Entnahmesonde
b = Absperrventil
c = Druckminderer
d = Entnahmeleitung
e = Förderpumpe
f = Feinfilter
g = Nadelventil
h = Strömungsmesser

und somit die Totzeit möglichst klein zu halten. Förderpumpen sind meist in der Nähe des Analysators untergebracht, um eine gemeinsame Wartung der Pumpe und Geräte zu ermöglichen. Der Durchfluß durch das Analysengerät wird mit einer Kombination von Nadelventil und Schwebekörper-Durchfluß-messer eingestellt, dem meist ein Feinventil zum Schutz des Analysators vor Verschmutzung vorgeschaltet ist. Bei erschwerten Meßbedingungen (Feststoffe, kondensierbare Komponenten) muß dieses System modifiziert werden.

2.3
Untersuchung gasförmiger Stoffe

2.3.1
Messung physikalischer Effekte

Paramagnetismus

Gase, deren Moleküle ungepaarte Elektronen enthalten, sind paramagnetisch. Ihre magnetische Suszeptibilität ist positiv: Sie werden in ein magnetisches Feld hineingezogen. Zu dieser Gruppe von Gasen gehören O_2, NO, NO_2, ClO_2 und ClO_3. Sauerstoff weist von den genannten Stoffen den stärksten Paramagnetismus auf. Daher findet dieses Prinzip fast ausschließlich zur Messung des Sauerstoffs Anwendung.

Die Geräte arbeiten alle nach der Methode der Volumenverschiebung paramagnetischer Gase im inhomogenen Magnetfeld [4]. Die Meßempfindlichkeit für paramagnetische Gase hängt vom Druck und von der Temperatur ab (CURIE-Gesetz). Neben diesen physikalischen Einflüssen wird die Messung durch Veränderung der Zusammensetzung des den Sauerstoff begleitenden

Abb. 2.3.
Beispiel für den Aufbau eines paramagne-
tischen Sauerstoffanalysators (Ringkammergerät)
[Hartmann & Braun AG]

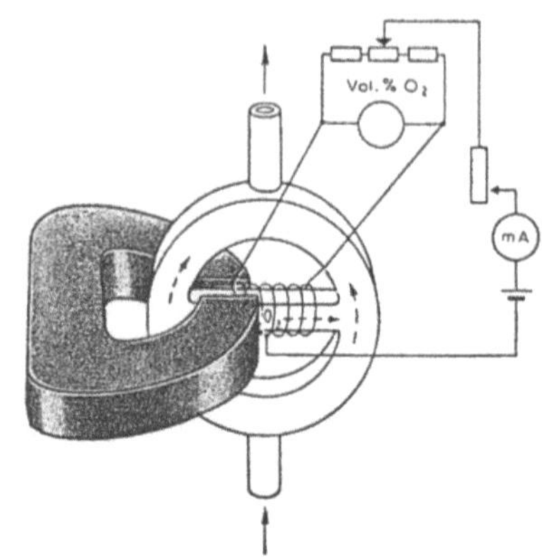

Gases beeinträchtigt. Daher müssen Maßnahmen ergriffen werden, um diese Einflüsse zu korrigieren. Verbreitet wird das auf der thermomagnetischen Methode beruhende Ringkammergerät eingesetzt (Abb. 2.3). Hierbei wird das Probengas durch eine ringförmige Kammer mit dünner Querverbindung geleitet. Dieses Verbindungsröhrchen ist außen mit einer elektrisch erwärmbaren Drahtwicklung versehen, deren eine Hälfte einem starken Magnetfeld ausgesetzt ist. Beide Hälften sind Teile einer Wheatstone'schen Brücke, worin ein etwaiger Temperaturunterschied als Unterschied elektrischer Widerstände angezeigt wird. Wenn das die Ringkammer durchfließende Probengas sauerstofffrei ist, so wird in dem Verbindungsröhrchen keine Gasströmung auftreten, die beiden Hälften der Drahtwicklung werden dieselbe Temperatur zeigen und die Brücke wird stromlos sein. Enthält das Gas jedoch Sauerstoff, so wird dieser unter Bevorzugung kalter Moleküle (CURIE-Effekt) in das Magnetfeld hineingezogen. Es entsteht eine lokale Gasströmung, welche die im Magnetfeld liegende Wicklungshälfte stärker abkühlt, wodurch die Brücke einen der O_2-Konzentration proportionalen Strom anzeigt. Derartige Geräte sind für Sauerstoff-Anteile von 0,1 bis 100 Vol.-% geeignet.

Wärmeleitfähigkeit

Als Meßgröße für Gaskonzentrationen wird auch die Wärmeleitfähigkeit herangezogen. Die Wärmeleitfähigkeit (μW/cm K) eines Stoffes ist durch die Wärmemenge Q (μWs) gegeben, die pro Sekunde bei einem Temperaturgefälle von 1 K/cm durch die Fläche 1 cm² fließt. In der Meßtechnik wird meist die relative Wärmeleitfähigkeit, bei der diejenige von Luft = 100 gesetzt wird, angegeben. Die Wärmeleitfähigkeit ist stark temperaturabhängig; sie nimmt nach der kinetischen Gastheorie für ideale Gase linear mit der mittleren Molekulargeschwindigkeit zu. Reale Gase zeigen, bedingt durch die Anziehung der Moleküle, eine sehr viel stärkere Zunahme ihres Wärmeleitvermögens mit der Temperatur.

Für die Messung von Wasserstoff oder von Verunreinigungen anderer Gase in Wasserstoff ist diese Methode wegen dessen hoher Wärmeleitfähigkeit besonders geeignet. Derartige Meßgeräte für Zwecke der Prozeßanalytik messen die relative Wärmeleitfähigkeit eines Gasgemisches gegenüber der eines Vergleichs-

Abb. 2.4.
Schema eines Wärmeleitfähigkeits-
detektors

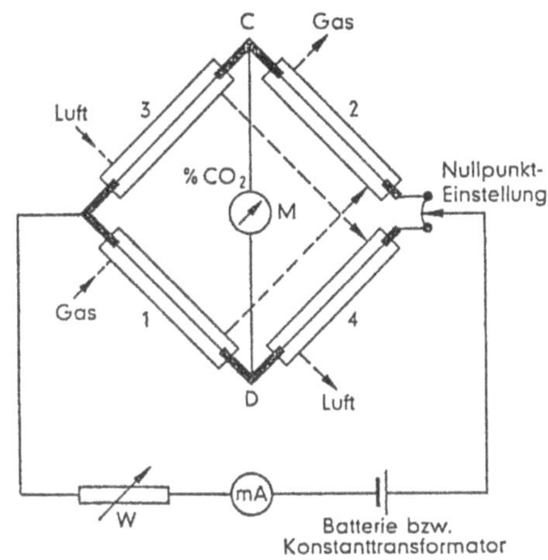

Tabelle 2.1. Anwendungsbeispiele für die Wärmeleitfähigkeitsmessung von Gasen

Analyt	Matrix	Prozeßtechnik
Argon	Sauerstoff	Luftzerlegung
Wasserstoff	Argon	Luftzerlegung
Stickstoff	Argon	Luftzerlegung
Kohlendioxid	Luft	Generatorüberwachung
Wasserstoff	Kohlendioxid	Generatorüberwachung
Wasserstoff	Luft	Generatorüberwachung
Wasserstoff	Gichtgas	Hochofen-/Konverterprozeß
Kohlendioxid	Rauchgas	Feuerungsanlagen
Wasserstoff	Schutzgas	Schutzgasglühanlagen
Wasserstoff	Raumluft	Raumluftüberwachung
Propan	Luft	Schutzgaserzeugung

gases. Hierzu werden vier dünne Platindrähte in engen Bohrungen eines ther-
mostatisierten Metallblockes gespannt, die eine Wheatstone'sche Brücke bilden
(Abb. 2.4). Die vier Brückenzweige werden mit einem konstant gehaltenen
Strom gespeist. Zwei gegenüberliegende Zweige werden von dem zu messenden
Gas, die beiden anderen vom Vergleichsgas durchflossen. Die Temperatur der
Platindrähte und damit ihr Widerstand wird bei konstantem Speisestrom und
konstanter Blocktemperatur im wesentlichen durch die Wärmeleitfähigkeit des
sie umgebenden Gases bestimmt.

Durch empirisches Eichen mit bekannten Gasgemischen werden die gewünschten Meßbereiche eingestellt und die Nichtlinearität der Meßmethode sowie kon-
struktiv bedingte Einflüsse, z. B. durch Wärmekonvektion, berücksichtigt.

Die Wärmeleitfähigkeitsmethode ist in der Regel auf binäre Gemische
begrenzt. Tabelle 2.1 zeigt einige Anwendungsbeispiele.

Wärmetönung

Neben der Messung der Wärmeleitfähigkeit wird auch die Wärmetönung katalytischer Reaktionen als Meßprinzip genutzt. Die bei der katalytischen Oxidation an Kontakten auftretenden Wärmetönungen werden unmittelbar aufgrund der Widerstandsänderungen von Meßdrähten bestimmt. Die auf diesem Prinzip beruhenden *„Gassensoren"* wurden zunächst zur Analyse von Gasprodukten, z. B. CO und H_2 in Rauchgasen, und zur Steuerung von Prozessen eingesetzt. Inzwischen haben katalytische „Wärmetönungsgassensoren" auch Eingang in die Umweltanalytik gefunden. Hier dienen sie z. B. zur Konzentrationsbestimmung gasförmiger Komponenten in Luft [6]. Da hierbei häufig geringe Spurenanteile zu bestimmen sind, werden an diese Gassensoren erhebliche Anforderungen hinsichtlich einer hohen Empfindlichkeit und Selektivität, aber auch nach einer kontinuierlichen Arbeitsweise, einer hohen Betriebsbereitschaft und einem geringen Wartungsaufwand gestellt.

Das Prinzip derartiger Sensoren [7] besteht darin, daß die zu untersuchende Matrix, z. B. die zu überwachende Luft, durch eine Membran oder Sintermetallscheibe in den Sensor gelangt. Im Inneren des Sensors befindet sich das Detektorelement (Pellistor), das aus einem dünnen, gewendelten Platindraht bestehen kann, der von einer Keramikperle mit einer katalytisch aktiven Oberfläche umgeben ist (Abb. 2.5). Die oxidierbaren Gasbestandteile werden an dem geheizten Detektorelement katalytisch verbrannt. Durch die dabei entstehende Verbrennungswärme wird das Element zusätzlich aufgeheizt. Diese Erwärmung hat eine Widerstandsänderung zur Folge, die der Konzentration der brennbaren

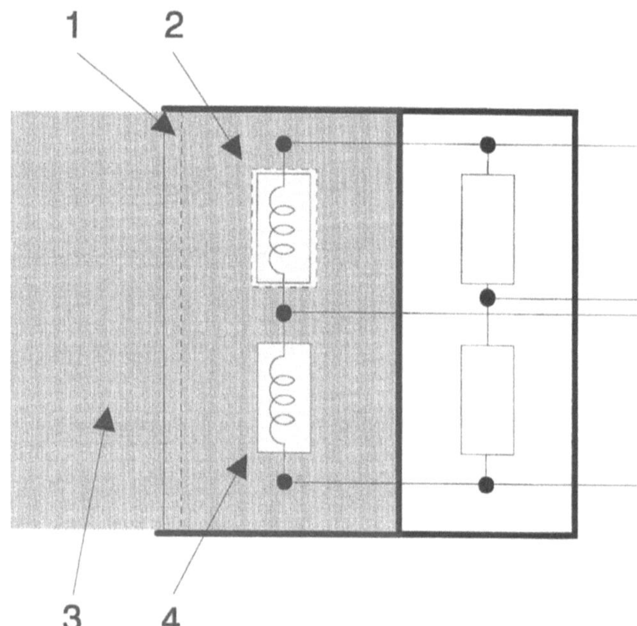

Abb. 2.5.
Schematischer Aufbau eines katalytischen Wärmetönungssensors

1 = Sintermetallscheibe
2 = Detektorperle
3 = Das zu prüfende Gas
4 = Kompensatorperle

Gasanteile proportional ist. Außer diesem katalytisch aktiven Detektorelement befindet sich in dem Sensor ein ebenfalls geheiztes Kompensatorelement. Beide Elemente stellen Teile einer Wheatstone'schen Brücke dar, wobei Eigenschaften des zu prüfenden Mediums wie Temperatur, Feuchte und Wärmeleitung auf beide Elemente in gleichem Maße einwirken, so daß diese Einflüsse auf das Meßsignal dadurch (nahezu vollständig) kompensiert werden.

Das Meßprinzip ist allerdings nicht selektiv, da grundsätzlich alle brennbaren Gase und Dämpfe ein Meßsignal verursachen. Auch nicht brennbare Gase und Dämpfe in höheren Konzentrationen können Querempfindlichkeiten verursachen (z. B. $> 6\%$ CO_2 in Luft). Durch Katalysatorgifte kann die Anwendbarkeit der Sensoren begrenzt sein: Die Katalysatoren können durch geringe Konzentrationen von speziellen Gasen verschiedener Stoffklassen (Schwefelverbindungen, siliconhaltige Stoffe, flüchtige Metallverbindungen, Halogenkohlenwasserstoffe) vergiftet werden. Inzwischen stehen aber für den Einsatz in Anwesenheit der genannten Katalysatorgifte spezielle Pellistoren zur Verfügung.

Reaktionen an Halbleiter-Oberflächen

Eine weitere Gruppe von Gassensoren basiert auf Reaktionen an Halbleiteroberflächen [7]. Die elektrische Leitfähigkeit bestimmter Halbleiter auf der Grundlage binärer und ternärer Metalloxide (z. B. SnO_2, ZnO, Fe_2O_3, CuO, NiO) hängt von der Absorption von Gasen an deren Feststoffoberflächen ab. Gase, die auf diese Weise bestimmt werden können, umfassen sowohl oxidierbare Stoffe, wie H_2, H_2S, CO und Alkane wie auch reduzierbare Gase, wie Cl_2, O_2 und O_3. Der verbreitete Einsatz von Halbleiter-Sensoren begann bereits in den 70er Jahren: Die Entwicklung auf diesem Gebiet ist bei weitem noch nicht abgeschlossen. Bestimmte Einzelheiten der die Eigenschaftsänderungen an den Feststoffoberflächen bewirkenden Reaktionsmechanismen bedürfen noch der Klärung. Wichtige Ziele der Forschungs- und Entwicklungsarbeiten betreffen die Verbesserung der Stabilität, der Reproduzierbarkeit und der Selektivität der Sensoren. Das Gebiet der *Sensortechnik* hat inzwischen eine große Bedeutung für die Industrie, die Umweltwissenschaften, die Medizin und für die analytische Forschung erlangt. An zahlreichen Einrichtungen der Universitäten und der Industrie arbeiten Forschergruppen an der Neu- und Weiterentwicklung von Sensoren. Zur weitergehenden Information muß an dieser Stelle auf die Literatur verwiesen werden [7].

Halbleiter-Gassensoren sind gekennzeichnet durch ihren einfachen Aufbau (Abb. 2.6). Das Meßverfahren beruht darauf, daß sich die elektrische Leitfähigkeit eines Halbleiters durch oberflächliche Adsorption von bestimmten Gasen ändert. Diese Leitfähigkeitsänderung hat eine Stromänderung zur Folge, die der Analytkonzentration logarithmisch proportional ist. Zur einwandfreien Messung muß u. a. die Temperatur, der Gasdruck, die Gasfeuchtigkeit des Halbleiterelements konstant gehalten werden.

Diese zur Prozeßanalytik eingesetzten Geräte sind so konzipiert, daß sie registrierende Messungen erlauben und optische oder akustische Signale auslösen

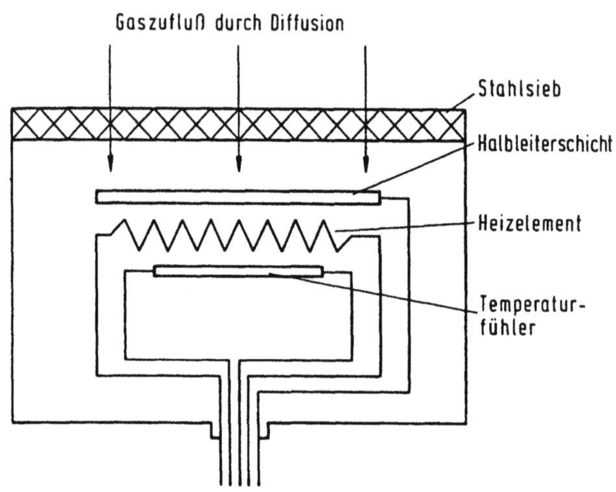

Abb. 2.6.
Prinzipieller Aufbau
eines Halbleitersensors

können. Bei Emissionsmessungen, die in der Regel einen höheren Konzentrationsbereich als bei Immissionsmessungen beinhalten, wird das zu analysierende Gas vor Eingabe in den Analysator mit Stickstoff in einem bestimmten Verhältnis verdünnt.

2.3.2
Spektroskopische Methoden

UV-, VIS- und IR-Spektroskopie

Die in der Prozeßanalytik angewendeten und nachfolgend betrachteten spektroskopischen Methoden umfassen die Absorptionsspektroskopie im ultravioletten, sichtbaren und infraroten Wellenlängenbereich, die Massenspektrometrie sowie die Chemiluminiszenz. Für die Absorption von Licht im ultravioletten (UV: 200 bis 400 nm) und sichtbaren (VIS: 400 bis 800 nm) Spektralbereich sind inneratomare oder molekulare Elektronenübergänge [8], im infraroten (IR: 0,75 bis etwa 100 μm) Molekülschwingungen bezw. Rotationen [9] verantwortlich. Durch die Wechselwirkung zwischen elektromagnetischer Strahlung und Valenzelektronen eines Moleküls (π- und σ-Elektronen) wird Energie auf das Molekül übertragen. Die Valenzelektronen werden durch die Absorption der Strahlung in angeregte, energiereichere Zustände gebracht. Neben den Elektronen werden dabei in einem gewissen Ausmaß auch Molekülschwingungen und -rotationen angeregt, die besonders bei UV-Spektren in Lösungen zu breiten Banden anstelle einzelner Absorptionslinien führen. Diese Banden bestehen aus einer großen Zahl sich überlappender Einzelabsorptionen unterschiedlicher Intensität, die den verschiedenen (erlaubten) Elektronenübergängen entsprechen. Den verschiedenen möglichen Elektronenanregungsniveaus entsprechend setzt sich ein UV-Absorptionsspektrum aus mehreren Absorptionsbereichen zusammen. Stellt man die Absorption als Funktion der Wellenlänge dar, so beschreibt die Lage der Banden auf der Wellenlängenskala die Energiedifferenz zwischen Grundzustand und angeregtem Zustand. Die unterschiedlichen Intensitäten sind dabei bedingt durch unterschiedliche Übergangswahrscheinlichkeiten für die einzelnen Übergänge. Die Intensitäten werden durch den molaren Extinktionskoeffizienten ε (L · mol^{-1} · cm^{-1}) ausgedrückt.

UV-/VIS-Spektralphotometer werden unterteilt in Einstrahl- und Zweistrahl-Spektralphotometer. Die Einstrahl-Geräte eignen sich für einfache und quantitative Routineanalysen wie Konzentrationsbestimmungen bei bestimmten Wellenlängen. Eine Registrierung des Spektrums ist in der Regel nicht möglich. Eine neue Entwicklung im Bau von Spektralphotometern stellen die computergestützten Photodiodenarray-Geräte dar [10], die u. a. eine schnelle Multikomponentenanalyse ermöglichen. Dieses sind Einstrahl-Geräte, die vor der Messung einer Probe die Basislinie des Lösemittels registrieren, abspeichern und dann vom Spektrum der Probe automatisch subtrahieren. Zweistrahl-Geräte eignen sich für quantitative Bestimmungen bei bestimmten Wellenlängen und zum Registrieren von Spektren. Als Strahlungsquelle für den UV-Bereich dient eine Deuteriumlampe oder eine Xenonlampe, für sichtbares Licht eine Wolframdrahtlampe. Da diese Lichtquellen Kontinuumstrahler sind, wird ein Prisma oder Gitter als Monochromator benötigt. Es gibt aber auch nicht-dispersive Systeme. Als Detektoren finden Photomultiplier oder Photozellen Verwendung.

Der prinzipielle Aufbau eines nicht-dispersiven UV-/VIS-Zweistrahl-Absorptionsphotometers ist in Abb. 2.7 wiedergegeben: Die von der Lichtquelle abgegebene Strahlung gelangt über ein Interferenzfilter und eine Strahlteileranordnung gleichzeitig in die Meß- und in die Referenzküvette. Letztere wird von einem analytfreien Medium durchströmt. Die Lichtintensitäten werden von 2 Detektoren erfaßt, wobei die Intensität am Meßdetektor von der Konzentration des Analyten abhängig, während das zugehörige Referenzsignal konzentrationsunabhängig ist. Das durch Quotientenbildung erhaltene Signal entspricht der Transmission (Durchlässigkeit) oder nach entsprechender Meßwertumwandlung der Extinktion (Absorption) des Analyten (Kompensationsprinzip). Die Grundlage für quantitative Bestimmungen stellt das Bougner-Lambert-Beer'sche Gesetz dar [8]:

$$-\log \frac{\phi_a(\lambda)}{\phi_e(\lambda)} = \varepsilon_\lambda \cdot c \cdot d = A^{1}$$

Da die Konzentration c u. a. von der Dichte des Meßmediums, d. h. von Druck und Temperatur, abhängt, müssen bei Gasen konstante Meßbedingungen (kon-

---

1 ϕ_e= Intensität des eingestrahlten Lichtes,
 ϕ_a= Intensität nach Schwächung durch Absorption,
 ε_λ= molarer Extinktionskoeffizient (L mol^{-1} cm^{-1}),
 c = Konzentration (mol · L^{-1}),
 d = Schichtdicke (cm),
 A = Extinktion.

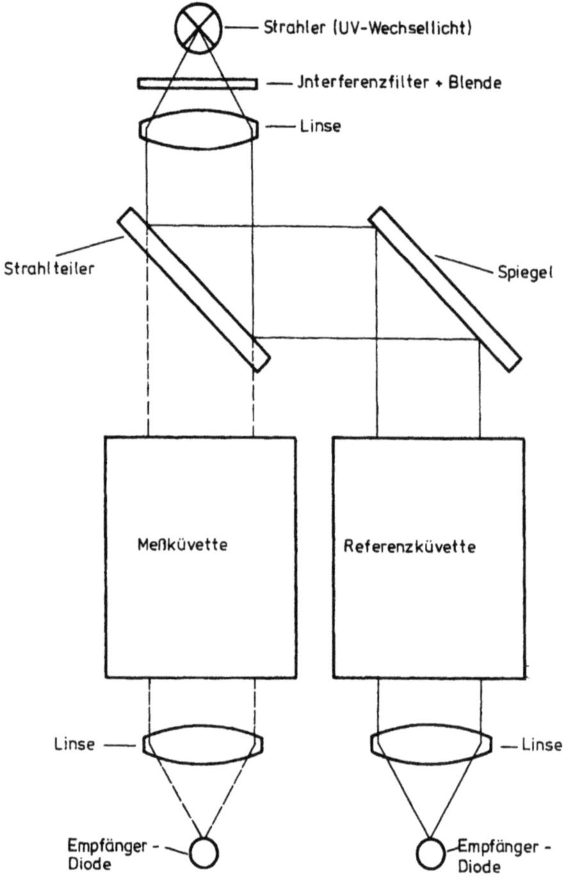

stanter Druck und konstante Temperatur) eingehalten werden. Abweichungen von der Linearität A = f(c) können auftreten durch:

- störende chemische Einflüsse, z. B. Wechselwirkungen der Moleküle untereinander;
- apparative Einflüsse, z. B. Streulicht, Reflexionsverluste, nicht monochromatische Strahlung;
- Fluoreszenz und Raman-Emission als unvermeidbare Begleitstrahlung. Dieser Einfluß ist allerdings gering und kann daher meist vernachlässigt werden.

Auf andere Verfahren der Meßwertbildung (Differenzmeß-, Quotientenmeßverfahren) soll an dieser Stelle nicht näher eingegangen werden. Hierzu wird auf die Literatur [2, 8, 11] und die zahlreich zur Verfügung stehenden Firmenschriften (s. 2.5) verwiesen. Die erreichbaren Bestimmungsgrenzen sind je nach Analyt sehr unterschiedlich. Sie liegen zwischen 10 und 1000 mg/m^3. Einige Beispiele sind in Tabelle 2.2 aufgeführt. Von der Vielfalt dieser Analysetechnik,

Tabelle 2.2. Bestimmungsgrenzen für UV-absorptionsphotometrische Messungen in ml/m^3 (Beispiele; Firmenangaben)

Analyt	Spektrallinie 254 nm	Spektrallinie 313 nm
Benzol	2,2	
Chlor	100	4,9
Formaldehyd	99	260
Nickelcarbonyl	0,063	0,52
Ozon	0,07	
Phosgen	15	
Quecksilber	0,001	
Schwefeldioxid	6,3	4,1
Schwefelwasserstoff	130	260
Stickstoffdioxid	52	2,1

Tabelle 2.3. Technische Anwendung der UV-/VIS-Absorptionsphotometrie

Analyt	Matrix	Prozeßtechnik	Ziel
Methan	Luft	Chemietechnik	Prozeßkontrolle
Ethanol	Luft	Chemietechnik	Trockenprozeßkontrolle
Wasserdampf	Luft	Chemietechnik	Trockenprozeßkontrolle
Kohlenmonoxid	Rauchgas	Kraftwerkstechnik	Optimierung
Kohlendioxid	Rauchgas	Kraftwerkstechnik	Optimierung
Stickstoffdioxid	Rauchgas	Kraftwerkstechnik	Überwachung
Stickstoffmonoxid	Rauchgas	Kraftwerkstechnik	Überwachung
Schwefeldioxid	Luft	Kraftwerkstechnik	Überwachung
Chlorwasserstoff	Rauchgas	Müllverbrennung	Emissionsüberwachung
Kohlendioxid	Faulgas	Biotechnik	Kläranlagenüberwachung
Distickstoffoxid	Luft	Medizintechnik	Narkoseüberwachung

die auch in der Prozeßanalytik flüssiger Medien Anwendung findet (s. 3.2.1.1), zeugt Tabelle 2.3.

Der *IR-Spektralbereich* schließt sich mit immer kleiner werdenden Frequenzen an den sichtbaren Bereich der elektromagnetischen Strahlung an. Im Gebiet von 2,5 bis 25 mm findet man die wichtigsten Grund-, Deformations- und Rotationsschwingungen der Moleküle, die zu deren Charakterisierung herangezogen werden. *IR-Photometer* haben weite Verbreitung zur Bestimmung von elementaren Gasen, wie O_2, H_2, N_2, Ar usw. gefunden [4, 11]. Als Strahlungsquelle dienen unterheizte Glühfäden (700 °C), als Strahlungsempfänger z. B. eine nach außen gasdicht geschlossene Kammer, die durch eine Metallmembrane in zwei Hälften geteilt ist. Die einwandfreie IR-spektrometrische Bestimmung eines Gases in einem Gasgemisch setzt voraus, daß sich sein Absorptionsspektrum von denen der übrigen Gaskomponenten in geeigneter Weise unterscheidet (s. Abb. 2.8).

Abb. 2.8.
Absorptionsspektren einiger Gase
im infraroten Spektralbereich

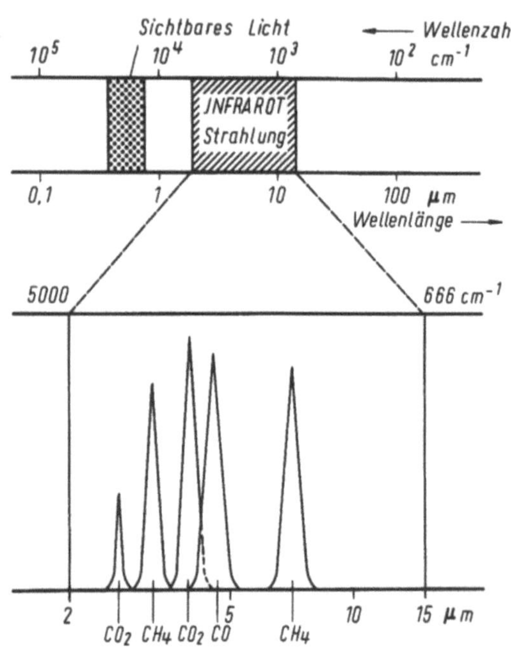

Abb. 2.9.
Aufbau eines IR-spektrometrischen
Gasanalysators [Hartmann & Braun AG]

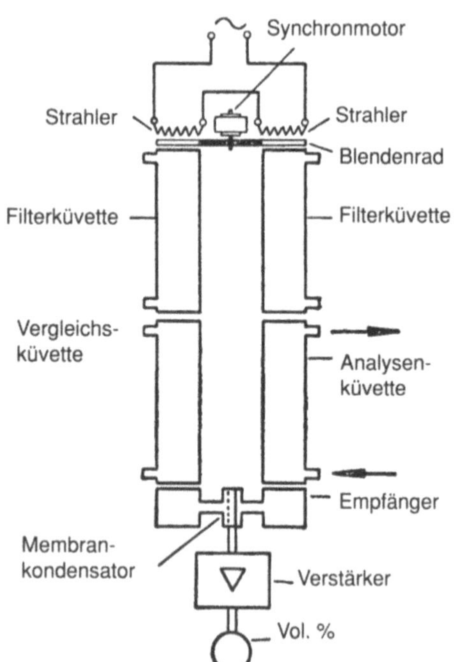

Tabelle 2.4. Anwendungsbeispiele für die IR-spektrometrische Gasanalyse

Analyt	Analyt. Meßbereich	Analyt	Analyt. Meßbereich
CO	$0\dots0,01$ Vol.%	NH_3	$0\dots0,1$ Vol %
CO_2	$0\dots0,005$ Vol.%	H_2O	$0\dots0,25$ g/m^3
CH_4	$0\dots0,02$ Vol.%	CH_3OH	$0\dots1,0$ g/m^3
C_3H_8	$0\dots0,02$ Vol.%	C_2H_5OH	$0\dots2,0$ g/m^3
C_2H_2	$0\dots0,05$ Vol.%	C_6H_6	$0\dots2,0$ g/m^3

Aufbau und Arbeitsweise eines solchen Gasanalysators [13] soll Abb. 2.9 erläutern: Das zu untersuchende Gas wird durch die Analysenküvette, die im Strahlengang eines Infrarotstrahlers liegt, geleitet. In einem zweiten Strahlengang liegt die Vergleichsküvette mit einem nicht im Infrarot absorbierenden Gas. Der am Ende der beiden Strahlenwege vorhandene Intensitätsunterschied, der durch die Schwächung der für das zu messende Gas charakteristischen Bande des Absorptionsspektrums gegeben ist, hängt nur von der Konzentration dieser Komponente in der Analysenküvette ab. Zur Messung dieses Intensitätsunterschiedes dient hier ein Empfänger, der aus zwei durch einen Membrankondensator getrennte Meßkammerhälften besteht. Letztere sind zur Erzielung der Selektivität der Messung mit der zu bestimmenden Komponente gefüllt. Entsprechend der unterschiedlichen IR-Einstrahlung werden die beiden Hälften des Empfängers verschieden stark erwärmt, so daß am Membrankondensator eine Druckdifferenz entsteht. Ein umlaufendes Blendenrad unterbricht beide Strahlenwege gleichzeitig, wodurch ein periodisch intermittierter Meßeffekt auftritt. Die durch den Druckwechsel am Membrankondensator auftretenden Kapazitätsänderungen erzeugen eine Wechselspannung, die verstärkt und angezeigt wird.

Der Meßbereich läßt sich durch die Wahl geeigneter Absorptionsbanden oder der Küvettenlänge dem analytischen Problem anpassen. Die Selektivität des Empfängers kann durch Vorschalten von Filterküvetten erhöht werden. Tabelle 2.4 zeigt einige analytische Beispiele für die IR-spektrometrische Gasanalyse. Die technische Anwendung dient z.B. der Optimierung von Industriekesselanlagen [14], der Analyse von Gichtgas (s. 6.2.2), der Überwachung von Rein- und Synthesegasen sowie von Luftzerlegungsanlagen [15], der Regelung des Zementproduktionsprozesses [16] sowie der CO_2-Überwachung bei Fermentationsprozessen in der Lebensmittelindustrie [17]. Die Kalibration dieser Systeme erfolgt mit kommerziellen (zertifizierten) Prüfgasen. Die Anforderungen an die Bestimmungsgrenzen können sehr unterschiedlich sein. Bei der Überwachung von Raumluft- und Abluftanlagen müssen z.B. für NO, NO_2 und SO_2 Nachweisgrenzen von etwa 200 µl/m^3 erreicht werden. Diese Forderung kann nur durch Anwendung der Fourier-Transform-Infrarot-Spektroskopie (FT-IR) erfüllt werden [18].

Massenspektrometrie

Die on-line Analyse komplexer Gasgemische bei der Überwachung und Optimierung von Prozessen oder in der Umwelttechnik stellt immer höhere Anfor-

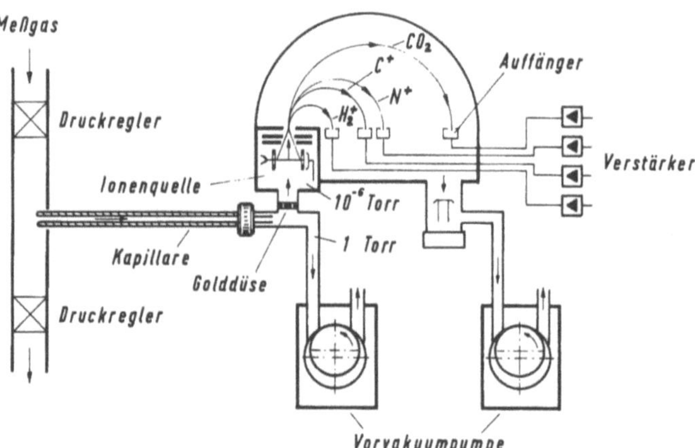

Abb. 2.10. Beispiel für den Aufbau eines Massenspektrometers

derungen an die Analytik, insbesondere auch an die Präzision gasanalytischer Bestimmungen in hohen Anteilsbereichen. Dies hat u. a. dazu geführt, anstelle der IR-Absorptionsspektroskopie die Massenspektrometrie in die Gasanalytik einzuführen [19].

Den schematischen Aufbau eines Massenspektrometers für die Bestimmung von CO_2, CO, N_2 und H_2 zeigt Abb. 2.10. Es besteht aus den Grundeinheiten: Probenzuführung, Ionenerzeuger, Trennung der Ionenarten und Messung. Das zu analysierende Gas wird zunächst der im Hochvakuum befindlichen Ionenquelle zugeführt. Da die Ionisation der Gasmoleküle bei einem Druck von 10^{-4} bis 10^{-6} mbar erfolgen muß, wird der Gasdruck der Probe auf den Arbeitsdruck in der Ionenquelle reduziert. Hier durchqueren die Gasmoleküle einen Elektronenstrahl und werden teilweise ionisiert (Elektronenstoß) [20]. Die nicht ionisierten Gasmoleküle werden abgepumpt.

Die auf diese Weise mit möglichst einheitlicher Anfangsenegie erzeugten Ionen werden durch elektrische Felder aus dem Raum der Ionenquelle hinausgebracht, beschleunigt und auf den Eintrittsspalt des Massenspektrometers gelenkt. Hier gelangen sie in das Feld des Ablenkmagneten und eines Kondensators und werden entsprechend ihrer Masse (genauer m/e^+-Verhältnis) verschieden stark abgelenkt und damit getrennt. Die Ablenkung ist um so stärker, je kleiner die Masse und die Geschwindigkeit der Teilchen ist. Durch Fokussierungseinrichtungen wird die Trennung der Ionen gleicher Masse in einer Weise herbeigeführt, daß ihre Messung durch einen elektrischen Detektor erfolgen kann. Hinter Austrittsspalten befinden sich Faraday-Auffänger: Der zur Neutralisation der Ionen zum Auffänger fließende Strom entspricht dem Ionenstrom der betreffenden Ionensorte und ist ihrer Konzentration proportional.

Für die kontinuierliche automatische Prozeßgasanalyse gibt es rechnergesteuerte Massenspektrometersysteme [21], die auch die automatische Kalibration mit zertifizierten Prüfgasen umfassen.

Chemilumineszenz

Bei chemischen Reaktionen einiger Gase wird Energie in Form von Licht frei, wobei eine charakteristische Leuchterscheinung auftritt, die als Chemiluminezenz bezeichnet wird [22] . Ihre Intensität ist unter definierten Bedingungen (konstanter Druck in der Reaktionskammer, konstanter Meßgasdurchfluß) ein eindeutiges Maß für den Anteil eines solchen Analyten in einem Gemisch mit anderen Gasen, die diese Erscheinung nicht zeigen. Dieses analytische Prinzip findet zwar nur in speziellen Fällen Anwendung, ist dann aber wegen seiner analytischen Kenndaten von besonderem Interesse. Das Phänomen der Chemilumineszenz wird z. B. zur kontinuierlichen und registrierenden Bestimmung von Stickoxiden genutzt [23]. Im Fall der NO-Bestimmung tritt Chemilumineszenz bei der Oxidation von Stickstoffmonoxid mit Ozon auf:

$$NO + O_3 \rightarrow NO_2 + O_2 + h_\nu$$

Beim Übergang der angeregten Stickstoffdioxidmoleküle in den Grundzustand wird die Anregungsenergie in Form von Licht wieder frei. Das Ozon wird durch elektrische Entladung je nach Stickstoffmonoxidanteil in einem Luft- oder Sauerstoffstrom erzeugt.

2.3.3
Elektrometrische Methoden

In der Prozeßanalytik haben ferner elektrometrische Methoden verbreitet Anwendung gefunden [2]. So hat sich u. a. die *elektrolytische Leitfähigkeit* als Meßgröße eingeführt. Die spezifische elektrolytische Leitfähigkeit wäßriger Lösungen ist durch die Dissoziation der im Wasser gelösten Stoffe bedingt, sie ist daher konzentrations- und temperaturabhängig. Dieses Meßprinzip wird vorwiegend zur Spurenanalyse eingesetzt, z. B. für Schwefelwasserstoff, Schwefeldioxid, Ammoniak und Wasserdampf bis herunter zu Anteilen von 10^{-4} Vol.-%.

Das Prinzip besteht in der kontinuierlichen und spezifischen Absorption des Analyten in einer geeigneten Flüssigkeit, deren Leitfähigkeitsänderung dann ein Maß für die Konzentration ist. Abb. 2.11 zeigt einen derartigen Analysator: Nach Beendigung der Absorption in der Reaktionsstrecke wird der Flüssigkeitsstrom in einen gasfreien und einen gasführenden Zweig geteilt, der die nicht absorbierbaren Gasteile ins Freie ableitet. Der gasfreie Zweig enthält für die Leitfähigkeitsmessung ein Elektrodenpaar als Meßstrecke. Die elektrische Leitfähigkeit der Absorptionsflüssigkeit in der Meßstrecke wird mit der elektrischen Leitfähigkeit vor der Reaktion in einer Vergleichsstrecke mittels einer Wheatstone'schen Brücke verglichen. Die Differenz der Leitfähigkeiten zwischen Meß- und Vergleichsstrecke ist ein Maß für die Konzentration der zu bestimmenden Komponente.

Neben dieser Methode gibt es noch weitere auf dem Leitfähigkeitsprinzip beruhende Verfahren (Sauerstoffkonzentrationsketten; Strommessung mit galvanischen Elementen), auf die an dieser Stelle lediglich verwiesen werden soll.

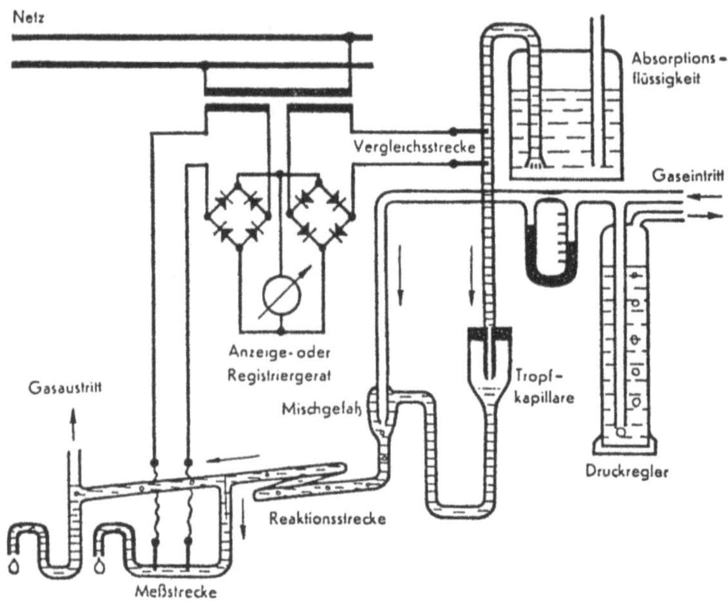

Abb. 2.11. Schematischer Aufbau eines Leitfähigkeitsanalysators [Hartmann & Braun AG]

Ferner werden in der Spurenanalyse von Gasen *coulometrische Methoden* angewandt, die bestimmte Vorteile bei einer Reihe von Meßaufgaben besitzen. Zur Erläuterung kann das folgende Beispiel dienen. Wesentlich einfacher als die kontinuierliche Zufuhr eines Reagenzes ist dessen kontinuierliche Herstellung an Ort und Stelle durch Elektrolyse unter stetiger Zufuhr und Messung des hierfür benötigten Stromes. Derartige coulometrische Gasanalysatoren sind z. B. zur Bestimmung von Schwefelwasserstoff, Schwefeldioxid und Mercaptanen in der Luft im $\mu g/g$-Bereich im Einsatz. Abbildung 2.12 verdeutlicht das Prinzip: Im Anodenraum wird durch Elektrolyse einer Kaliumbromid enthaltenden Absorptionslösung eine bestimmte Konzentration an freiem Brom erzeugt, auf die eine Indikatorelektrode anspricht. Deren Potential regelt den Elektrolysestrom derart, daß das freie Brom, das beim Einleiten des z. B. Schwefeldioxid oder Schwefelwasserstoff enthaltenden Prozeßgases in den Anodenraum verbraucht wird, in entsprechendem Maße nachgebildet wird. Die hierzu nötige Strommenge des Elektrolysenstromes ist ein Maß für die vorhandenen bromverbrauchenden Gaskomponenten. Durch die vorherige Entfernung störender Gase mit Hilfe von Absorptionslösungen (z. B. Cadmiumacetat für Schwefelwasserstoff) kann das Verfahren spezifischer gemacht werden.

Außer den coulometrischen gibt es potentiometrische und amperometrische Meßverfahren. Bei amperometrischen Sensoren wird der Strom, der durch eine 3-Elektroden-Meßzelle bei konstanter Arbeitselektrodenspannung fließt, gemessen. Die der Konzentration des Analyten proportionale Stromstärke hängt vom elektrochemischen Stoffumsatz ab (Oxidation/Reduktion des Analyten),

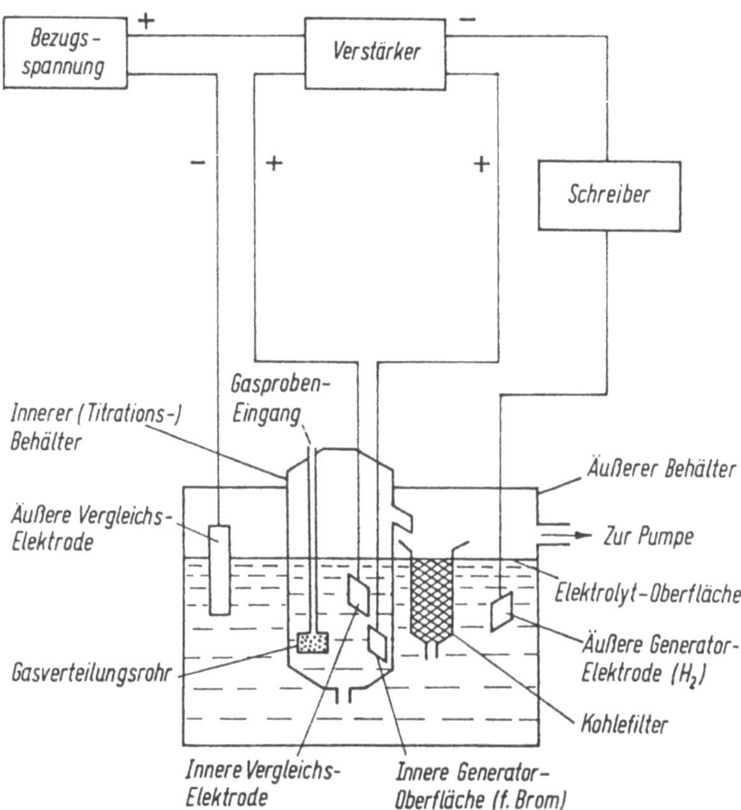

Abb. 2.12. Schema eines coulometrischen Gasanalysators

der pro Zeiteinheit an der Elektrodenoberfläche stattfindet. Das klassische Beispiel für einen amperometrischen Sensor ist der Sauerstoffsensor nach CLARK [24], bei dem eine gaspermeable Membran die Diffusion von Sauerstoff an die Elektrodenoberfläche ermöglicht. Da die Membran für Flüssigkeiten und dispergierte Feststoffe undurchlässig ist, kann der in Flüssigkeiten gelöste Sauerstoff in Abhängigkeit vom Partialdruck bestimmt werden. Die Methode ist extrem empfindlich, denn ein Strom von 1 μA entspricht einem Stoffumsatz von nur ca. 10^{-10} mol/s. Der Nachteil dieses Sensors besteht jedoch in der Rührabhängigkeit des Signals, da der Sauerstoff ständig verbraucht wird und die Nachdiffusion durch die Membran von der Konvektion in der Analytlösung abhängt. Durch eine Reihe von Maßnahmen wird versucht, diesen Nachteil zu beseitigen.

Die Selektivität amperometrischer Gassensoren läßt sich gezielt durch die Veränderung des Arbeitelektrodenpotentials, die geschickte Wahl des Membranmaterials und des Elektrolyten beeinflussen.

Abschließend verdient noch das Prinzip und die Anwendung des *Flammenionisationsdetektors* der Erwähnung. Das für die Bestimmung von organischen Komponenten einsetzbare Verfahren beruht darauf, daß die organischen Stoffe in einer Wasserstoffflamme verbrannt werden und dabei durch thermische Ionisation Kohlenstoffionen entstehen, die in einem elektrischen Feld einen Ionenstrom erzeugen. Dieser Ionenstrom (etwa 10^{-8} bis 10^{-12} A) führt an einem hochohmigen Widerstand zu einem Spannungsabfall, der über einen Verstärker als Signal registriert wird. Die Stärke des Ionenstromes ist dabei abhängig von der Anzahl der vorhandenen Ionen, damit direkt von der Masse an Kohlenwasserstoffen und auch den Parametern der Wasserstoffflamme.

Das Probengas wird bei dieser Metode von einer Membranpumpe angesaugt und über eine Probenkapillare dem Detektor zugeleitet. Die Meßbereiche einer derartigen Apparatur können Anteile von 10^{-2} bis 10^{-5} mg/kg Gesamtkohlenstoff überdecken. Die Probenahme des Gases hat mit einer beheizten Leitung zu erfolgen, um eine Kondensation höherer Kohlenwasserstoffe auf dem Weg zum Analysator zu verhindern. Die Eichung des Detektors und die Prüfung der Linearität der Messungen werden mit Prüfgasen, die abgestufte Anteile des Analyten enthalten, durchgeführt.

2.3.4
Gaschromatographie

Die chromatographische Gasanalyse, ebenfalls eine bewährte Methode der Prozeßanalytik [2], beruht auf der selektiven Ad- und Desorption von Gasen an festen Adsorptionsmitteln (stationäre Phase) und ihrer unterschiedlichen Löslichkeit in Flüssigkeiten. Dabei gibt es mehrere Arbeitsweisen. Bei dem heute in der Gaschromatographie vorherrschenden Elutionsverfahren wird die Gasprobe mit einem Trägergas (bewegte Phase) durch eine chromatographische Säule geschickt (Abb. 2.13). Das Trägergas (Helium, Argon, Stickstoff) hat hier die Aufgabe des Lösungs- und Elutionsmittels. Die einzelnen Bestandteile eines Gasgemisches, die vom Trägergas je nach Adsorptionswärme bzw. Verteilungskoeffizienten mehr oder weniger schnell durch die Säule gespült werden, können mit einem Detektor, der z.B. auf der Messung der Wärmeleitfähigkeit oder der Flammenionisation (s. 2.3.3) basiert, einzeln am Säulenausgang angezeigt und gemessen werden.

Der Aufwand, eine diskontinuierliche Analysenmethode wie die Gaschromatographie für prozeßanalytische Zwecke zu automatisieren, ist beträchtlich. Der komplexe Aufbau eines Prozeßchromatographen kann es mit sich bringen, daß beim Betrieb derartiger Apparaturen unter bestimmten Arbeitsbedingungen mit mehr Störungen zu rechnen ist als bei Analysatoren, die auf weniger aufwendigen Prinzipien beruhen.

Für die Überwachung der Destillations- und Rektifikationsprozesse in der Chemischen und in der Mineralölindustrie haben Prozeßchromatographen weite Verbreitung gefunden. Die Gaschromatographie dient aber nicht nur der Analyse von Prozeßstoffen im Rahmen der Prozeßüberwachung und -optimierung, sondern auch zur Raumluftüberwachung in Produktionsbetrieben.

Durch zufällig auftretende Störungen, wie Lecks in Leitungen, Pumpen oder Reaktionsgefäßen, können Schadstoffe unbemerkt in die Luft gelangen und die an den Anlagen Beschäftigten gefährden. Daher ist es notwendig, in Abhängig-

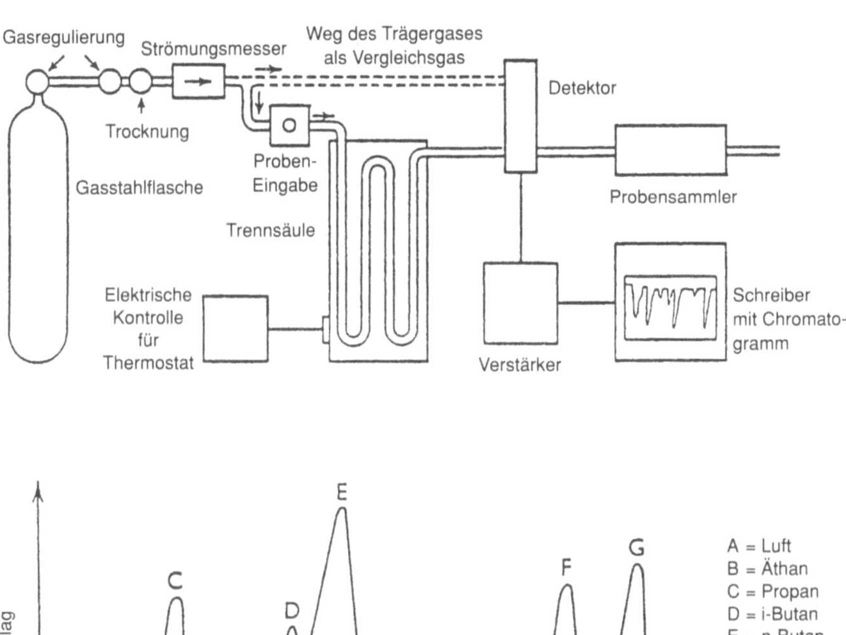

Abb. 2.13. Schema eines Gaschromatographen und Beispiel eines Gaschromatogramms

keit von dem durch den technischen Prozeß bedingten Gefährdungspotential entweder gelegentliche oder regelmäßige Kontrollmessungen oder aber eine kontinuierliche Überwachung der Raumluft als besondere Teilaufgabe prozeßanalytischer Aktivitäten durchzuführen. In den für diesen Zweck entwickelten gaschromatographischen Monitoren (bekannt sind z.B. solche für Acrylnitril, Diethylsulfat, Dimethylsulfat, Epichlorhydrin, Nitrobenzol) sind die Verfahrensschritte „Probenahme, Analyse, Auswertung der Meßergebnisse und Signal-/ Alarmgebung" integriert; die Rekalibration dieser Geräte erfolgt automatisch in vorgegebenen Intervallen mit käuflichen Prüfgasen. Der neueste Trend auf diesem Gebiet ist durch die Entwicklung miniaturisierter chromatographischer Systeme charakterisiert, die in naher Zukunft als prozeßanalytische Sensoren eingesetzt werden sollen (s. 3.2.1.2).

2.4
Lieferfirmen für Gasanalysatoren und Gassensoren

Paramagnetische Gasanalysatoren
Beckman Instruments GmbH, Frankfurter Ring 115, 80807 München
Hartmann & Braun AG, Postfach 900507, 60445 Frankfurt/Main
Honeywell AG, Dornierstr. 4, 82178 Puchheim
Leeds & Northrup GmbH, Kimpler Str. 288, 47807 Krefeld
Maihak AG, Postfach 601709, 22292 Hamburg
SERVOMEX-Gasanalysentechnik, Harkortstr. 29, 40880 Ratingen
Siemens AG, Meß- und Regeltechnik, Kruppstr. 2, 45128 Essen

Wärmeleitfähigkeitsmeßgeräte
ADOS – Technik GmbH für Verfahrenstechnik, Eckener Str. 30, 59075 Hamm
Beckman Instruments GmbH (s. o.)
Hartmann & Braun AG (s. o.)
Leeds & Northrup (s. o.)
Maihak AG (s. o.)
Servomex (s. o.)
Siemens AG (s. o.)

Wärmetönungsgassensoren
Ados (s. o.)
Auer – Gesellschaft, Thiemannstr. 1, 12059 Berlin
Drägerwerk AG, Moislinger Allee 53 – 55, 23542 Lübeck
General Monitors Ireland Ltd., Queens Ave., Hurdsfield Industrial Estate,
    Macciesfield, Chesh GB-SK 10 2 BN
Zellweger Eco-Systeme GmbH, Sollner Str. 65 b, 81479 München

Halbleiterdetektoren
Auer – Gesellschaft (s. o.)
Bieler & Lang GmbH, Ludwigsburger Str. 14, 28215 Bremen
Drägerwerk AG (s. o.)
GfG – Gesellschaft für Gerätebau mbH, Klönnestr. 99, 44123 Dortmund
Sigrist-Photometer AG, Hofurlistr. 1, CH-6373 Ennetbürgen

UV-/VIS-/NIR-Prozeßphotometer
Beckman Instruments GmbH (s. o.)
Bran & Lübbe GmbH, Werkstr. 4, 22844 Norderstedt
Colora Meßtechnik GmbH, Barbarossastr. 3, 73547 Lorch
Hartmann & Braun AG (s. o.)
Jasco Deutschland GmbH, Robert-Bosch-Str. 11, 64823 Groß-Umstadt
Kontron Instruments GmbH, Werner-von-Siemens-Str. 1, 85375 Neufahrn
Optometrics Ltd., Unit C6, Cross Green Garth, GB-Leeds, West Yorkshire LS9 0SF
Perkin-Elmer Bodenseewerk GmbH, Postfach 101761 Überlingen
Philips Industrial Electronics Deutschland GmbH, Miramstr. 87, 34123 Kassel
Wilhelm Pier GmbH, Voltastr. 7, 65795 Hattersheim
Shimadzu Europe GmbH, Albert-Hahn-Str. 6 – 10, 47269 Duisburg

Sigrist-Photometer AG (s. o.)
Unicam Analytische Systeme GmbH, Korbacher Str. 75–77, 34132 Kassel
Varian GmbH, Alsfelder Str. 6, 64289 Darmstadt
Carl Zeiss Jena GmbH, Tatzendpromenade 1 a, 07740 Jena

IR-Prozeßphotometer
Beckman Instruments GmbH (s. o.)
Maihak AG (s. o.)
Auer-Gesellschaft (s. o.)
Siemens AG (s. o.)

Massenspektrometriche Gasanalysatoren
ATOMIKA Instruments GmbH, Bruckmannring 40, 85764 Oberschleißheim
Bruker Analytische Meßtechnik GmbH, Silberstreifen, 76287 Rheinstetten
Finnigan MAT GmbH, Barkhausenstr. 2, 28197 Bremen
Perkin-Elmer Bodenseewerk GmbH (s. o.)
Shimadzu Europe GmbH (s. o.)
Varian GmbH (s. o.)

Chemilumineszenz-Sensoren
Beckman Instruments GmbH (s. o.)
Bendix Deutschland GmbH, Im Rübenkamp 11, 38162 Cremlingen
Kontron Instruments GmbH (s. o.)

Elektrometrische Meßsysteme
Beckman Instruments GmbH (s. o.)
Deutsche Metrohm GmbH & Co, In den Birken 3, 70794 Filderstadt
Hartmann & Braun AG (s. o.)
Ingold Meßtechnik GmbH, Siemensstr. 9, 61449 Steinbach
Knick Elektronische Meßgeräte GmbH & Co, Beuckestr. 22, 14163 Berlin
Philips GmbH (s. o.)
Schott-Geräte GmbH, Postfach 1130, 65701 Hofheim
Siemens AG (s. o.)
Ströhlein GmbH & Co, Girmeskreuzstr. 55, 41564 Kaarst
Wissenschaftlich-Technische Werkstätten GmbH (WTW),
    Dr.-Karl-Slevogt-Str. 1, 82362 Weilheim
H. Woesthoff GmbH, Max-Grewe-Str. 30, 44727 Bochum

Prozeßchromatographen
Beckman Instruments GmbH (s. o.)
Bendix (s. o.)
Dani Strumentazione Analitica spa / ESWE Analysentechnik GmbH,
    Zwingerstr. 4 a, 74889 Sinsheim
Foxboro Deutschland GmbH, Heerdter Lohweg 53–55, 40549 Düsseldorf
Perkin-Elmer Bodenseewerk GmbH (s. o.)
Ratfisch Analysensysteme GmbH, Tel.: 08121/82081
Servomex (s. o.)
Siemens AG, Meß- und Regeltechnik, Kruppstr. 2, 45128 Essen

Anmerkung: Die vorstehende Zusammenstellung erhebt keinen Anspruch auf Vollständigkeit. Für ergänzende Firmennachweise wird auf das Fachschrifttum und die in den „Nachrichten für Chemie, Technik und Laboratorium" der GDCh erscheinenden Marktübersichten verwiesen. Weitere Angaben finden sich unter 3.4, 4.5 und 6.9.

2.5
Literatur

1. Gromadzki D (1989) Steel & Metals Magazine 27, No 3:171
2. Melzer W, Jaenicke D (1980) in: Ullmanns Enzyklopädie der technischen Chemie, 4. Aufl., Verlag Chemie, Weinheim, Bd. 5:891
3. Dosch D (1907) Z Chem App kde 2; 473
4. van Damme S, Slemeyer A, Wendt K (1987) Techn. Messen 54, H. 11:416
5. DIN 51853 (1979) Prüfung von Brenn-, Schutz- und Abgasen – Probenahme
6. Lagois J (1992) CLB Chem Lab Biotechn 43:428
7. Cammann K, Ross B, Hasse W, Dumschat C, Katerkamp A, Reinbold J, Steinhage G, Gründig B, Renneberg R, Buschmann N (1994) in: Ullmann's Encyclopedia of Industrial Chemistry, VCH Publishers Inc, Weinheim, Vol. B 6, p. 121
8. Perkampus HH (1983) in: Analytiker-Taschenbuch, Bd. 3, Springer-Verlag Berlin Heidelberg, S. 279
9. Heise HM (1990) in: Analytiker-Taschenbuch, Bd. 9, Springer-Verlag Berlin Heidelberg, S. 331
10. Weismüller JA (1991) Kontrolle H. Juni, 60
11. Gauglitz G (1994) Nachr Chem Tech Lab 42, Nr. 11:M 1
12. Lehnert M, Modlinski U, Wiegleb G (1987) Techn. Messen 54, H. 11:423
13. „Die physikalische Gasanalyse" – Allgemeine Grundlagen, 6. Aufl., Hartmann & Braun AG, Frankfurt/Main
14. Fabinski W, Eckmann F (1987) VBG Kraftwerkstechn 67:143
15. Nather E, Schorpp K (1982) Siemens-Energietechn 4:141
16. Richter J, Hartmann & Braun AG, Einzelber. 02 PY 3604
17. Richter J, Hartmann & Braun AG, Einzelber. 02 PY 3603
18. Williams RR (1995) Fourier Transform Spectroscopy, VCH Verlagsgesellschaft, Weinheim
19. Schuy KD, Reinhold B (1972) Stahl u. Eisen 92:1278
20. Seibl J (1970) Massenspektrometrie, Akad. Verlagsgesellschaft, Frankfurt/Main
21. Rauch W, Tegtmeyer U, Schlögl R (1994) GIT Fachz Lab, H. 2:93
22. Campbell AK (1988) Chemiluminescence, VCH Verlagsgesellschaft, Weinheim
23. Fortijn A, Sabadell A, Ronco RJ (1970) Anal Chem 42:575
24. Clark LC (1958) US-Patent 2913386

3 Prozeßanalytik flüssiger Systeme

3.1
Probenentnahme aus flüssigen Systemen

3.1.1
Wässrige und organische Stoffe

Die Probenentnahme aus wäßrigen Systemen gestaltet sich ähnlich (einfach) wie bei Gasen, wenn es sich um echte Lösungen handelt. Bei Emulsionen sind bereits Probleme zu erwarten bzw. entsprechende Maßnahmen zum Erhalt einer repräsentativen Probe vorzusehen. Problematisch sind ferner Feststoffe enthaltende Flüssigkeiten und mehrphasige Systeme aus nichtmischbaren Stoffen [1].

Abbildung 3.1 erläutert die Technik der Flüssigkeitsentnahme über eine Bypass- und eine Stichleitung [2]. Das Produkt wird über einen Entnahmestutzen der Rohrleitung bzw. dem Behälter entnommen und in einer Bypass-Leitung vorzugsweise wieder in den Prozeß zurückgeführt. Zur Produktförderung durch die Bypass-Leitung kann man Druckunterschiede ausnutzen oder eine gesonderte Förderpumpe verwenden. So werden häufig z. B. Druck- und Saugseiten von prozeßseitig vorhandenen Förderpumpen, aber auch Strömungswiderstände in der Produktleitung selbst genutzt.

Ein Bruchteil des in der Bypass-Leitung fließenden Probestroms wird mit einer Sonde aus einem Stutzen der Leitung entnommen und über eine möglichst kurze Stichleitung dem Analysator zugeführt. Um an diesen Stutzen Arbeiten durchführen zu können, sollte die Bypass-Leitung mit zwei Ventilen absperrbar sein. Der Sonde folgt ein Kugel- oder Regulierventil und, falls notwendig, ein Einstellventil oder Druckminderer bzw. häufig auch ein Überlauf zur Druckregulierung. Gegebenenfalls ist eine Förderpumpe sowie ein Feinfilter am Geräteeingang erforderlich.

Zur Abscheidung von Feststoffanteilen eignet sich besonders ein Filter am Eingang der Entnahmesonde. Durch Ausrichten der Filteroberfläche parallel zur Strömungsrichtung kann u. U. eine selbsttätige Reinigung der Filteroberfläche im Bypassstrom erzielt werden.

Bei ausgasenden Flüssigkeiten kann der Überlaufbehälter als Entgaser ausgebildet werden. Die bei der Probenaufbereitung frei werdenden Flüssigkeiten müssen über eine Ablaufleitung entweder in den Prozeß zurückgeführt (Auf-

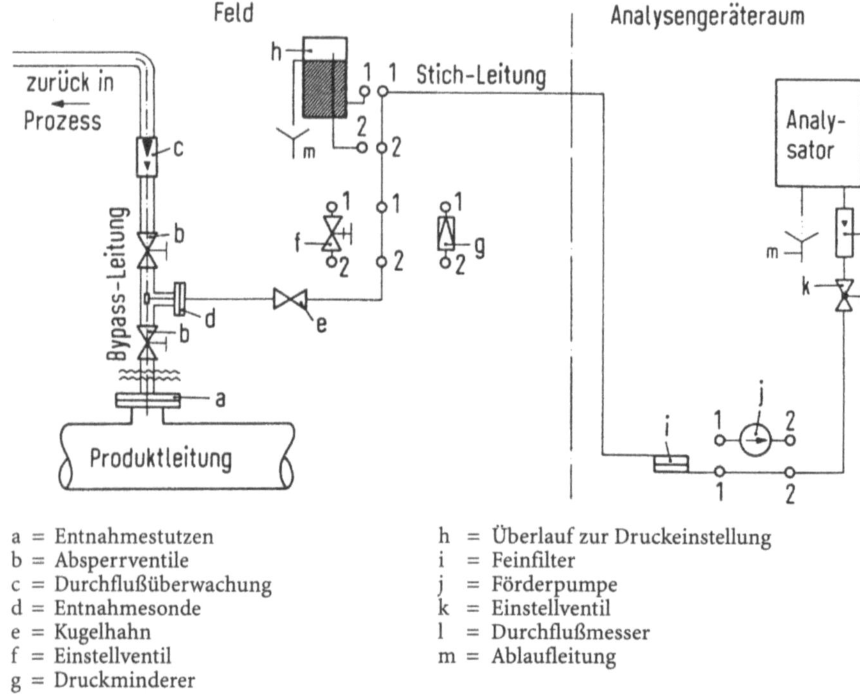

a = Entnahmestutzen

b = Absperrventile

c = Durchflußüberwachung

d = Entnahmesonde

e = Kugelhahn

f = Einstellventil

g = Druckminderer

h = Überlauf zur Druckeinstellung

i = Feinfilter

j = Förderpumpe

k = Einstellventil

l = Durchflußmesser

m = Ablaufleitung

Abb. 3.1. Probenahme aus Flüssigkeitsströmen

fangbehälter mit Förderpumpe) oder in den Kanal bzw. die Abwasserreinigung gegeben werden.

Je nach Beschaffenheit des Meßmediums kann eine Beheizung oder Kühlung des Entnahmesystems notwendig sein. Dabei sind im Gegensatz zu Gasen weit größere Heiz- bzw. Kühlleistungen erforderlich.

Gilt es, Flüssigkeitsströme und ihre Inhaltsstoffe zu bewerten – wie es auf dem Gebiet der Abwässer von besonderer Bedeutung ist – muß für eine mengenproportionale Probenahme gesorgt werden. Zeitproportionale Entnahmen scheiden oft wegen schwankender Massenströme aus.

Die bei der Probenahme und der anschließenden Probenaufbereitung bestehenden Probleme lassen sich folgendermaßen zusammenfassen:

1. Auswahl der für den Prozeß charakteristischen und den Prozeßzustand repräsentativen Phase.
2. Entnehmen einer Teilprobe (eines Teilstromes) unter Berücksichtigung der Prozeßbedingungen (z. B. Probenahmeort, Totzeit).
3. Vermeidung von Veränderungen in der Zusammensetzung der Probe.
4. Anpassung der Probenahmebedingungen an das analytischeVerfahren.

Die Automatisierung der Probenahme, die u.U. mit erheblichen technischen Schwierigkeiten verknüpft sein kann, bietet entscheidende Vorteile: Vermeidung systematischer Fehler, Verringerung zufälliger Fehler und zeitliche Kopplung an das Prozeßgeschehen. Die Fragen der zulässigen Totzeit, der Verfügbarkeit automatischer Systeme und der benötigten Kontrollfunktionen müssen in jedem Einzelfall gesondert beantwortet werden.

3.1.2
Schmelzen metallischer Stoffe

Zu den Flüssigkeiten zählen natürlich auch Schmelzen, die allerdings ihre eigene Problematik besitzen: Schichtung durch Temperaturunterschiede, Auftreten von Mehrphasensystemen, Heterogenität durch Anwesenheit metallischer und oxidischer Komponenten.

Einfach ist die Beprobung reiner metallischer Schmelzen mit homogener Temperaturverteilung, wie z. B. die Zinkbäder bei dem Prozeß der Feuerverzinkung. Hier geschieht die Probenahme mittels einfacher, stählerner Schöpflöffel.

Ein erheblich höherer Aufwand und eine Vielfalt von Problemen ist beispielsweise mit der Beprobung von Stahlschmelzen verbunden. Hier sind hohe Temperaturen (1600 bis 1700 °C) und das Vorhandensein eines Mehrkomponentensystems zu berücksichtigen. Der Repräsentativität der Probe kommt dabei eine hohe prozeßanalytische Bedeutung zu. Die Entnahme erfolgt heute hauptsächlich mit „Einwegsonden", die mit Hilfe einer fahrbaren Einrichtung reproduzierbar in die Schmelze getaucht werden. Dabei füllen sich die aus 2 Hälften bestehenden Probeformen durch den ferrostatischen Druck. Auf die im Rahmen dieser Betrachtung wichtigen Einzelheiten wird noch bei der Prozeßanalytik der Stahlherstellung einzugehen sein (s. 6.3.2.1).

Als industrielles Beispiel besonderer Art kann die Aluminium-Industrie gelten, da hier sowohl ein Schmelzflußelektrolyt als auch eine Metallschmelze prozeßgerecht zu proben sind [3]. Die jeweilige Bad-Zusammensetzung ist eine wichtige Zustandsgröße, die für eine optimale Fahrweise des Betriebes bekannt sein muß. Die aus den Metallschmelzen entnommenen Proben können axiale und radiale Seigerungen aufweisen. Die Erstarrungsmorphologie und die Kornstruktur müssen bekannt sein, da sie Einfluß auf die anschließende spektrometrische Analyse haben.

3.2
Untersuchung flüssiger Stoffe

3.2.1
Wässrige und organische Proben

3.2.1.1
on-line-Konzepte

Als analytische Prinzipien insbesondere für die Untersuchung wäßriger Proben im Bereich der on-line-Analyse haben sich die Titrimetrie [4], verschiedene elektrochemische Methoden [5], die Fotometrie [6], aber auch die ICP-Spektro-

metrie [7] und chromatographische Verfahren für organische Fragestellungen
[8] sowie die Röntgenfluoreszenz- und die Raman-Spektroskopie [9] eingeführt.

Als Vorteile für die on-line Überwachung von Prozeßlösungen (z. B. Beiz- und
Behandlungsbäder, Elektrolyte) mit Hilfe der genannten analytischen Prinzipien sind zu nennen:

- Aktuelle Information über das Prozeßstadium;
- Schnelles und rechtzeitiges Erkennen von Störungen;
- Lückenloser Nachweis der Produktbeschaffenheit im Rahmen der Qualitäts-
  sicherung;
- Möglichkeit der Optimierung des Verfahrensablaufs;
- Kopplung von on-line-Analysator und automatisch arbeitenden Regel-
  systemen;
- Einsparung von Rohstoffen durch die schärfere Qualitätskontrolle und die
  bessere Einhaltung der Produktspezifikation;
- Einsparung von Energie (z. B. bei technischen Elektrolyten);
- Weniger Umweltbelastung durch Schadstoffreduzierung;
- Höhere Sicherheit durch Messung in gefährdeter Umgebung ohne Kontakt
  mit dem Meßgut.

Als Beispiele aus der breiten Anwendung derartiger on-line-Verfahren kann die
Überwachung von Phosphatier- und Passivierungsbädern zur Vorbehandlung
von Karrosserien und Karrosserieteilen gelten [10]. Hier wurde die manuelle
Badüberwachung in vielen Fällen durch eine prozeßanalytische on-line-Überwachung im Sinne der Qualitätssicherung ersetzt [11] (Abb. 3.2).

Dem Trend in der Prozeßanalytik zu möglichst einfachen und schnellen
Analyseverfahren kommt die Entwicklung der Durchflußanalytik – meistens

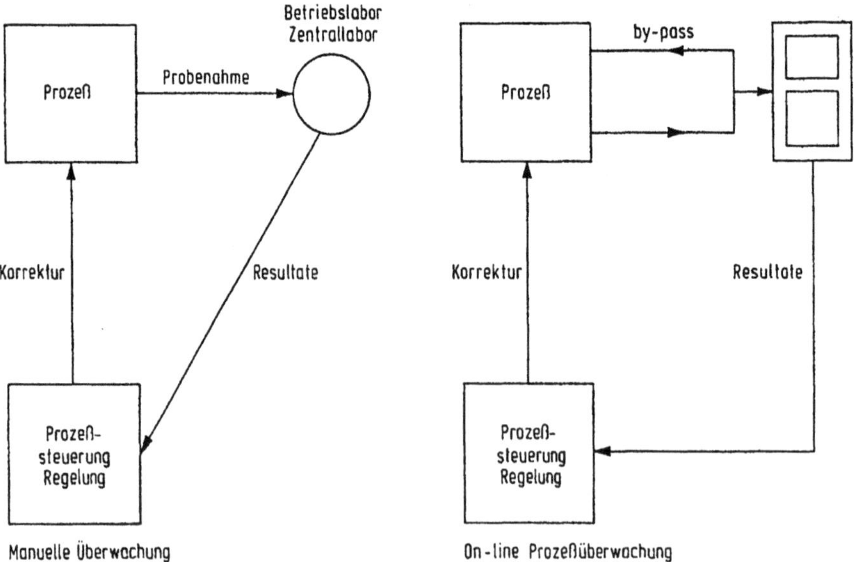

Abb. 3.2. Schema einer manuellen und einer on-line-Prozeßüberwachung

Tabelle 3.1. Anwendungsbeispiele von Prozeßtitratoren in der Chemischen Industrie

Prozeß	Analyt
Peroxidherstellung	H_2SO_4, H_2O_2, $KHSO_5$
Süßstoffherstellung	CN^-
Kaustifizierung	NaOH, Alkoholate, Phenole
Polyphosphat-Produktion	NaH_2PO_4, Na_2HPO_4
H_2SO_4-Produktion	Nitrosylschwefelsäure
PVC-Produktion	H_2O
Cyanamid-Produktion	Cyanamid
Düngemittel-Produktion	H_3PO_4, HNO_3
Chromschwefelsäure-Produktion	Cr(III), Cr(VI)
Caprolactam-Produktion	NH^{4+}, NH_3
Beizen	Cl^-, Fe^{2+}
Phosphatieren	PO_4^{3-}, NO^{2-}, Zn^{2+}
Dampferzeugung	SiO_2
Kühlwasser-Überwachung	OH^-

mit „Flow Injection Analysis" (FIA) bezeichnet – besonders entgegen [12]. Hier dient ein Trägerstrom, oft eine Elektrolytlösung, gleichzeitig als Transport- und Arbeitsoperator. Es können Reagentien für chemische Reaktionen in den Fluß eingespeist werden, wobei der Detektor spezifisch auf die zu bestimmenden Komponenten ansprechen muß. Die FIA kann bis zur Datenausgabe automatisiert werden und erlaubt einen hohen Probendurchsatz [13]. Prinzipiell kann für die Detektion jedes Indikationssystem genutzt werden, wie z. B. die Kopplung mit elektrochemischen oder spektralanalytischen Detektoren (s. 5.2).

„*Prozeßtitratoren*" [14] dienen heute in vielen industriellen Bereichen der Prozeßkontrolle. Die Vielfalt der Anwendungen, die auf dem Gebiet der Prozeßtitration realisiert worden sind, ist aufgrund der Vielzahl von möglichen Reaktionsarten und Indikationsmethoden außerordentlich groß (Tab. 3.1). Die Titrationsreaktionen lassen sich grundsätzlich in fünf Hauptgruppen einteilen:

- Redoxreaktionen: Cerimetrie, Manganometrie, Dichromatometrie, Iodometrie, Diazotierungen;
- Komplexometrie;
- Neutralisationsreaktionen: Alkalimetrie, Acidimetrie;
- Fällungsreaktionen: Argentometrie;
- Karl-Fischer-Titrationen.

Bei der Wendepunkterkennung wird normalerweise das Meßsignal einer Indikatorelektrode erfaßt. Dazu werden potentiometrische, voltametrische oder photometrische Verfahren eingesetzt.

Die Meßwertübernahme des Meßsignals der Indikatorelektrode kann zeit- oder driftkontrolliert erfolgen. Bei der zeitkontrollierten Meßwertübernahme wird dieses nach einer fest vorgeschriebenen Wartezeit übernommen. Bei der driftkontrollierten Meßwertübernahme wird der Meßwert erst dann akzeptiert, wenn das Elektrodensignal innerhalb einer erlaubten Schwankungsbreite stabil

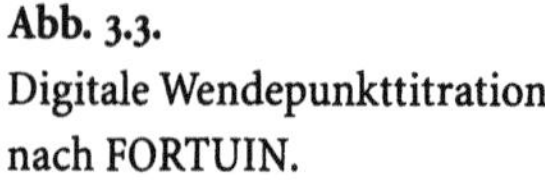

Abb. 3.3.
Digitale Wendepunkttitration
nach FORTUIN.

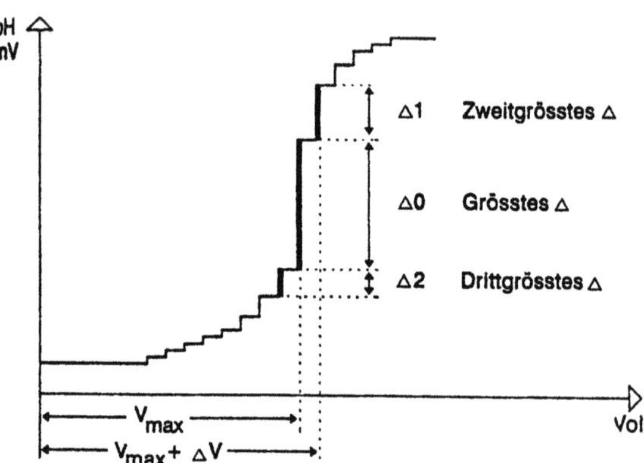

ist. Die Auswertung der Titrationskurve erfolgt hauptsächlich durch Endpunkttitration oder digitale Wendepunkttitration.

Bei der Endpunkttitration muß das Potential des Wendepunktes (Sollwert) bekannt und reproduzierbar sein. Der Prozeßtitrator vergleicht den vorgewählten Sollwert mit dem aktuellen Meßwert in der Probe und gibt, je nach Regelabweichung und in Abhängigkeit von der Parametereinstellung, große oder kleine Dosierimpulse an die Motorkolbenbürette. Da der Sollwert bekannt ist und nicht über den ganzen pH-/Potentialbereich empfindlich titriert werden muß, kann das Titriermittel bis in die Nähe des Entpunktes sehr schnell zugegeben werden. Die Titrationszeit ist daher sehr kurz. Beim Erreichen des Sollwertes innerhalb eines vorgewählten, erlaubten Toleranzbereiches schaltet der Prozeßtitrator den Titrationsvorgang nach einer definierten Abschaltverzögerung ab. Ein Spezialfall der Endpunkttitration ist die für die Wasserbestimmung eingesetzte Karl-Fischer-Titration, bei der der Endpunkt an einer Doppelplatin-Elektrode voltametrisch indiziert wird.

Die Dosierung des Titriermittels erfolgt bei der digitalen Titration inkrementell, d.h. in vorwählbaren, konstanten Volumenschritten. Nach jedem Volumenschritt erfolgt die Messung der Potentialänderung des Elektrodensystems. Der Meßwert wird drift- oder zeitkontrolliert übernommen.

Nach Fortuin läßt sich der Äquivalenzpunkt aufgrund der drei größten Potentialdifferenzen im Wendepunktgebiet ermitteln (Abb. 3.3). Die Auswertung erfolgt über ein Interpolationsverfahren. Das insgesamt zugesetzte Reagenzvolumen vor dem größten Potentialsprung $\Delta 0$ wird mit V_{max} bezeichnet. Der Endpunkt der Titration liegt dann zwischen V_{max} und $V_{max} + \Delta V$. Die verschiedenen Interpolationsverfahren berechnen das Endvolumen V_E aus $V_E = V_{max} + \rho \cdot DV$. Der Parameter ρ gibt die Lage des Endvolumens V_E innerhalb des Volumenschrittes an. Durch die rechnerische Ermittlung des Äquivalenzpunktes über die Potentialdifferenzen im Wendepunktgebiet ist man unabhängig von der Kalibrierung der Meßkette [15].

Abbildung 3.4 vermittelt eine schematische Übersicht über den Ablauf einer Einzelbestimmung in einem Prozeßtitrator. Die Probe durchströmt bei geöffnetem Probenventil die Überlaufpipette, bis die aktuelle Probe im Makro-Proben-

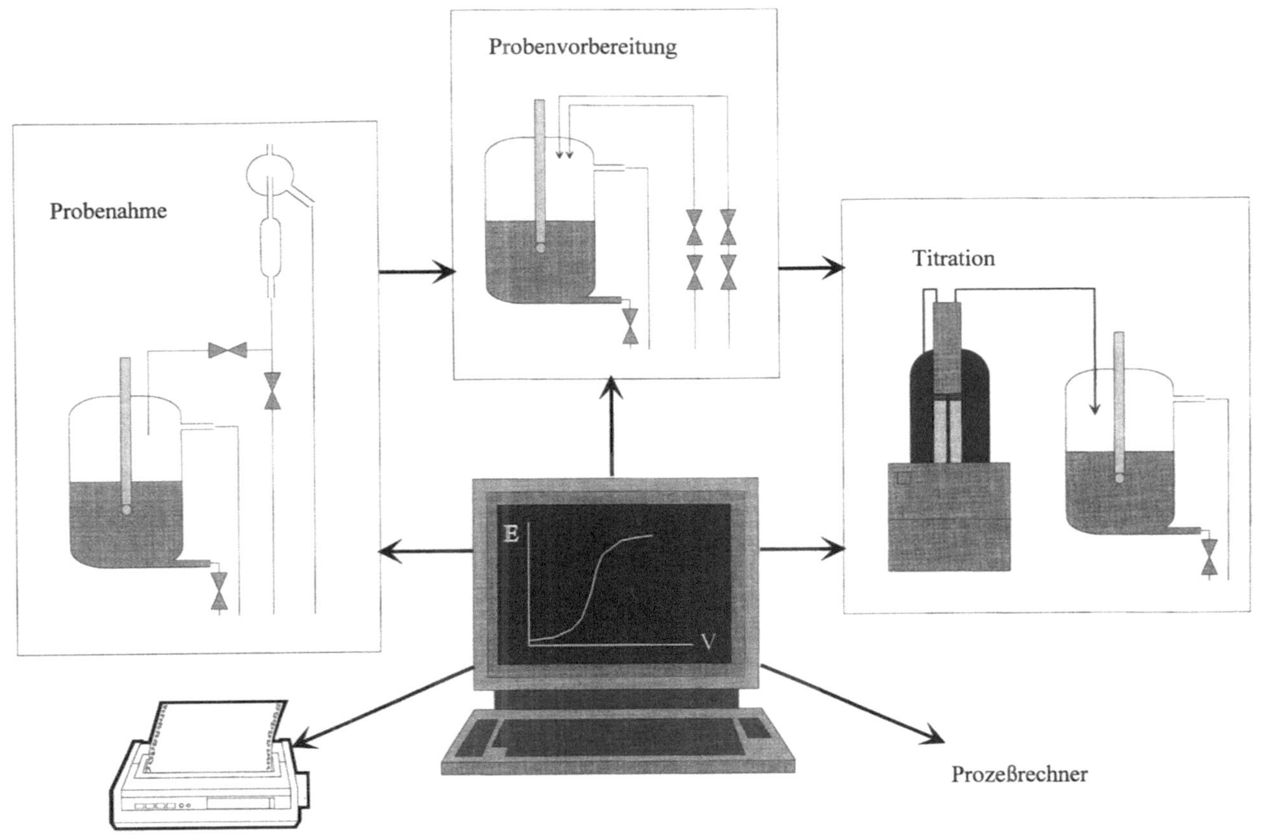

Abb. 3.4. Schema des Analysenablaufes in einem Prozeßtitrator

meßsystem vorliegt. Anschließend wird das Probenventil geschlossen und die in der Überlaufpipette definiert abgemessene Probe in das Titriergefäß überführt. Die vorgelegte Probe wird mit den benötigten Hilfsreagenzien versetzt und der zu bestimmende Parameter mit Hilfe einer geeigneten Elektrode und dem entsprechenden Titriermittel analysiert. Nach Auswertung des Wendepunktes wird der Anteil berechnet und über eine Schnittstelle zur Protokollierung und über einen Analogausgang zur Regeleinheit ausgegeben. Für die Wendepunkterkennung bei der Titration, z.B. der Freien Säure und der Gesamtsäure, des Nitrits und des Zinks in einem Bad findet die digitale Titration Anwendung.

Als weitere Beispiele sind die Überwachung von Beiz- und elektrolytischen Prozessen zu erwähnen, bei denen neben der Analyse der Beizlösungen auch die Überwachung von Emissionen notwendig ist [16]. Tabelle 3.2 gibt z.B. einen Eindruck von der titrimetischen Prozeßüberwachung in der Leiterplattenindustrie [17]. Zu den betrieblichen Einsatzmöglichkeiten in der Stahlindustrie gehören die Bestimmung von Zn^{2+} und H_2SO_4-Anteilen in elektrolytischen Zinkbädern, des Cr^{6+}-Anteiles in Chromatierbädern sowie Fe^{2+}- und Säureanteil (HNO_3, HCl, H_2SO_4, HF) in Beizbädern.

Bei der Prozeßüberwachung im Bereich der Galvanisierung und der Galvanoformung (galvanotechnische Bauteilherstellung) treten neben die (elektrometrische) Analyse der anorganischen Komponenten der Elektrolyte (Tab. 3.3) die Bestimmung von Zusätzen, Netzmitteln und organischen Abbauprodukten. Für die letztgenannte Aufgabe werden *chromatographische Methoden*, wie z.B. die Hochleistungsflüssigkeits-Chromatographie (High Performance Liquid Chromatographic, HPLC) und die Gel-Chromatographie [8] angewendet.

Tabelle 3.2. On-line-Elektrolytüberwachung bei der galvanischen Verkupferung

Parameter	Anteil	Analysenmethode	Titriermittel
Cu	15–25 g/l	Jodometrie	$c(S_2O_3^{2-})$ = 0,1 mol/l
		Komplexometrie	$c(EDTA)$ = 0,1 mol/l
H_2SO_4	120–220 g/l	Acidimetrie	$c(NaOH)$ = 1 mol/l
NaCl	40–100 ml	Argentometrie	$c(AgNO_3)$ = 0,01 mol/l

Tabelle 3.3. Einsatz potentiometrischer Analysenverfahren in der Galvanotechnik (Beispiele)

Analyt	Prozeßmedium
Cu, Au	Galvanische Bäder
Al, Cl^-, Cr(VI), Oxalsäure, H_2SO_4, SO_4^{2-}	Anodisierbäder
Pb, H^+, Sn	Bleibäder
Cd, CO_3^{2+}, CN^-, NaOH	Cadmiumbäder
NH_4^+, CO_3^{2+}, CN^-, Cu, NaOH, SO_3^{2-}, ZN, Sn	Messing- und Bronzierbäder
F^-, Hexafluorsilikat	Chrombäder
Ni, Cl^-, Borsäure (frei), Tetrafluorborsäure (frei)	Nickelbäder
Acetat, Carbonat, Cl^-, Fluoroborsäure, H^+, OH^-, NO_3^-, Sn	Zinnbäder

On-line-Analysen unter Verwendung von *Prozeßphotometern* werden im wesentlichen für zwei Aufgabenstellungen eingesetzt:

- Photometrische Indikation einer Titration, z.B. bei komplexometrischen Titrationen, bei denen der Endpunkt mit Farbindikatoren indiziert wird, oder bei der Bestimmung von Säurezahlen in Ölen, bei der normale Glaselektroden nur kurze Standzeiten haben;
- Photometrische Direktmessungen einzelner Stoffe, wie für die Bestimmung geringer Konzentrationen von Ammonium, Nitrat, Nitrit, Phosphat, Phenol, Silikat usw.

Einen wichtigen Schritt bei der Anwendung der Photometrie in der Prozeßanalytik stellt die Einsatzmöglichkeit von Diodenarrays als Detektoren und von faseroptischen Sensoren dar [18][19]. Damit kann die klassische Anordnung Lichtquelle-Küvette-Detektor entfallen und das Licht direkt an den Ort der spektralphotometrischen Messung und von dort zum Detektor geleitet werden (Abb. 3.5). Ferner sind Sonden nach dem ATR-Prinzip (gedämpfte Totalreflexion) [20] sowie Sonden zur Fluoreszenzmessung und zur Messung der diffusen Reflexionen von technischem Interesse. Insbesondere die hochbeständigen und dichtungslosen Sonden aus Keramik erlauben einen Einsatz auch in aggressiven Medien [18].

Ein Prozeßphotometer mit einer Lichtleiterkopplung besteht aus Choppermotor, Verlaufsfilter, Detektor und Auswerteeinheit. Die Vermessung der gefärbten Lösung erfolgt im Meßgefäß, in das der Sensorteil mit Spiegelelement eintaucht (Abb. 3.6). Sensorteil und Photometerteil sind mit einem Glasfaserlichtleiter verbunden. Diese Bauweise bietet die Möglichkeit, die Spiegeloptik auf einfache Weise manuell mechanisch oder automatisch mit Spüllösungen zu reinigen.

Das unfiltrierte Licht geht von der Lichtquelle durch das erste Glasfaserbündel, dann durch die gefärbte Lösung und wird am Spiegelelement so reflektiert, daß es vom zweiten Glasfaserbündel aufgenommen wird und über das Filterelement zum Detektor gelangt. Dieser ermittelt die ankommende Intensität einer am Filterelement vorgewählten Wellenlänge. Als Filterelement kommt ein Verlaufsfilter zum Einsatz, daß von 400 bis 700 nm kontinuierlich eingestellt werden kann. Nach dem Gesetz von Bougner-Lambert-Beer (vgl. 2.3.2) ergibt sich im Absorptionsmaximum eine lineare Abhängigkeit zwischen Extinktion A und der Konzentration c:

$$A = \varepsilon(\lambda) \cdot d \cdot c = - \lg \frac{\Phi_a(\lambda)}{\Phi_e(\lambda)}^{1}$$

---

1 A : Extinktion,
   ε : Extinktionskoeffizient der absorbierenden Verbindung (L mol^{-1} cm^{-1}),
   d : Schichtdicke (cm),
   c : Konzentration (mol^{-1}),
   Φ_a : ausgehende Strahlungsleistung (Lichtintensität nach Absorption),
   Φ_e : eingedrungene Strahlungsleistung (Eingestrahlte Lichtintensität).

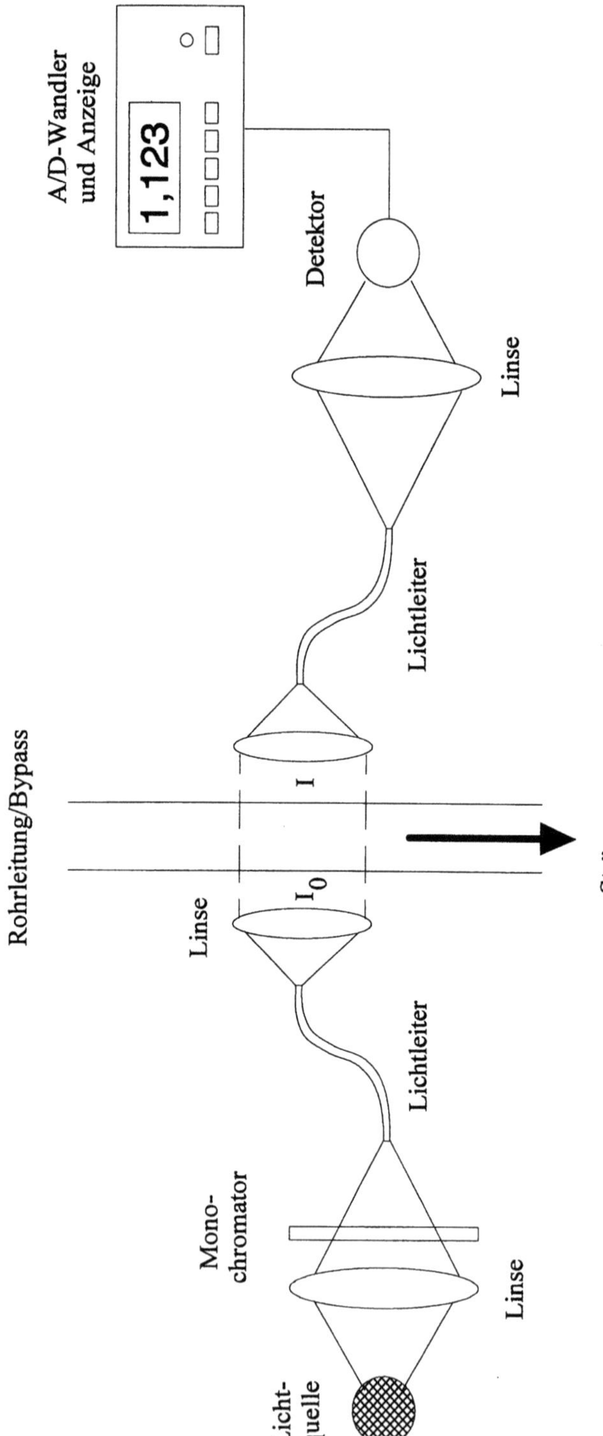

Abb. 3-5. Beispiel für den Einsatz von Lichtleitern in der photometrischen Prozeßanalytik

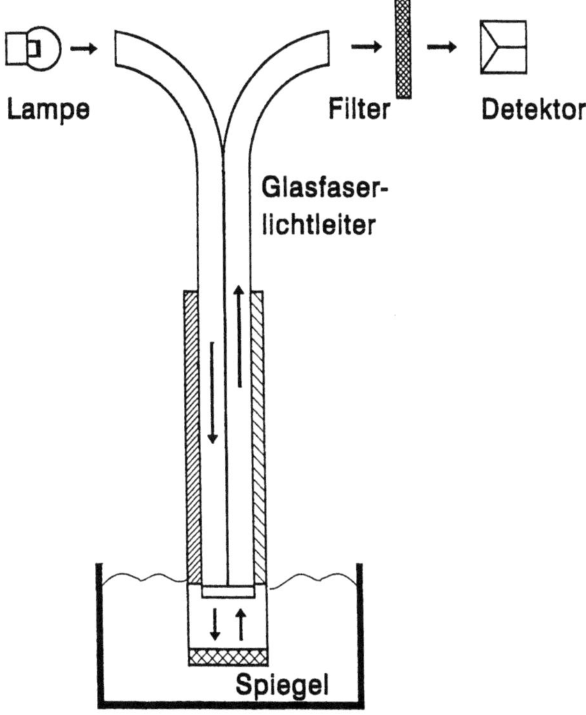

Abb. 3.6. Sensor mit Spiegelelement eines Prozeßphotometers

Meßfehler durch Trübung und Eigenfärbung der Probe oder durch Alterung der Photometerlampe können durch ein Meßprogramm eliminiert werden. Vor Zugabe der Reagenzien wird die Extinktion A_1 und nach der abgeschlossenen Farbentwicklung die Extinktion A_2 der gefärbten Meßlösung ermittelt. Die Extinktion A der zu bestimmenden Verbindung errechnet sich dann als Differenz und wird zur Ermittlung der Probenkonzentration herangezogen:

$$A = A_2 - A_1 = S \cdot c + BW^2$$

$$c = \frac{(A - BW)}{S}$$

Aus dieser Formel ist ersichtlich, daß zur Konzentrationsermittlung neben dem Analysenprogramm, in dem die Extinktion der Probe ermittelt wird, der Blindwert BW und die Steigerung S der Kalibriergeraden in regelmäßigen zeitlichen Abständen ermittelt werden muß.

---

2 S   = Steigerung der Kalibriergeraden,
  BW = Blindwert,
  c   = Konzentration des zu bestimmenden Parameters.

Die Messung von Blindwert und Standards kann manuell oder automatisch erfolgen.

Neuerlich werden in der Prozeßanalytik flüssiger Systeme auch die *IR-Spektroskopie* im nahen Infrarot-Spektralbereich und die *Raman-Spektroskopie* angewendet. Im erstgenannten Fall, bei dem die zu bestimmenden Komponenten eine Absorption im nahen Infrarotbereich (Wellenlängen von 900 bis 2400 nm) zeigen müssen, lassen sich extern Küvetten im Prozeßstrom installieren, die über Lichtleitfasern von bis zu 200 m mit dem Spektrometer verbunden werden können und on-line-Messungen ermöglichen. Das bedeutet, daß Analysenergebnisse nahezu ohne Zeitverzug erhalten werden und diese eine sofortige Korrektur bei Abweichungen vom Produktionsziel erlauben. Typische Anwendungsbeispiele sind Identitätsprüfungen von Rohstoffen bei Anlieferung, die Überwachung von Destillations- und Rektifikationsprozessen sowie die Kontrolle von Trocknungs-, Misch- und Homogenisierungsverfahren. Die Kalibration geschieht vorzugsweise mit Proben aus dem jeweiligen Produktionsprozeß, die vorher mit einer anderen Analysenmethode untersucht worden waren.

Die Raman-Spektroskopie, die in der Vergangenheit nur eine sehr geringe Bedeutung für die Routineanalytik besaß, findet in neuerer Zeit erweiterte Anwendung [21] durch neue, preiswerte Minispektrometerkonstruktionen, neue Probentechniken und den Einsatz von Lichtleitfasern [22]. Moderne schwingungsspektroskopische Methoden, wie die Fourier-Transform-Infrarot-Spektroskopie (FT-IR-Spektroskopie) sowie die FT-Raman-Spektroskopie vereinen die Vorteile eines hohen Informationsgehaltes, der schnellen Bereitstellung der benötigten Information und der einfachen Probenvorbereitung. Bis vor kurzem war jedoch der Einsatz der Raman-Spektroskopie auf die Grundlagenforschung beschränkt. Die Anfälligkeit der traditionellen Raman-Spektroskopie mit ihren sichtbaren Laserlichtquellen gegen Störungen durch Fluoreszenz und Photolyse war hierfür verantwortlich. Erst mit der Entwicklung der NIR-FT-Raman-Spektroskopie (NIR = Nahinfrarot) kommen die Stärken dieser vielseitigen Meßmethode voll zur Geltung.

Kurz zu den Grundlagen der Raman-Spektroskopie: Werden Moleküle mit monochromatischer Strahlung (z. B. Laser) angeregt, so lassen sich Wirkungen von Stoßprozessen der Erreger-Lichtquanten mit den Molekülen beobachten. Als Folge unelastischer Stöße entsteht Strahlung aus Quanten, die Schwingungsenergie an das Molekül abgegeben oder von ihm aufgenommen haben. Diese Schwingungen können als Valenz- bzw. Deformationsschwingungen charakterisiert werden. Bei Valenzschwingungen ändern sich vornehmlich die Längen der Bindungen, bei Deformationsschwingungen dagegen die Bindungswinkel. Charakteristische Banden zeichnen sich durch definierte Raman- (und Infrarot-) Intensitäten in bestimmten Frequenzbereichen aus. Da Frequenzen und Intensitäten von allen Strukturparametern abhängen, kann das Raman-Spektrum als untrüglicher „Fingerabdruck" (finger print) zur Identifizierung einer Verbindung verwendet werden.

Die Bestrahlung der Proben erfolgt bei der FT-Raman-Spektroskopie mit einem die Probe schonenden Nahinfrarot-Laser (1064 nm) anstelle mit sichtbarem Laserlicht. Die Wechselwirkung der Laserstrahlung mit der Probe führt zu dem als Raman-Effekt bekannten unelastischen Streuprozeß. Das resultierende Raman-Spektrum erlaubt dabei zunächst Aussagen über die Struktur der untersuchten Probe. Die eindeutige Zuordnung kann durch eine Spektrensuche in einer FT-Raman-Bibliothek unterstützt werden. Ferner sind inzwischen Auswerteprogramme zur Identitätsfindung und Clusteranalyse sowie multivariate Kalibrationsmethoden verfügbar.

Von der Anwendungsseite betrachtet, ist die FT-Raman-Spektroskopie nicht nur eine Alternative zur FT-IR-Spektroskopie, sondern manchmal der einzige gangbare Analysenweg. Die Probenvorbereitung beschränkt sich in der Regel auf das bloße Einsetzen der zu untersuchenden Substanz in die Meßvorrichtung. Untersuchungen können beispielsweise direkt in Glasgefäßen oder im wäßrigen Milieu durchgeführt werden. Geräteseitig wird dieser Vorteil durch eine vor-

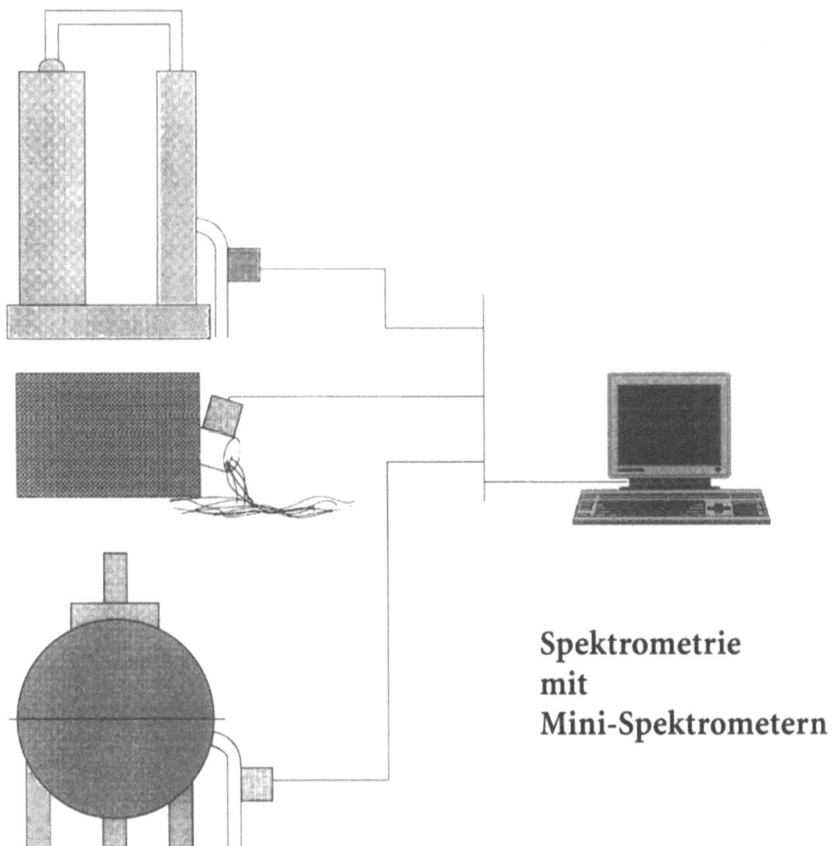

Abb. 3.7. Schematische Darstellung der spektrometrischen Prozeßüberwachung mit Hilfe von Lichtleitfasern und mit dezidierten Mini-Spektrometern

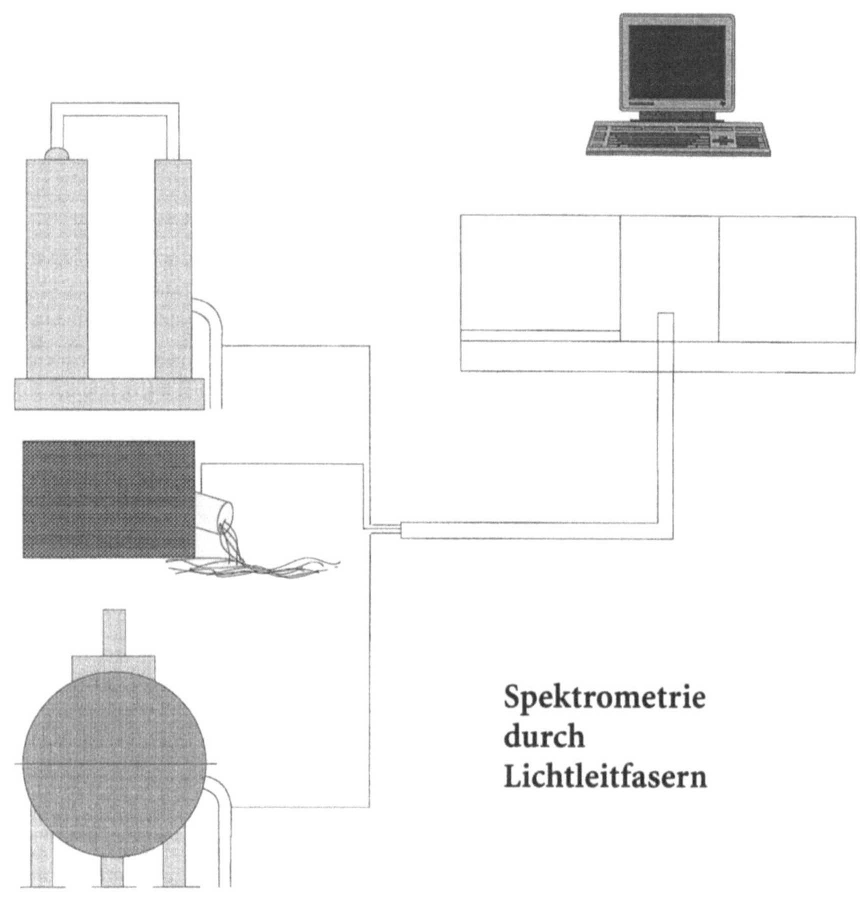

Abb. 3.7 (Fortsetzung)

justierte Probeneinrichtung oder durch eine Lichtleitfaser-Sonde unterstützt, mit der Proben „vor Ort" vermessen werden können.

Die neueren Entwicklungen haben ermöglicht, verschiedene Probenentnahmestellen mit Hilfe von Lichtleitfasern an zentral installierte Raman-Spektrometer zu koppeln oder dezidiert Mini-Raman-Spektrometer an den Probenahmeorten aufzustellen. Damit wurden interessante Möglichkeiten zur Produktionskontrolle und zur Umweltüberwachung eröffnet [23] (Abb. 3.7).

Als weiteres spektroskopisches Analysenprinzip hat sich die Röntgenfluoreszenzspektrometrie und die Röntgendiffraktometrie (s. 4.2.1, 4.2.2) erfolgreich in die industrielle on-line-Analytik eingeführt. Die Bedeutung und die Anwendungsbreite werden durch die in Tabelle 3.4 aufgeführten Beispiele belegt. Als Anregungsquellen dienen in diesen Fällen verschiedene Radioisotope (s. 4.4). Die von verschiedenen Geräteherstellern herausgegebnen Firmenschriften stellen häufig geeignete Informationsquellen dar (s. 3.4).

Tabelle 3.4. Industrielle Beispiele für die röntgenfluoreszenzspektrometrische on-line-Analyse

Industriezweig	Produkte	Analyt
Mineralölraffineration	Rohöl, Ölfraktionen, Heizöl, Kraftstoffe	S, Pb, Mn
	Ölrückstände, Crackprodukte	V, Ni, Fe
	Schmierölherstellung	Ca, Zn, P, S, Cl, Ba
	Abwasserbehandlung	S, Cr, Pb und andere Metalle
Chemische Industrie und Anorganische Verfahrenstechnik	Sulfonierung und Chlorierung von Kohlenwasserstoffen	S, Cl
	Extraktionsprozesse in der Hydrometallurgie	z. B. Cu, Cl, Hf, Zr
Galvanische Industrie	Beizbäder	Ag, Au, Cd, Cr
	Elektrolyte	Co, Ni, Zn, P, S …

3.2.1.2
In-line-Analytik und Sensortechnik

Als in-line-Analytik werden die Verfahrensweisen bezeichnet, bei denen die Bestimmung des Analyten unmittelbar im Produktionsfluß erfolgt, ohne daß eine Probenentnahme aus dem Prozeßmedium erfolgt. Dadurch werden einerseits Probenahme und Probenvorbereitungsfehler vermieden, andererseits ermöglicht diese Vorgehensweise eine praktisch verzögerungsfreie Messung und damit eine Möglichkeit zur nahezu unmittelbaren Beeinflussung des Prozeßgeschehens. Die „direkte" Analyse eines Prozeßstromes setzt Sonden oder Sensoren voraus, die spezifisch für die bestimmende Komponente sind oder ein für den gerade herrschenden Zustand des Prozesses charakteristisches Meßsignal liefern.

Methoden zur in-line-Analyse sind für Stoffe aller drei Aggregatzustände entwickelt worden. Ausgewählte Beispiele für die Prozeßanalytik von Schmelzen und von Feststoffen werden in späteren Abschnitten behandelt (s. 4.3.5, 6.2.2, 6.3.2.5, 6.5). Da bisher für viele interessierende Prozeßparameter (noch) keine Sensoren zur Verfügung stehen, wird die Prozeßanalytik auch zukünftig nicht ohne on-line- und off-line-Konzepte auskommen können. Die Sensoren werden meist in Form besonderer Sonden mit dem Prozeßmedium in Kontakt gebracht, wobei unter einem „Chemosensor" eine miniaturisierte Meßvorrichtung verstanden wird, die in der Lage ist, Informationen über einen chemischen Stoff (Konzentration) on-line in ein analytisch nutzbares Signal umzuwandeln [24, 25]. Dabei können sowohl chemische Reaktionen mit dem Analyten als auch dessen spezielle physikalische Eigenschaften innerhalb des gesamten Systems genutzt werden [26].

Ein solcher Sensor besteht im Prinzip aus drei Bauteilen. Im *Rezeptor*-Teil erfolgt die selektive Erkennung und gegebenenfalls die Umwandlung des Stoffes, während im *Transducer*-Teil die Umsetzung in das eigentliche Meßsignal erfolgt

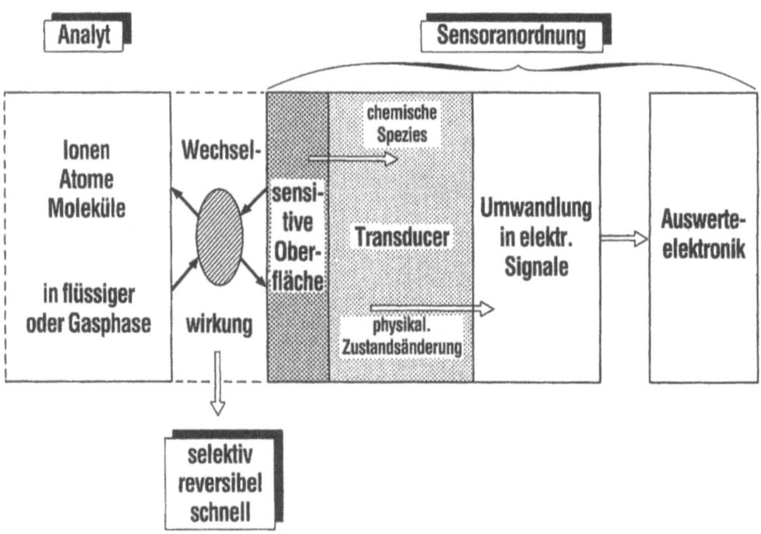

Abb. 3.8. Schema des Prinzips und der Wechselwirkungen von Chemosensoren

(Abb. 3.8). Dem Transducer nachgeschaltet ist die Meßelektronik in Form eines
Impedanzwandlers oder Meßverstärkers. Anschließend geschieht die Meßwert-
ausgabe z. B. über ein Datenverarbeitungssystem.

Die Signalbildung kann rein physikalischer Natur sein (z. B. Änderung des
Brechungsindexes), oder aber es erfolgt eine spezifische molekulare Erkennung
durch eine definierte chemische Reaktion (z. B. Komplexierung bei ionensensiti-
ven Flüssigmembranelektroden). Je nach dem verwendeten Sensorprinzip [24]
kommen hierbei verschiedene Transducer zum Einsatz, die vorwiegend auf

- elektrochemischen (Voltammetrische, potentiometrische Sensoren, chemisch
  sensibilisierte Feldeffekt-Transistoren (Chem-FETs)),
- elektrischen (Metalloxid-Halbleiter-Sensoren, organische Halbleiter-Sensoren, elektrolytische Leitfähigkeitssensoren, Dielektrizitätssensoren),
- optischen (Messung von Absorption, Reflexion, Luminenszenz, Fluoreszenz,
  Refraktionsindex, optothermischer Effekt, Lichtstreuung),
- massensensitiven (Piezoelektrische Vorrichtungen, Surface-Acoustic-Wave
  (SAW)-Vorrichtungen [27]),
- magnetischen (Messung des Paramagnetismus) und
- thermometrischen (Messung der Wärmetönung) Methoden basieren (28).

Geschieht die molekulare Erkennung auf der Basis von biochemischen Prozessen (oder Reaktionen), gelangt man zu den als Untergruppe der Chemosensoren
zählenden Biosensoren (s. 5.3).

Ein chemischer Sensor kann im Idealfall eine eigenständige Analyseneinheit
sein. Er kann aber auch als selektive Detektionseinheit wesentlicher Bestandteil
eines automatisierten Analysensystems sein, das zusätzliche Arbeitsschritte wie
Autokalibration oder Probenvorbereitung ermöglicht. Dabei ist der zukunfts-

weisende Einsatz der Sensorik unmittelbar mit der Entwicklung in der Mikroelektronik und der Anwendung der Chemometrie zur Optimierung der Sensoreigenschaften eng verknüpft [29].

Die elektrochemische Detektion erfolgt bei Chemosensoren hauptsächlich potentiometrisch, amperometrisch oder konduktometrisch. Zu den potentiometrischen Sensoren [30] zählen neben der schon seit langem bekannten pH-Glasmembran-Elektrode alle übrigen ionenselektiven Elektroden, die sich je nach Bauart in Glasmembran-, Festkörper- oder Flüssigmembran-Elektroden unterteilen lassen. Mit einer potentialkonstanten Bezugselektrode zu einer elektrochemischen Meßkette kombiniert, ist die Spannung dieser Meßkette von der Aktivität des Meßions in der Analysenlösung abhängig.

Derartige potentiometrisch arbeitende Sensoren können in der Prozeßanalytik und beispielsweise auch bei der kontinuierlichen Überwachung des Grund- und Trinkwassers im Bereich von Altlasten oder Deponien (z.B. die direkte Überprüfung der Deponie auf Dichtigkeit) eingesetzt werden. [31].

Amperometrische Sensoren werden überwiegend zur Untersuchung von Gasen eingesetzt (s. 2.3.3), während konduktometrische Sensoren in der Wasseruntersuchung eine besonders häufige Anwendung als Leitfähigkeitsmeßzellen zur Überprüfung des Elektrolytgehaltes finden. Die Sensoren sind zwar sehr robust und zuverlässig, besitzen jedoch keinerlei Selektivität, so daß Aussagen über die Art des Elektrolyten nicht gemacht werden können.

Optische Meßverfahren bieten eine Vielzahl von Möglichkeiten zur Entwicklung von Sensoren, die in der Bioprozeßanalytik genutzt werden können. Hierbei reicht das Spektrum von zerstörungsfrei arbeitenden, schnell ansprechenden on-line-Sensoren auf der Basis von turbidimetrischen und spektralfluorometrischen Methoden bis hin zu (quasi-)kontinuierlich arbeitenden, enzym- oder antikörpergestützten intelligenten Biosensorsystemen [32]. Die Entwicklung optischer Sensorsysteme ist eng mit dem Fortschritt auf dem Gebiet der Glasfasertechnologie und integrierten Optik verknüpft, wobei der Aspekt der Miniaturisierung eine bedeutenden Rolle spielt. Zusammenfassend kann festgestellt werden, daß die Einsatzmöglichkeiten bereits existierender Sensoren noch lange nicht voll ausgeschöpft sind [33] und Sensoren eine steigende Bedeutung für die Prozeßanalytik erlangen werden.

3.2.1.3
off-line-Konzepte

Da sich die Prozeßanalytik nicht nur on-line oder in-line vor Ort vollzieht, sondern auch off-line in zentralen Laboratorien, muß dort ebenfalls den speziellen Forderungen der zu überwachenden Prozesse Rechnung getragen werden. Das bedeutet in aller Regel ebenso eine Automatisierung der Analysenabläufe einschließlich der Datenverarbeitung, die gegebenenfalls eine automatische Fernübertragung der Analysenergebnisse einschließt.

An zwei Beispielen aus der industriellen Praxis sollen diese Zusammenhänge zwischen technischer Forderung und analytischer Problemlösung aufgezeigt werden.

Fotometrische Multikomponentenanalyse

Im ersten Beispiel handelt es sich um die Wasser- und Abwasseruntersuchung im Rahmen der Wasserwirtschaft und der Kreislaufprozesse eines Hüttenwerkes [34]. Die Forderung besteht in der durch technische Vorgaben begründeten umfassenden Bestimmung der Anionen (neben den Kationen) in diesen Wässern. Die rationelle Lösung geschieht durch den Einsatz eines fotometrischen Mehrkanalanalysators, bei dem die bekannten Arbeitsschritte der Fotometrie mechanisiert bzw. automatisiert wurden.

Dabei sollte erwähnt werden, daß sich der Einsatz eines solchen Analysators erst ab etwa 60 Proben je Tag lohnt. Die Vorarbeiten (Einwaschen, Temperaturstabilisierung, Ansetzen der Reagenzien) sowie die Nacharbeiten (Spülen des Gesamtgerätes vor Außerbetriebnahme) dauern nämlich 30 min bis 1 Stunde. Ferner sind Doppelbestimmungen notwendig, wenn sich hintereinanderfolgende Proben auch nur bei einer Meßgröße stark unterscheiden. Bei der vorgenannten Aufgabenstellung muß das Gerät ständig überwacht werden, da ohne Nachstellen der Nullpunkte und ohne Zwischenkontrolle mit Standardlösungen eine Serie mit mehr als zehn Proben nicht untersucht werden sollte. Bei 60 und mehr Proben je Tag, die auf vier oder mehr Parameter untersucht werden müssen, ist trotz dieses nicht zu vernachlässigenden Aufwandes an Bedienungsarbeit eine deutliche Zeitersparnis gegenüber der konventionellen Arbeitsweise zu erreichen. Die so ermittelten Analysendaten können on-line in ein Datensystem fließen, das der Überwachung des gesamten Wassergeschehens dienen kann.

Robotorisierung analytischer Arbeitsabläufe

In der prozeßanalytischen Praxis gilt es aber nicht nur echte Lösungen wie im vorstehenden Fall sondern u. U. auch Emulsionssysteme zu untersuchen, die bereits bei der Probenahme chemischen und analytischen Sachverstand erfordern. Auch hierzu soll nachfolgend ein Beispiel gegeben werden. Es handelt sich um eine wäßrige Emulsion, die etwa 1 bis 5 % organische Komponenten in vollentsalztem Wasser enthält und als Walzhilfsmittel beim Kaltwalzen von Stahl dient.

Auch in diesem Fall gibt es keine Möglichkeit der on-line-Prüfung, so daß die Forderung besteht, möglichst schnell und rationell über den Fertigungsablauf des Tages eine Kontrolle durchzuführen. Hier besteht die Lösung im Einsatz des Laborrobotersystems [35], das eine weitere Möglichkeit einer „Automation in der Analytischen Chemie" aufzeigt [36].

Auf die betrieblichen Notwendigkeiten wird später näher eingegangen, hier sollten die methodischen Ansätze und die analytische Problemlösung betrachtet werden. Wie aus der Tabelle 3.5 ersichtlich, bestehen Walzöle aus einer Vielzahl von funktionellen Ingredienzien, deren Gegenwart und Wirksamkeit in der Emulsion ständig kontrolliert werden. Aus der Tabelle 3.6 wird deutlich, daß durch Kontrolle des Ölgehaltes, des pH-Wertes, der Leitfähigkeit und der Verseifungszahl die Schmierleistung einer Emulsion ebenso sichergestellt wird, wie

Tabelle 3.5.
Chemische Zusammen-
setzung eines Kaltwalzöles

Walzölemulsion	
Öl: ~1–5%	
Rest: VE-Wasser	
Walzöl	
Mineralöl:	30%
Fettsäure und Fettsäureester:	50%
Emulgatoren:	5–10%
Polare Additive:	1–2%
S-Additiv:	3–6%
Antioxidantien:	<1%
Korrosionsinhibitoren:	<1%

Tabelle 3.6.
Konzept zur analytischen
Überwachung einer Walz-
ölemulsion

Parameter	Aussage
Ölgehalt	Fremdöl/Schmierung/Kühlung
pH	Reinigungsmitteleinbruch Bakterienbefall
Leitfähigkeit	Fremdionen
Verseifungszahl	Schmierleistung/Fremdöl
Fe	Schmutztragevermögen/Abrieb
Si	Antiklebermittel/beinflußt Stabilität
Stabilität	Emulgatorleistung
Spaltbarkeit	Entsorgung

Fremdöleinbrüche, Bakterienbefall und Eindringen fremder Ionen analytisch erkannt werden. Das Schema der Untersuchungsabläufe ist aus Abbildung 3.9 ersichtlich.

Die nachfolgende eingehende Beschreibung der Funktionsweise eines Laborroboters soll den Aufwand bewußt machen, der notwendig ist, um relativ einfache analytische Verrichtungen in eine robotorisierte Form umzusetzen.

Beim Einsatz eines Roboters im Rahmen der Prozeßanalytik ergeben sich folgende Vorteile:

- Reduzierung des Personalaufwandes
- Befreiung des Fachpersonals von stumpfer Routinearbeit (dieses kann dann für höher qualifizierte Anforderungen eingesetzt werden)
- Verlegung der früher nur tagsüber durchgeführten Analytik auch in die Nachtzeit
- Schutz der Mitarbeiter vor gefährlichen Arbeitsstoffen
- Vermeidung der personengebundenen Analysenfehler
- koordinierte Verknüpfung von Arbeitsgängen an Proben mehrerer Emulsionssysteme
- on-line-Abgabe der Daten an den Betrieb.

Der konzeptionelle Aufbau des Roboter-Systems (Abb. 3.10) besteht aus dem eigentlichen *Roboter*, einem *Übergabearm* mit der Möglichkeit, einzelne Punkte

Abb. 3.9.
Ablauf einer robotisierten
Ölemulsionsuntersuchung

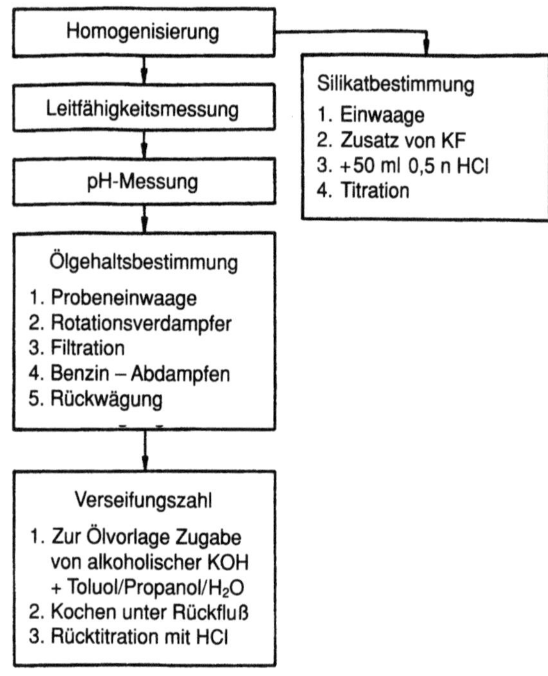

Abb. 3.10.
Schematische Darstellung
eines Laborrobotersystems

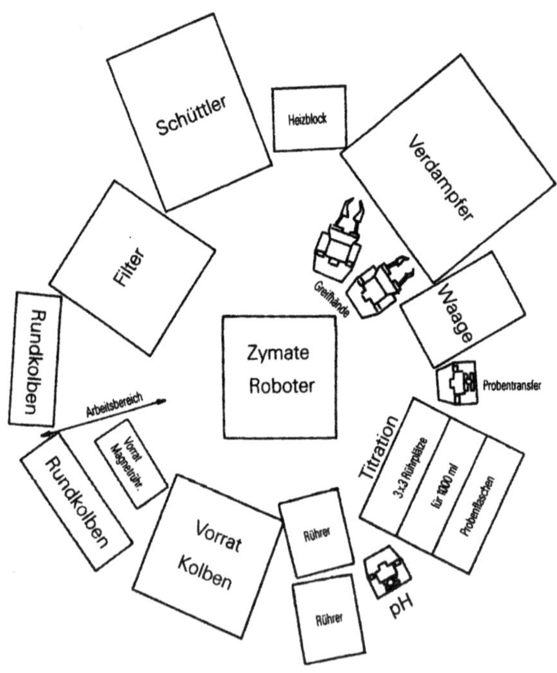

im Arbeitsraum sehr exakt anzufahren, einer *Kontrolleinheit*, die den Arm startet, die Koordinaten speichert

- die externen Arbeitsstationen startet/abschaltet bzw. steuert,
- die über Eichfunktionen pH-Wert und Leitfähigkeit ermittelt,
- die die Analysendaten ausgibt, und

Arbeitsstationen

- die mechanische oder chemische Operationen ausführen.

Mit einer Fernbedienung läßt sich der Roboter-Arm in bestimmte Raumkoordinaten führen, die dann durch Bezeichnung mit laborüblichen Begriffen, wie „Probe aufnehmen" oder „Kolben hochheben" im Programm fixiert und mit den genannten Begriffen exakt reproduziert werden können. Durch Erlernen von Standardoperationen und Zusammenfassen verschiedener Arbeitsvorgänge zu einem „Standardbegriff" lassen sich durch Wiederverwendung dieses „Standardbegriffes" an beliebigen Stellen des Ablaufprogrammes ganze Arbeitsprogramme sehr einfach einfügen.

Eine besonders geformte Transporthand für großvolumige Probeflaschen stellt bei Analysenbeginn die entsprechende Probeflasche zur Homogenisierung der Analysenlösung auf einen Magnetrührer.

Die mit einem Schlauch verbundene Ansaugkanüle am anderen Ende der Transporthand wird späterhin, nachdem pH-Wert und Leitfähigkeit direkt in der Probeflasche bestimmt wurden, für die Überführung einer aliquoten Probemenge aus der Probeflasche in einen Rundkolben verwendet. Dieser Rundkolben wird aus dem Vorratsgestell auf eine oberschalige Analysenwaage gestellt, austariert und mit ca. 50 g Probelösung beschickt. Die absolut gemessene Einwaage wird von der Kontrolleinheit übernommen und für spätere Berechnung des Ölgehalts verwendet.

Zum Abdampfen des Wasseranteils der Emulsion wird der Rundkolben vom Roboterarm auf einen automatischen Rotationsverdampfer gesteckt. Der Kolben wird vom Roboter so lange festgehalten, bis das zugeschaltete Vakuum ein Abrutschen des Kolbens verhindert. Das gesamte Verdampferoberteil senkt dann soweit ab, daß der Kolben im Wasserbad voll umspült wird. Der Wasserstand des Bades wird vollautomatisch niveaugeregelt. Nach vollendetem Abdampfvorgang faßt der Arm des Roboters den Kolbenhals und zieht vorsichtig den Kolben vom teflonbeschichteten Schliff, nachdem die Kontrolleinheit die Vakuumpumpe abgeschaltet hat.

Nach Zugabe von Normalbenzin wird der Öl-Eisenrückstand auf einem Horizontalschüttler vom Kolbenrand gelöst. Durch Filtration über Filterwatte in einen für die spätere Verseifung vorgesehenen Schliffkolben wird das Öl vom Feststoffgehalt getrennt. Das Filtrat wird durch Aufblasen von Stickstoff und gleichzeitiges Aufheizen des Kolbens in einem Aluminiumblock vom Benzin wieder befreit. Das zurückbleibende Öl ergibt gravimetrisch den Ölgehalt der Emulsion.

Zur Durchführung der Verseifungsreaktion mit alkoholischer Kalilauge ist es notwendig, einen Rückflußkühler pneumatisch bewegbar an einer Halterung über einen Aluminiumblock anzubringen.

Während die alkoholische Kalilauge wegen der notwendigen Präzision auf der Waage dem Reaktionskolben zudosiert wird, geschieht die Zugabe des notwendigen Lösemittels aus Toluol, Isopropanol und Wasser über eine Düse am oberen Ende des Rückflußkühlers. Die Verseifungsdauer beträgt 1 Stunde.

Die weiteren Arbeitsgänge, wie Rücktitration der nicht verbrauchten Kalilauge nach der Verseifungsreaktion, Titration zur Siliziumbestimmung bzw. pH-Messung sind Vorgänge, für die es vom Hersteller fertige direkt koppelbare Module gibt.

3.2.2
Schmelzen

Zu den prozeßanalytisch interessanten und industriell wichtigen Flüssigkeiten zählen natürlich auch die Schmelzen von Metallen und Oxidgemischen. Dieses Thema soll hier nur beispielhaft angesprochen werden, während sich die hier stellende Gesamtproblematik an den Prozessen der Roheisen- und Stahlherstellung erläutert werden wird (s. 6.3.2.1).

Außer dem Element Eisen (Stahl) besitzt vor allem das Element Aluminium als Metall erhebliche technische Bedeutung, so daß ein kurzer Blick auf die damit verbundene prozeßanalytische Komponente geworfen werden sollte.

Öfen zur elektrolytischen Gewinnung von Aluminium aus Tonerde wurden noch vor wenigen Jahrzehnten vorwiegend empirisch geführt [37]. Für eine Konzipierung von Reglern für den Prozeß standen weder die notwendigen Informationen aus dem Ofenaggregat noch automatisch arbeitende Bedienungsaggregate zur Verfügung. Mit den zunehmenden Möglichkeiten der Prozeßführung durch EDV-Einsatz und der Automation wuchs der Bedarf an Informationen über den Betriebszustand [38].

Bei der Schmelzflußelektrolyse haben wir es zum einen mit dem Schmelzflußelektrolyten und zum anderen mit dem Aluminiummetall als Produkt für den Gießbetrieb zu tun. Für die Überwachung des Schmelzflußelektrolyten wird die Röntgendiffraktions-(Chiolit $Na_5Al_3F_{14}/Al_2O_3$) und die Röntgenfluoreszenzanalyse eingesetzt, während für das Al-Metall die optische Funkenemissionsspektrometrie dient (Tabelle 3.7). Es werden Schöpfproben und spezielle

Tabelle 3.7. Prozeßanalytik für die Schmelzflußelektrolyse zur Aluminium-Gewinnung

Schmelze	Analyt	Analytik
Schmelzflußelektrolyt	NaF, AlF_3, CaF_2, LiF, Al_2O_3	Herstellung von Pulverpreßlingen; XRD, RFA
Reinaluminium	Al (Reinheitsgrad)	Rohrpost; automatische Probenvorbereitung; OES
Metallschmelzen	Al, Begleitelemente	

Tabelle 3.8. Prozeßanalytik des BAYER-Verfahrens zur Al_2O_3-Gewinnung

Prozeßstoff	Analytische Aufgabe	Direktmessung vor Ort	Analytische Methode
Suspensionen	Feststoffanteile (Bauxit, Rotschlamm, $Al(OH)_3$)	Radiometrie	Gravimetrie
Kreislauflauge	Na_2O- und Al_2O_3-Anteile	Leitfähigkeit	automatische Titration
Bauxit, Rotschlamm $Al(OH)_3$, Al_2O_3	Feuchte und Glühverlust		Gravimetrie
	Elementanalyse		Herstellung von Schmelzaufschlüssen und Pulverpreßlingen; RFA

Zylinderproben verwendet, wobei das Erstarrungsgefüge der Proben zu berücksichtigen ist [39].

Der Vollständigkeit halber sei erwähnt, daß die Gewinnung der reinen als Ausgangsprodukt dienenden und nach dem BAYER-Verfahren gewonnenen Tonerde [40] ebenfalls einer kontinuierlichen Prozeßanalytik [41] unterliegt (Tab. 3.8).

In allen Metallindustrien gibt es z.Z. Diskussionen [42] über die Heranführung von Analysengeräten an die Schmelzaggregate oder eine Automation der analytischen Verfahren zur Verbesserung der Prozeßführung, ohne daß bisher einheitliche Empfehlungen gegeben werden konnten. Das liegt vor allem darin begründet, daß die Fragestellungen sehr unterschiedlich sind.

3.3
Lieferfirmen für Prozeßanalysatoren und off-line-Analysegeräte zur Prozeßüberwachung

Prozeßtitratoren

Bran & Lübbe GmbH, Werkstr. 4, 22844 Norderstedt
Deutsche Methrom GmbH & Co, Postfach 1160, 70772 Filderstadt
Horiba Europe GmbH , Industriestr. 8, 61449 Steinbach/Taunus
Polymetron/Zellweger Uster GmbH, Bensberger Str. 249, 51503 Rösrath
Siemens AG, Meß- und Regeltechnik, Kruppstr. 2, 45128 Essen
H. Wösthoff GmbH, Max-Grewe-Str. 30, 44727 Bochum
Wissenschaftlich-Technische Werkstätten GmbH (WTW), Postfach 1642,
    82360 Weilheim

Elektrochemische Analysatoren

Deutsche Metrohm GmbH & Co (s.o.)
Knick Elektronische Geräte GmbH & Co, Beuckestr. 22, 14163 Berlin

Orbisphere GmbH, Postfach, 35337 Gießen
Pfaudler Werke GmbH, Postfach 1780, 68707 Schwetzingen
Polymetron/Zellweger Uster GmbH (s. o.)
Radiometer GmbH, Am Nordkanal 8, 47826 Willich
Siemens AG (s. o.)
Dr. Thiedig & Co, Anlagen- und Analysentechnik, Lausitzer Str. 10, 13357 Berlin
WTW (s. o.)
Yokogawa Electrofact, Berliner Str. 113, 40880 Ratingen

Prozeßphotometer

Alliance Instruments, Hugenottenstr. 111, 61381 Friedrichsdorf
Bran & Lübbe GmbH (s. o.)
Deutsche Methrom GmbH & Co (s. o.)
Horiba Europe GmbH (s. o.)
Maihak AG, Postfach 601709, 22292 Hamburg
Perkin-Elmer Bodenseewerk GmbH, Postfach 101761, 88647 Überlingen
Polymetron/Zellweger Uster GmbH (s. o.)
Polytec GmbH, Polytec-Platz 5 – 7, 76337 Waldbronn
Siemens AG (s. o.)
Tecator/Perstorp Analytical GmbH, Postfach 1370, 63085 Rodgau
WTW (s. o.)
Carl Zeiss Jena GmbH, Tatzendpromenade 1a, 07745 Jena

Röntgenfluoreszenzspektrometer/Röntgendiffraktometer

ASOMA Instruments Vertriebs GmbH, Ingoldstädter Str. 68 a, 80939 München
EG & G berthold/Laboratorium Prof. Dr. Berthold GmbH, Calmbacher Str. 22,
    75323 Bad Wildbad

Outokumpu KM-Analytik GmbH, Königsteiner Str. 98, 65812 Bad Soden
Österreichisches Forschungszentrum Seibersdorf GmbH, A-2444 Seibersdorf
Philips Industrial Electronics Deutschland GmbH, Miramstr. 87, 34123 Kassel
Siemens AG, Röntgenanalytik, Postfach, 76181 Karlsruhe
UNICAM Analytische Systeme GmbH, Korbacher Str. 75 – 77, 34132 Kassel

FT-IR-/Raman-Spektrometer

Laboratorium Prof. Dr. Berthold GmbH & Co KG, Calmbacher Str. 22,
    75323 Bad Wildbad
Bio-Rad Laboratories GmbH, Bischofstr. 86, 47809 Krefeld
Bruker Analytische Meßtechnik GmbH, Silberstreifen, 76287 Rheinstetten
Nicolet Instrument GmbH, Senefelder Str. 162, 63069 Offenbach
Perkin-Elmer Bodenseewerk GmbH (s. o.)

Laborroboter

ISRA Systemtechnik GmbH, Industriestr. 14, 64297 Darmstadt
Zymark GmbH, Black & Decker Str. 17, 65510 Idstein

Fluoreszenz-/Streulicht-Sensoren

Ingold Meßtechnik GmbH, Siemensstr. 9, 61449 Steinbach
Monitek GmbH, Moersenbroicher Weg 200, 40470 Düsseldorf

Anmerkung. Die vorstehende Zusammenstellung erhebt keinen Anspruch auf Vollständigkeit. Für ergänzende Firmennachweise wird auf das Fachschrifttum und die in den „Nachrichten für Chemie, Technik und Laboratorium" der GDCh erscheinenden Marktübersichten verwiesen.
Weitere Angaben finden sich unter 4.5 und 6.9.

3.4
Literatur

1. Kaiser R (1966) Fresenius' J. Anal. Chem. 222:128
2. Melzer W Jaenicke D (1980) in: Ullmanns Encyklopädie der technischen Chemie, 4. Aufl., Bd. 5, Verlag Chemie, Weinheim, S. 891
3. Brüggemann B, Kudermann G, Lührs C (1987) Erzmetall 40:120
4. Surmann P (1988) Galvanotechn. 79:3287
5. Kairies P (1990) Techn. Mitt. 83: H.4:205
6. Jones JG (1985) ESN-Europ. Spectr. News 63:34
7. Nölte J (1990) Galvanotechn. 81:2 738
8. Bolch T (1987) Galvanotechn. 77:3558
9. Gantner E, Steinert D (1990) Fresenius' J. Anal. Chem. 338:2
10. Hönig U (1989) Metalloberfläche 43:398
11. Brandstetter H, Busch E, Maser N, Müller F, Wiedemann T (1987) QZ Qualität und Zuverlässigkeit 32:8
12. Frenzel F, Selan M (1992) GIT Fachz. Lab. 12:1239
13. Möller J (1988) Analytisches Taschenbuch, Bd. 7, Springer-Verlag, Berlin, S. 199
14. Müller F (1985) CAV 1
15. Müller F (1992) Kontrolle Dezember, 6
16. Burkhardt W (1988) Galvanotechn. 79:3 252
17. Dahms W (1989) Metalloberfläche 43:345
18. Emmrich R, Fiedler F (1994) Labor Praxis Mai, 42
19. Danigel H, Gross H, Zumbrunn W (1989) Techn Messen 56:285
20. Schlemmer H, Katzer J (1987) Fresenius Z Anal Chem 329:435
21. Schrader B (1989) GIT Fachz. Lab. H. 10:981
22. Schrader B (Hrsg.) (1994) „Infrared and Raman Spectroscopy – Methods and Applications", VCH Verlag Chemie, Weinheim
23. Schrader B (1992) GIT Fachz. Lab. H.2:96
24. Nießner R (1988) in: Analytiker-Taschenbuch, Bd. 7, Springer-Verlag Berlin-Heidelberg, S. 55
25. Cammann K, Ross B, Hasse W, Dumschat C, Katerkamp A, Reinbold J, Steinhage G, Gründig B, Renneberg R (1994) in: Ullmann's Encyclopedia of Industrial Chemistry, Vol. B 6, VCH Publishers Inc., Weinheim, S. 121
26. Göpel W, Hesse J, Zemel JN (Hrsg.) (1992) Sensors: A Comprehensive Book Series in 8 Volumes, VCH Verlag Chemie, Weinheim
27. Wohltjen H, Dessy R (1979) Anal Chem 51:1458

28. Göpel W (1993) Nachr. Chem. Tech. Lab. 41:332
29. Drobe H, Drost S (1992) GIT Fachz. Lab. H. 10:1034
30. Cammann K (1990) in: Neumer H, Heller W (Hrsg.) „Untersuchungsmethoden in der Chemie", Thieme Verlag, Stuttgart
31. Hasse W, Ginter B, Cammann K (1992) GIT Fachz. Lab. H. 6:6631
32. Anders KD, Plötz E, Scheper Th (1991) GIT Fachz. Lab. H. 10:1093
33. Cammann K, Lemke U, Rohen A, Sander J, Wilken H, Winter B (1991) Angew. Chem. 103:519
34. Sebastiani E, Loose W, Koch KH (1979) Stahl und Eisen 99:1487
35. Sommer D, Koch KH, Grunenberg D (1988) GIT Fachz. Lab. 32:1075
36. Malissa H (1986) Mikrochim. Acta II:3
37. Wilkening S (1986) PdN-Ch. 35:21
38. Mannweiler U, Schmidt-Hatting W, Koutny M (1983) Erzmetall 36:274
39. Kudermann G (1989) in: Schriftenreihe der GDMB Gesellschaft Deutscher Metallhütten- und Bergleute, Heft 55
40. Lotze J, Winkhaus G (1986) PdN-Ch. 35:18
41. Gado P, Szalay I, Farkas F, Feher I (1983) in: Light Metals 1983, Proc. 112th AIME Annual Meeting, Atlanta
42. „Analytische Schnellverfahren im Betrieb", Schriftenreihe der GDMB Gesellschaft Deutscher Metallhütten- und Bergleute, Heft 55, 1989

4 Feststoffe in der Prozeßanalytik

4.1
Probenahme aus Gutströmen

In der chemischen Industrie spielt die Prozeßanalytik von Feststoffen im Vergleich zu der der Gase und Flüssigkeiten eine geringere Rolle. Demgegenüber besitzt dieser Teilbereich der Analytik in einigen anderen Industriezweigen eine nicht unerhebliche Bedeutung, wie an einigen Beispielen gezeigt werden wird. Da Feststoffproduktströme in der Regel räumliche Inhomogenitäten aufweisen, ist dieser Punkt bei der Probenahme entsprechend zu berücksichtigen. Dies kann z. B. durch Mischen von an verschiedenen Stellen entnommenen Probenströmen oder durch diskontinuierliche Entnahme aus dem gesamten Gutstrom in bestimmten Zeitabständen erreicht werden. Dabei ist die Zahl und die Masse der Einzelproben von wesentlicher Bedeutung für die Bewertung des Ergebnisses. Es gibt eine Reihe von Regelansätzen zur Abhängigkeit der Masse einer Einzelprobe (Inkrement) von der Partikelgröße (Tabelle 4.1), die diese Problematik direkt erkennen läßt [1].

Tabelle 4.1.
Abhängigkeit der Masse eines Inkrementes von der Partikelgröße; Beispiel: Eisenerz (ISO 3081)

Korngröße [mm]	Mindestgewicht der Einzelprobe [kg]
150 bis 250	40
100 bis 150	20
50 bis 100	12
20 bis 50	4
10 bis 20	0,8
unter 10	0,3

Ein mechanisches (automatisches) Probenentnahmesystem für Feststoffe, das entweder zeit- oder gewichtsproportional arbeiten kann [2], muß bestimmte Bedingungen erfüllen, um systematische Fehler auszuschließen:

1. Der Gutstrom muß von der Entnahmevorrichtung in gleichen Zeitabschnitten durchfahren werden.
2. Die Entnahmevorrichtung muß mit konstanter Geschwindigkeit den gesamten Querschnitt des Gutstromes gleichmäßig erfassen.

3. Die Öffnung des Probeentnahmegefäßes soll mindestens die dreifache Breite des Durchmessers des größten Kornes im zu probenden Gut haben, um jedem Teil des Materials die gleiche Möglichkeit zu geben, in die Probe zu gelangen.
4. Das Entnahmegefäß ist so groß zu bemessen, daß es die beim Durchfahren des Gutstromes aufgenommene Einzelprobe fassen kann und auch bei kurzfristig überhöhter Förderleistung nicht überläuft.
5. Die Geschwindigkeit des mechanischen Probenehmers, mit der er sich durch das Gut bewegt, soll so eingestellt sein, daß möglichst wenig Spritzkorn, das ist das durch den Probenbehälter abgelenkte Gut, entsteht.

Ähnliche Bedingungen gelten auch für die der Probenentnahme nachgeschaltete Aufbereitungsanlage, in der nach Zerkleinerung die Teilung des Gutes erfolgt. Ein repräsentativer Teil wird dabei weiterverarbeitet, während das restliche Material als Verwurf in den Gutstrom zurückgeführt wird. Dabei ist den Teilungsstufen besondere Aufmerksamkeit zu widmen. Es hat sich gezeigt, daß beim Teilen der Proben sehr leicht Fehler auftreten können. Der Verwurfanteil muß mit der abgeteilten Probe in der Kornzusammensetzung übereinstimmen.

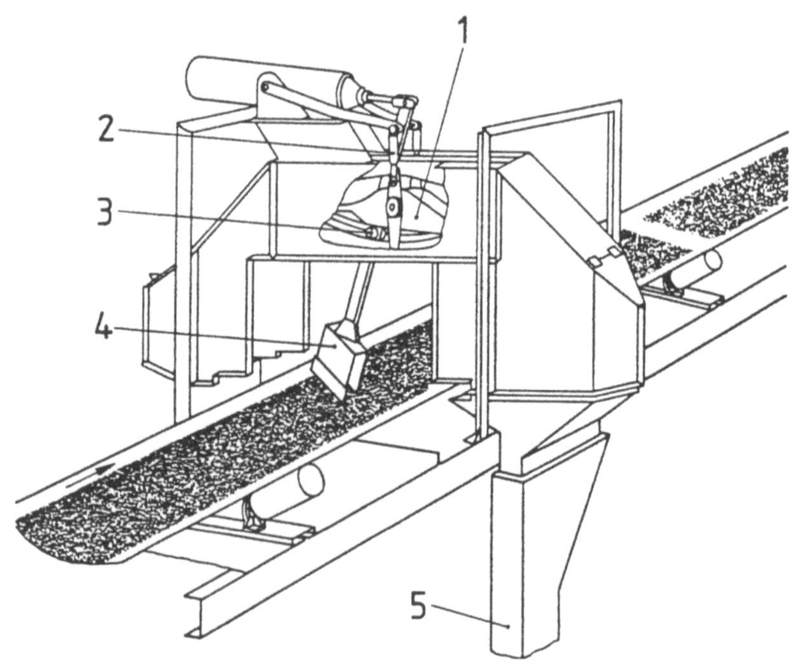

1 Kurvenschleife	4 Abstreifer	Ortsfester Probenabstreifer
2 Stoßdämpfer	5 Auffanggefäß	vom laufenden Gurtband
3 Rollenführung		

Abb. 4.1. Automatische Probenahme vom laufenden Transportband [nach DIN 51701, Tl. 4/ Beiblatt 1] *(Mit Genehmigung des DIN Deutsches Institut für Normung e.V., Berlin)*

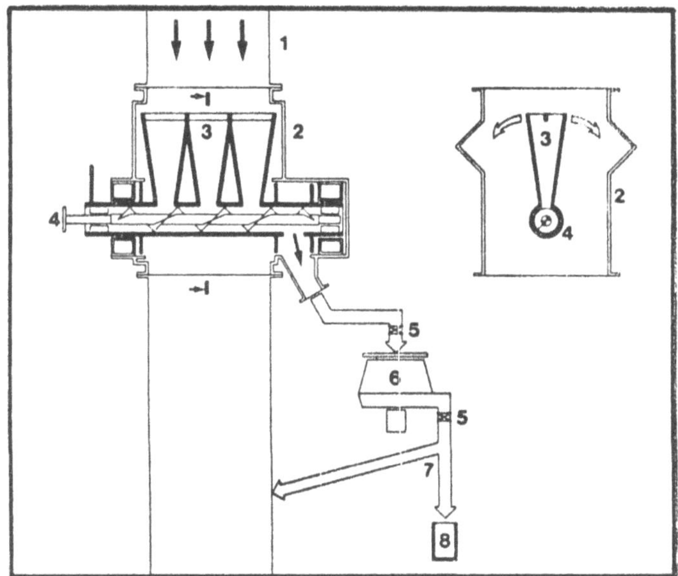

1 Materialstrom
2 Einbauschurre mit Schüttgutein- und Schüttgutauslauf
3 schwenkbares Entnahmesystem (Trichter und Längschlitz)
4 Förderschnecke mit Abtransport der Stichproben
5 druckfeste Abschlußorgane
6 Probenmischer
7 Probenteiler mit Mehlrückführungssystem
8 Laborprobe

Abb. 4.2. Automatisches Probenahmesystem für pulvrige Güter [nach DIN 51701, Tl. 4/Beiblatt 1] *(Mit Genehmigung des DIN Deutsches Institut für Normung e.V., Berlin)*

Die Primärentnahme aus einem Gutstrom kann auf verschiedene Weise erfolgen. Es gibt die Probenahme

- aus fallendem Gutstrom,
- aus diskontinuierlich abgeworfenem Gut,
- vom laufenden Band,
- vom stillgesetzten Band.

Die Probenahmegeräte für diese verschiedenen Zustände sind recht unterschiedlich und z.B. für die Prüfung fester Brennstoffe in Normen beschrieben [2]. Abbildung 4.1 und 4.2 zeigen zwei Lösungswege für die Probenahme von festen Massengütern, wobei die zu entnehmenden Einzelproben nicht nur in Abhängigkeit von der Masse sondern auch von der Gleichmäßigkeit des zu probenden Gutes zu erfolgen hat (s. Tabelle 4.2) [3].

Bei der Probenahme von Feststoffen in der Prozeßanalytik gibt es zum einen Gutströme von Rohstoffen oder Gemische verschiedener Einsatzstoffe, die einem Prozeß zufließen, und zum andern den aus einem Prozeß entstammenden

Tabelle 4.2. Abhängigkeit der Anzahl an Mindest-Einzelproben (Inkrementen) von der Liefermenge und von der Gleichmäßigkeit des zu probenden Gutes; Beispiel: Eisenerz

Liefermenge 1000 t	Anzahl der Einzelproben bei einer Streuung des Eisengehaltes		
	groß	mittel	klein
	und bei einem Homogenitätsgrad*)		
	> 2%	1,5 bis 2%	< 1,5%
70 bis 100	180	90	45
45 bis 70	160	80	40
30 bis 45	140	70	35
15 bis 30	120	60	30
5 bis 15	100	50	25
2 bis 5	70	35	20
1 bis 2	50	25	15
0,5 bis 1	40	20	10
unter 0,5	30	15	8

*) Standardabweichung des Eisengehaltes

homogenisierten Stofffluß (Zwischen- oder Endprodukt). Dabei können die zu analysierenden Feststoffe sowohl als „trockene" (pulvrige, körnige, stückige) Masse wie auch als Suspensionen vorliegen. Für beide Formen werden nachfolgend Beispiele behandelt. Zuvor sollen einige analytische Methoden kurz beschrieben werden, die sich in der Feststoffanalytik seit vielen Jahren bewährt haben.

4.2
Methoden der Feststoffanalytik

4.2.1
Röntgenfluoreszenzanalyse

Das älteste Beispiel für die Prozeßanalytik oxidischer Feststoffe stellt die automatische Überwachung der Rohmehlzusammensetzung bei der Zementherstellung dar [4]. Die chemische Analyse geschieht in diesem Fall wie bei einer Reihe anderer Prozesse mittels der *Röntgenfluoreszenzspektrometrie* [5]. Die Analysenergebnisse werden von einem Prozeßrechner übernommen und dienen als Regelgrößen.

Die Möglichkeiten der Röntgenfluoreszenzanalyse (RFA) sind im Vergleich zu anderen spektroskopischen Analysenmethoden erst recht spät erkannt und genutzt worden. Erst als die elektronische Meßtechnik und Datenverarbeitung genügend weit entwickelt war, gelangten Anfang der fünfziger Jahre die ersten brauchbaren Analysengeräte auf den Markt. Die für die chemische Analyse eingesetzten Verfahren beruhen auf folgendem Prinzip: Durch Bestrahlen mit Gamma- oder Röntgenstrahlen werden die Atome in der zu untersuchenden Probe zu einer charakteristischen sekundären Röntgenstrahlung (Fluoreszenzstrahlung) angeregt, die unter einem bestimmten Winkel (Braggsche Gleichung)

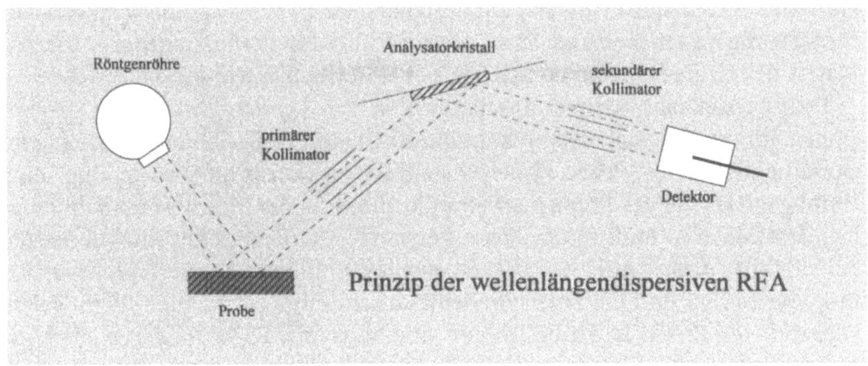

Abb. 4.3. Prinzip der wellenlängendispersiven RFA

reflektiert und von einem Detektorsystem auf ihre Intensität und spektrale Verteilung untersucht wird (Abb. 4.3). Da jedem Element Strahlung charakteristischer Wellenlängen zukommt, die mit Hilfe eines Analysatorkristalls bekannten Netzebenenabstandes getrennt werden kann, eignet sich diese Methode zur chemischen Analyse [6]. Die Intensität der emittierten Fluoreszenzstrahlung eines Elementes ist ein Maß für seinen Anteil in der Probe. Es wird unterschieden zwischen der hier skizzierten wellenlängendispersiven RFA und der energiedispersiven RFA, bei der die Röntgenfluoreszenzstrahlung durch einen ihrer Energie proportionalen Energieverlust in einem Halbleiterdetektor nachgewiesen wird .

Die quantitative Auswertung von Röntgenspektren ist ein komplizierter Weg, da – abgesehen von der Analyse dünner Schichten von etwa 10 μm – kein proportionaler Zusammenhang zwischen Röntgenintensitäten und der Probenzusammensetzung besteht. Interelementeffekte spielen dabei eine bedeutende Rolle. Um den Einfluß dieser Effekte zu erfassen und die Beziehung zwischen Röntgenintensität und Probenzusammensetzung beschreiben zu können, sind experimentelle und theoretisch begründete Verfahren entwickelt worden [6].

Für die Zwecke der Prozeßanalytik werden im Falle der wellenlängendispersiven RFA vorzugsweise Simultan- oder Mehrkanalspektrometer eingesetzt, da sie in der Lage sind, bis zu etwa 30 verschiedene Elementlinien gleichzeitig zu messen.

Die Präzision und Richtigkeit der RFA hängt entscheidend von der Beschaffenheit der Probe ab. So muß z. B. im Falle kompakter oder tabellierter Proben die bestrahlte Oberfläche äußerst eben und homogen sein. Die Korngröße des im Falle von Oxiden verwendeten pulverförmigen Materials beeinflußt maßgebend die Homogenität der Probenoberfläche und damit die Strahlungsintensität. Ferner beeinflussen die Korngrößenverteilung und die Kristallstruktur der Probenmatrix das Meßergebnis. Daher wird häufig ein Aufschluß mit einem Schmelzmittel (z. B. $Na_2B_4O_7$, $Li_2B_4O_7$, $K_2S_2O_7$) durchgeführt, um den Einfluß der ursprünglichen Kristallstruktur zu eliminieren und störende Interelementeffekte durch die Verdünnung zu verringern. Zur Eichung (Kalibration) werden entweder (zertifizierte) Referenzmaterialien, die in ihrer chemischen Zusammensetzung genau bekannt sind, oder auch synthetische Gemische, die der Matrix des zu analysierenden Materials entsprechen [7], verwendet.

Beim prozeßanalytischen Einsatz der RFA, z. B. bei der Analyse von Suspensionen, die im Originalzustand kontinuierlich eine Meßzelle durchfließen, gibt es keine definierte Probe. Eine Korrektur der Korngrößenverteilung, eine Homogenisierung der Probe oder eine Normierung der Matrix sind nicht möglich. Das Material muß in der Form untersucht werden, in der es dem Prozeß zufließt oder diesen verläßt. Daher ist eine Kalibration dieser Verfahren weitaus problematischer und die Präzision deutlich schlechter als bei einer definierten, vorbereiteten Probe. In Trübeströmen sind aufgrund der besonderen „Probengeometrie" erst die Elemente oberhalb der Ordnungszahl 17 mit hinreichender Präzision bestimmbar.

Auf die physikalischen Grundlagen der RFA und die der Auswertung dienenden Korrekturrechnungen kann an dieser Stelle nicht eingegangen werden (s. Literatur [6]).

4.2.2
Röntgendiffraktometrie

Im Gegensatz zur Röntgenfluoreszenzspektrometrie wird bei der Röntgendiffraktometrie (XRD) die von der Probe ausgehende, an den Kristallgitterebenen der Probe gebeugten Röntgenstrahlung direkt mit Hilfe von Zählrohren oder Szintillationszählern über einen bestimmten Winkelbereich gemessen [8]. Aus Winkellage (Braggsche Gleichung) und Intensität der erhaltenen Röntgenstrahl-Interferenzen läßt sich die Kristallstruktur und bei bekannten Gitterkenndaten die Zusammensetzung kristalliner Feststoffe und die Anteile ihrer kristallographischen Phasen quantitativ bestimmen [9]. Ein Satz von Beugungswinkeln und relativen Intensitäten ist für jede einzelne chemische Verbindung charakteristisch. Durch Vergleich an Proben unbekannter Zusammensetzung gemessener Daten mit den in Karteien oder Datenbanken (z. B. ASTM-Kartei, ICDD-Datenbank) erfaßter Werte kann eine Identifizierung der Komponenten erfolgen. Derartige Datenbanken enthalten u. U. Liniensätze von über 60 000 verschiedenen kristallographischen Phasen. Zur Kalibration werden Gemische bekannter chemischer und kristallographischer Zusammensetzug untersucht.

Die Bestimmung der verschiedenen Modifikationen von Metallen und Legierungen oder die Analyse der verschiedenen Klinkerphasen bei der Zementherstellung sind Beispiele für den industriellen Einsatz der XRD. Da die Breite der Beugungslinien charakteristisch für die Größe der Kristallite in der Probe ist, läßt sich die XRD ferner zur Untersuchung der Kristallinität und damit zur Kontrolle von Produktionsschritten, in denen die Kristallinität eine maßgebliche Größe ist, einsetzen.

Ein weiteres Anwendungsgebiet für die Röntgendiffraktometrie ist die Bestimmung der Kristallstruktur verschiedener Phasen. Diese Untersuchungen beschränken sich aber nicht nur auf kompakte Probenstücke oder Pulverproben. Vielmehr lassen sich auch Analysen von dünnen Schichten (5 bis 500 nm) durchführen. Neben der Phasenanalyse und Bestimmung der Kristallitgröße läßt sich recht präzise und zerstörungsfrei die Dicke, physikalische Dichte und die Oberflächenrauhigkeit dünner Schichten bestimmen. Diese Untersuchungen von dünnen Schichten sind z. B. in der Glas-, Metall- und Halbleiterindustrie von besonderem Interesse.

Speziell in der Halbleiterindustrie ist z. B. die Gitterfehlanpassung und damit verbunden die Stöchiometrie von epitaktischen Schichten ein wichtiger Untersuchungsgegenstand [10].

4.2.3
Neutronenstreuung

In der Prozeßanalytik werden mit Erfolg Radionuklide eingesetzt, deren Strahlung in vielfältiger Weise technisch genutzt werden kann. Diese nuklearen Verfahren haben den Vorteil nicht nur der berührungsfreien Messung sondern auch der Unabhängigkeit von Temperatur und Aggregatzustand. Insbesondere zur Wasserbestimmung in den verschiedensten Schüttgütern hat sich als Meßprinzip die Neutronenstreuung eingeführt: Eine Americium-Beryllium-Strahlungsquelle (100 – 300 mCi) sendet schnelle Neutronen aus, die durch Streuung an den gleich schweren Wasserstoffkernen abgebremst werden, jedoch bei der Streuung an Atomkernen höherer Masse kaum an Geschwindigkeit verlieren [11]. Ein von der Quelle räumlich getrennter und abgeschirmter Detektor mißt die Anzahl der Neutronen nach ihrer Wechselwirkung mit dem Meßgut (Abb. 4.4). Beim Auftreffen eines schnellen Neutrons auf einen Wasserstoffkern gibt dieses bei dem Stoß mehr als die Hälfte seiner kinetischen Energie an den Wasserstoffkern ab, d. h., es wird gebremst. Nach mehreren Stößen dieser Art ist seine Bewegungsenergie auf thermische Energie verringert worden. Es bildet sich also um die Quelle der schnellen Neutronen bei Gegenwart von Wasserstoff (Wasser) im umgebenden Raum eine Wolke von langsamen Neutronen aus, deren Dichte von der Konzentration der Wasserstoffkerne im umgebenden Medium abhängt.

Ein von der Quelle abgeschirmter Detektor für langsame Neutronen mißt die Anzahl der Teilchen, die ein Maß für den Wasserstoff- bzw. Wassergehalt sind. Die pro Zeiteinheit gemessenen Impulse sind dem absoluten Wassergehalt im Volumen proportional. Um den Wasseranteil in Gewichtsprozenten zu erhalten, muß durch die zugehörige Dichte des Materials, z. B. Koks, Sinterrohmischungen, Sand, dividiert werden.

4.2.4
Mikrowellen-Transmission mit Phasen- und Dämpfungsmessung

Als weiteres Meßprinzip zur Wassergehaltsbestimmung von Schüttgütern hat sich folgende Anordnung in den verschiedensten Industriezweigen bewährt: Das zu messende Gut, z. B. auf Förderbändern, wird mit Mikrowellen durchstrahlt. Dadurch werden die freien Wassermoleküle in Rotation versetzt, die eine Phasenverschiebung und Dämpfung der eingestrahlten Mikrowellen verursacht. Beide Effekte werden zur Wasserbestimmung herangezogen.

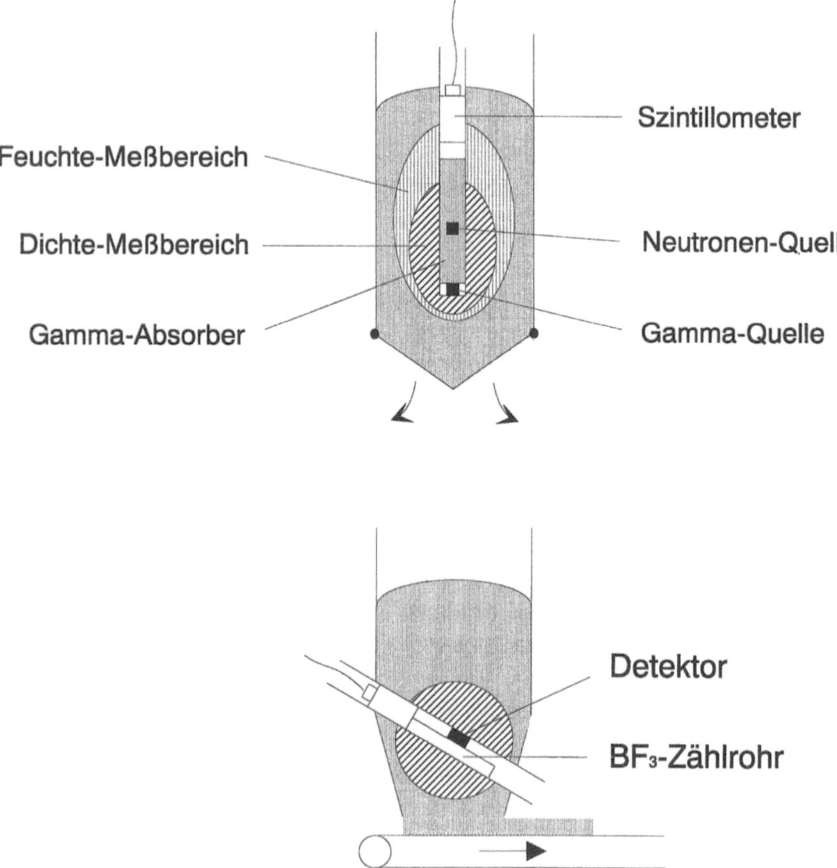

Abb. 4.4. Sondenformen für die Bestimmung des Wassergehaltes fester Stoffe mittels Neutronenstreuung

Anstelle einer Festfrequenz, kann ein breites Frequenzband benutzt werden. Das hat den Vorteil, daß in jedem Meßzyklus die Phasenverschiebungen und Dämpfungen bei einer Vielzahl von Einzelfrequenzen gemessen und einer prozessorgesteuerten Plausibilitätsanalyse unterworfen werden. Hierdurch lassen sich störende Resonanz- und Reflexionseinflüsse, die bei schwierigen Meßgeometrien auftreten können, unterdrücken.

Je nach Anwendungsfall erfolgt eine Auswertung der Phasenverschiebung und/oder der Dämpfung. In den meisten Anwendungsfällen wird mit einer reinen Phasenmessung eine hohe Genauigkeit in der Wasserbestimmung erzielt, da die Phasenmessung durch Materialparameter wie Temperatur und Korngröße kaum beeinflußt wird. Die Methode der Mikrowellendurchstrahlung (Transmission) hat im Vergleich zu Reflexionsverfahren den Vorteil, daß der gesamte Materialquerschnitt im durchstrahlten Bereich bewertet wird. Auch bei einer inhomogenen Verteilung des Wassers ist somit eine repräsentative Messung möglich.

4.3
Industrielle Anwendungsbeispiele

4.3.1
Prozeßregelung bei der Zementherstellung

Auf die Zementqualität hat die Aufbereitung des Rohmehles hinsichtlich der Einhaltung einer ausreichenden Homogenität und einer bestimmten chemischen Zusammensetzung einen entscheidenden Einfluß. Es werden daher in der Zementindustrie zur Erzielung einer gleichmäßigen Qualität und optimaler Betriebsbedingungen automatische Verfahren zur Mischungsregelung eingesetzt, bei denen die Analytik Bestandteil des Regelkreises ist (Abb. 4.5) [4].

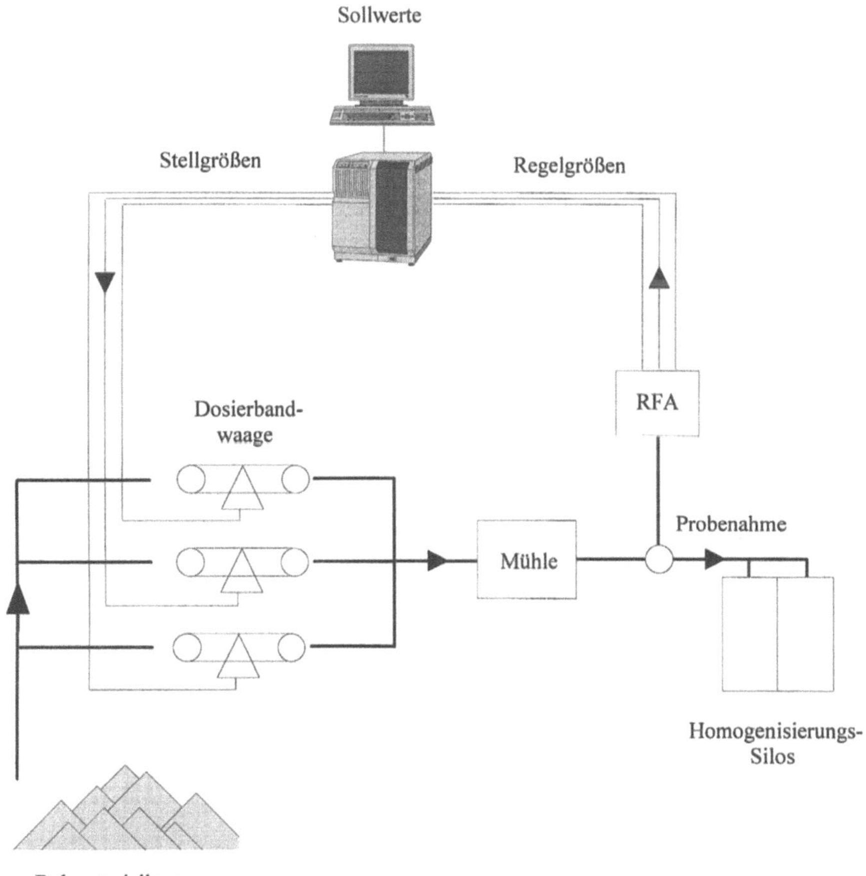

Abb. 4.5. Regelkreis für die Optimierung der Rohmehlproduktion bei der Zementherstellung

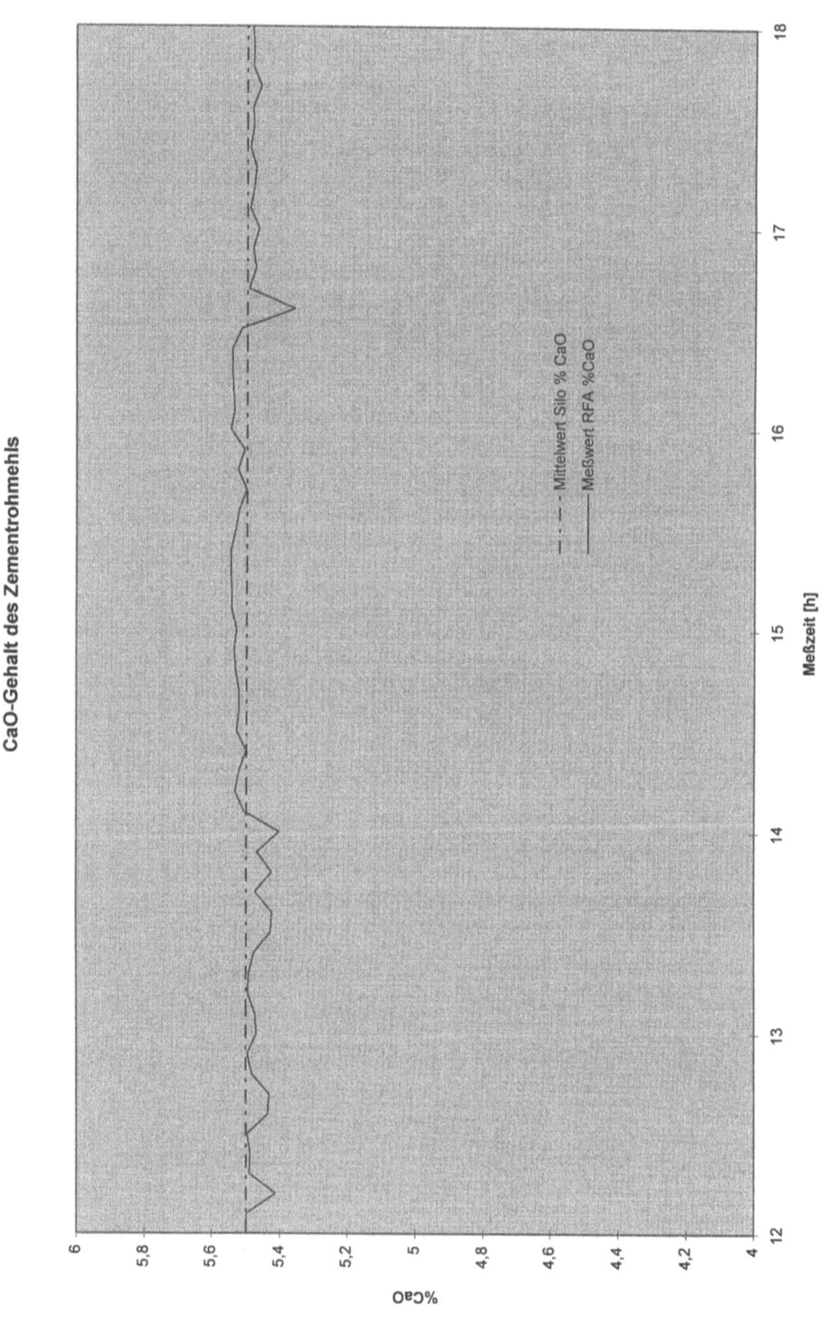

Abb. 4.6. CaO-Gehalt des Zementrohmehles nach Homogenisierung als Folge der on-line-Analytik

Aus dem Rohmehlstrom wird mit Hilfe eines Schneckenprobenehmers ein Probenstrom von etwa 60 kg/h entnommen, aus dem nach Verjüngung in bestimmten Zeitabständen Laborproben gewonnen werden. Zur Ausschaltung von Korngrößeneffekten ist eine Feinmahlung des Probenmaterials unter Zugabe von Mahlhilfsmitteln erforderlich (s. 4.2.1). Anschließend wird ein Preßling hergestellt und röntgenfluoreszenzspektrometrisch auf die für die Zementherstellung wichtigen Elemente Si, Al, Fe, Ca, Mg, K, Na, S, Cl untersucht. Die Analysendaten für Ca, Si, Al und Fe fließen in das mathematische Modell für die Rohmehlregelung ein. Aus einem Vergleich der Sollwerte mit den tatsächlich bestimmten Anteilen ergeben sich dann Korrekturgrößen, die zu Stellgrößen für die in den Massenströmen der Rohstoffe integrierten Dosierbandwaagen werden. Durch den Einsatz der RFA zur Rohmehlvergleichmäßigung (Abb. 4.6) wird die Güte des Endproduktes entscheidend verbessert und die Einhaltung der Qualitätskriterien garantiert.

4.3.2
On-line-Analyse bei Flotationsprozessen

Die bei weitem meisten der industriell eingesetzten on-line-Röntgenfluoreszenzanalysatoren dienen der Kontrolle von Flotationsprozessen. Zur optimierten Überwachung von Flotationsanlagen ist es notwendig, den Wertstoffanteil an den wichtigsten Betriebspunkten laufend und möglichst präzise zu kennen. Auf diese Weise lassen sich verschiedene Optimierungsziele, wie hohe Ausbeuten und hochangereicherte Konzentrate, maßgeblich unterstützen. Während im Falle der Zementherstellung (4.3.1) pulverförmiges Gut zu analysieren ist, liegen die zu untersuchenden Feststoffe bei Flotationsprozessen in Form von Suspensionen vor, die dem Analysator als Teilstrom kontinuierlich zufließen.

Die Lösung eines prozeßanalytischen Problems kann darin bestehen, daß für jeden „Prozeßstrom", Trübe (Aufschlämmung) aus einer Prozeßstufe, eine eigene Meßstelle installiert wird. Eine andere Möglichkeit ist die wechselnde Beaufschlagung einer Meßeinrichtung mit Proben verschiedener Herkunft mit Hilfe einer programmierten Steuereinheit. Bei der *Flotation von Blei/Zink-Erzen* ist der erstgenannte Weg gewählt worden [12]. Hierbei wird der jeweilige Probestrom quasi kontinuierlich bei einem Meßzyklus von 20 s gemessen. Aus dem Prozeßstrom wird zu dem Zweck ein Teilstrom von z. B. 120 l/min entnommen und durch den Meßkopf des Röntgenfluoreszenzspektrometers geleitet. Zur spektroskopischen Anregung dient eine ^{241}Am-Strahlenquelle. Die verschiedenen Betriebszustände des Analysators einschließlich Spülen, Entleeren und Rekalibrieren werden rechnergesteuert eingestellt und überwacht.

Bei der Flotation von Blei/Zink-Erzen sind die Konzentrationen von Pb, Zn und Fe in den Rohstoff- und Bergeströmen von Bedeutung. Die Kalibration der Meßanlage erfolgt mit chemisch analysierten Proben der verschiedenen Prozeßstufen.

Durch Änderungen der Korngrößenverteilung und der mineralogischen Zusammensetzung des Rohmaterials wird die Präzision und Richtigkeit der Messungen erheblich beeinflußt. Daher hat die Kalibration natürlich nur für

Tabelle 4.3. Wiederholbarkeit der Zink-, Blei- und Eisenbestimmung in Blei/Zinkerzauf-schlämmungen

Element	Aufgabe	Rohstoffaufgabe Wiederholbarkeit (s)	Berge	Berge Wiederholbarkeit (s)
Pb	0– 5%	± 0,10%	0–0,5%	± 0,02%
Zn	0–10%	± 0,25%	0–2,0%	± 0,05%
Fe	0– 2%	–	0–2,0%	± 0,05%

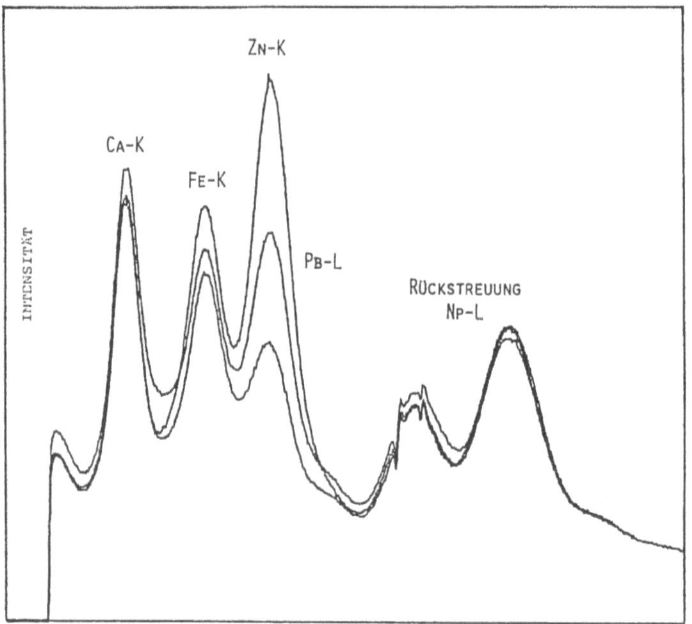

Abb. 4.7. Röntgenspektren von Proben mit unterschiedlichem Zinkanteil

gleiche Bedingungen hinsichtlich Erztyp, Mahlgrad u.a. Gültigkeit. Die zu bestimmenden Gehalte und die erreichbare Wiederholbarkeit (Präzision) bilden Tabelle 4.3. Abbildung 4.7 zeigt die Röntgenspektren von Proben mit unterschiedlichem Zinkanteil [12].

Die Möglichkeiten der energiedispersiven RFA mit Radionukliden als Strahlungsquellen (Tabelle 4.4) und der Röntgendiffraktometrie können auch bei weiteren an Feststoffen durchzuführenden prozeßanalytischen Aufgaben zur Optimierung von Flotationsverfahren genutzt werden. So erfordert die wirtschaftliche Aufbereitung von *Sylvinit* (NaCl-haltiges KCl) als einem der wichtigsten Kaliummineralien die laufende Bestimmung des KCl- und NaCl-Gehaltes der Feststoffe in den Aufbereitungsschlämmen. Dieses Problem läßt sich mit

Tabelle 4.4.
Radionuklide als Strahlungsquellen bei der energie-
dispersiven RFA

Radionuklid	Halbwertszeit (in Jahren)	Energie der emittierten Strahlung (keV)
^{55}Fe	2,7	5,9 (Mn-K-Röntgen)
^{238}Pu	86,4	13–20 (U-L-Röntgen)
^{241}Am	433	14–21 (Np-L-Röntgen)
		60 (Gamma)
^{244}Cm	18	14–21 (Pu-L-Röntgen)
^{109}Cd	1,3	22, 25 (Ag-K-Röntgen)

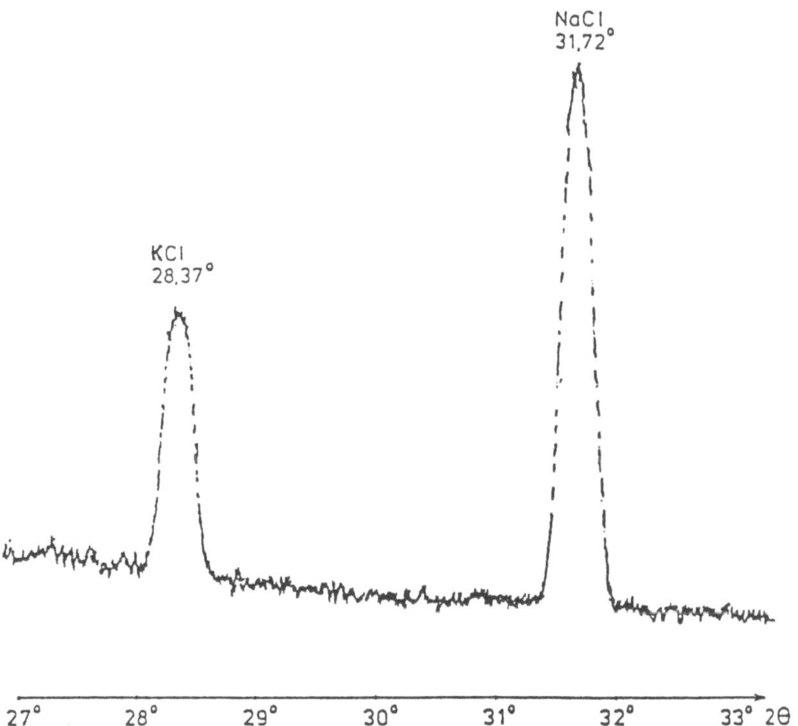

Abb. 4.8. Röntgendiffraktionsspektrum von Sylvinit (Anwendung der XRD bei der Sylvinit-
Aufbereitung)

Hilfe der Röntgendiffraktometrie lösen [13] (Abbildung 4.8). Weitere Beispiele
für die Anwendung der XRD sind die Prozeßüberwachung bei der Aufbereitung
und Anreicherung der *Apatiterze* ($Ca_5[F, Cl, OH, 1/2\ CO_3/(PO_4)_3]$) und der Flotation von *Talkum* ($Mg_3[OH_2/Si_4O_{10}]$) [13]. *Feldspat* und *Quarz* als Ausgangsstoffe
für die Glas-, Papier-, Farben- und Keramikindustrie werden ebenfalls durch
Flotation angereichert. Der bergmännisch gewonnene Pegmatit (Feldspat-
Quarz- und Glimmer-haltiges magmatisches Gestein) wird gebrochen und
gemahlen, und anschließend werden Feldspat und Quarz in mehreren Prozeß-

stufen durch Flotation abgetrennt. Die Produkte werden hinsichtlich ihrer Gehalte an K, Al und Fe charakterisiert, wobei beim Feldspat besonders der K(K_2O)-Anteil die Güte bestimmt. Die Aufgabe der Prozeßregelung besteht hier darin, die Al_2O_3-Gehalte in den Feldspat- und Quarzprozeßkreisläufen auf einem vorgegebenem Niveau zu halten. Die On-line-Analyse der Prozeßströme führte zu geeigneteren Produkten durch geringere Verunreinigungen und zu einem höheren Ausbringen durch Vermeidung von Prozeßstörungen und einer gleichmäßigen Erzeugung spezifikationsgerechter Produkte [14].

Bei der kombinierten Aufbereitung von *Gold* und *Uran* in Südafrika haben on-line-RFA-Methoden ebenfalls hervorragende Dienste geleistet [15]. Für die Bestimmung von Baryt-Verunreinigungen in *Flußspat*konzentraten eines Flotationsprozesses wurde ein on-line-Verfahren entwickelt, das unabhängig von Dichteschwankungen des Trübestroms ist [16].

Die energiedispersive RFA hat sich auch zur on-line-Prozeßregelung bei der Rohmagnesitaufbereitung bewährt. *Magnesit* stellt einen wichtigen Rohstoff für die Herstellung feuerfester Baustoffe dar, die als Wandauskleidungen von metallurgischen Schmelzgefäßen, Zement- und Kalköfen dienen. Der bergmännisch gewonnene Rohmagnesit wird durch Flotation aufbereitet, d. h. mit Hilfe eines Sink-Schwimm-Verfahrens von seinen Verunreinigungen befreit. Die wirschaftliche Führung des Aufbereitungsprozesses durch eine on-line-Regelung und damit die Optimierung des anschließenden Sinterprozesses setzt die on-line-Analyse der verschiedenen Produkte dieser Prozeßkette voraus [17]. Die Bestimmung des Ca(CaO) und des Fe(Fe_2O_3) hat dabei für die Prozeßregelung vorrangiges Interesse.

Zur Anregung der Fluoreszenzstrahlung dienen in diesem Fall als Strahlungsquelle für die Ca-Bestimmung das Isotop ^{55}Fe (40 mCi) und für die Fe-Bestimmung das Isotop ^{244}Cm (100 mCi).

Das Analysatorsystem entnimmt den Trübeströmen, die Feststoffanteile von 10 bis 40 % enthalten, z. B. in Abständen von 5 min einen Teilstrom und führt ihn an dem Meßfenster der Durchflußzelle (Abb. 4.9) vorbei. Dabei ist die Präzision der Messungen von einer Reihe von Einflußgrößen abhängig. Den größten Einfluß übt die Korngrößenverteilung der Feststoffkomponenten aus. Als relative Standardabweichung für die CaO- und Fe-Bestimmung sind etwa 5 bis 10 % erreichbar. Die durch die RFA mögliche Prozeßregelung drückt sich wie in den vorstehenden Beispielen in der Verbesserung des Aufbereitungserfolges und in einer Vergleichmäßigung der Produkteigenschaften aus.

Die vorstehende Darstellung kann keinen Anspruch auf Vollständigkeit erheben. Sie soll lediglich einige typische Anwendungsbeispiele zeigen. Darüberhinaus sind eine Vielzahl weiterer prozeßanalytischer Problemlösungen bekannt geworden und denkbar.

4.3.3
Prozeßanalytik in der Kupfermetallurgie

In den Fällen, in denen eine Kupferhütte Rohstoffe mit schwankender Zusammensetzung zu verhütten hat, erfolgt durch Mischvorgänge eine Vergleich-

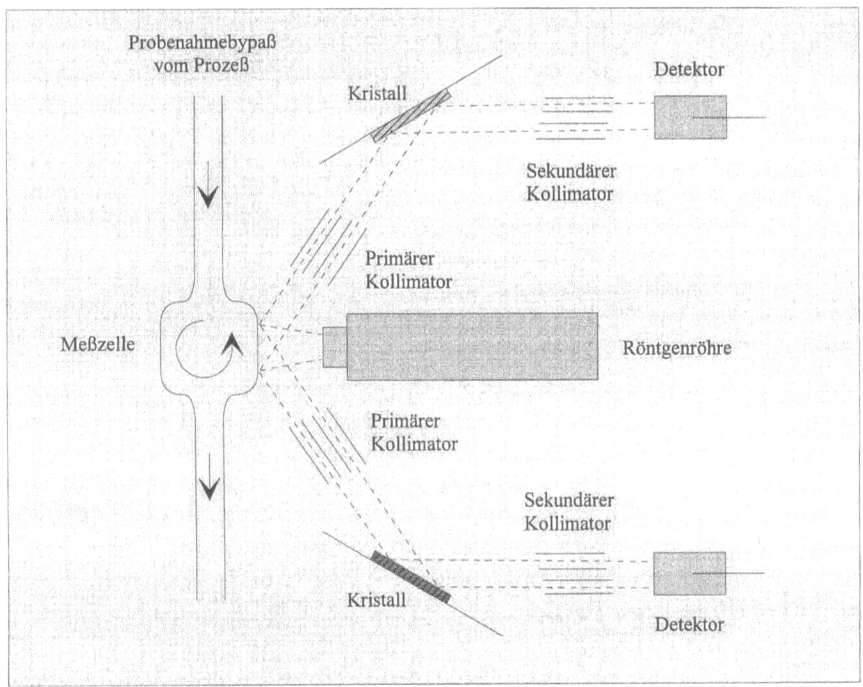

Abb. 4.9. Durchflußzelle eines Analysatorsystems für die Überwachung von Aufbereitungs-
anlagen

mäßigung des eingesetzten Rohstoffes. Daraus folgt, daß zur wirtschaftlichen
Prozeßführung die genaue Kenntnis über die chemische Zusammensetzung des
jeweils zur Verhüttung gelangenden Gemenges zwingende Voraussetzung ist
[18]. Die eingesetzten Rohstoffmischungen bestehen aus verschiedenen sulfidi-
schen Kupfererzen ($CuFeS_2$, Cu_5FeS_4, Cu_2S), denen Rücklaufstoffe und Fluß-
mittel in wechselnder Menge zugegeben werden.

In der ersten Prozeßstufe wird die sulfidische Erzmischung oxidiert. Bei dieser exothermen Reaktion entsteht der „Kupferstein", der in einem anschließenden Konverterprozeß in metallisches Rohkupfer umgewandelt wird. Zur Vermeidung einer nicht ausreichenden oder zu weitgehenden Oxidation durch eine
genaue Einstellung der jeweils benötigten O_2-Menge ist die laufende Bestimmung der Elemente Cu, Fe, S und Si (SiO_2) notwendig.

Die prozeßanalytische Überwachung beginnt mit der diskontinuierlichen,
automatischen Probenahme (9 Proben/h) von dem Transportband, das die Roh-
stoffmischung dem Ofen zuführt. Nach Probenteilung wird die pulverförmige
Probe der Meßzelle eines energiedispersiven Röntgenfluoreszenzanalysators
zugeführt. Der Zeitverzug zwischen dem Zeitpunkt Probenahme und dem Ofen-
eintritt des Materials beträgt lediglich 30 s und kann vernachlässigt werden. Die
Kalibration erfolgt mit chemisch analysierten Betriebsproben, die zu bestimmten Zeiten dem Probestrom direkt hinter der Meßzelle entnommen werden. Die

Meßzeit für die Elemente Cu, Fe, S, Pb, Zn, As und Ca beträgt 3 min. Die Analysenergebnisse werden mit Hilfe von Regressionsmodellen in Prozeßparameter umgesetzt.

Die on-line-Analyse der Rohstoffaufgabe hat zu einer Vergleichmäßigung des Ofen- und Konverterbetriebes, zu einer besseren Energienutzung, zu geringeren Kupferverlusten, aber auch zu höherem Ausbringen sowie zu einer besseren Kupferanodenqualität geführt.

4.3.4
Kontinuierliche Überwachung der Erzeugung von Eisenerzsinter

Die wirtschaftliche Betriebsweise eines Hochofens ist an einen physikalisch und chemisch aufbereiteten hocheisenhaltigen und bezüglich seiner chemischen Zusammensetzung optimierten Rohstoff geknüpft (s. Kapitel 6).

Die dem Hochofen zugeführten Einsatzstoffe (Möller) müssen u.a. eine bestimmte Korngröße besitzen, um einen störungsfreien und wirtschaftlichen Betrieb zu ermöglichen. Da die Eisenerze im Anlieferungszustand nur selten den Anforderungen der Hochöfen entsprechen, werden sie in besonderen Brech- und Siebanlagen auf etwa 6 bis 35 mm zerkleinert und danach gesiebt, um zu grobe (Überkorn) und die feinen Anteile (Unterkorn) abzutrennen. Die feinen Anteile wandern zusammen mit verschiedenen eisenreichen Nebenerzeugnissen des Hüttenwerkes und den auf dem Weltmarkt in großen Mengen gehandelten „Feinerzen" – das sind oft durch Flotation (Schwimmaufbereitung) angereicherte Erze – in die Sinter- und Pelletieranlagen (Abb. 4.10), wo sie zu hochofengerechten Einsatzstoffen umgewandelt werden. Der „Sinter" stellt heute den bevorzugten, auf die jeweilige Betriebsweise abstimmbaren Hochofeneinsatzstoff dar.

Beim Sinterprozeß – den Stofffluß zeigt Abbildung 4.11 – wird das zu sinternde Gut (Korngröße <3 mm) evtl. unter Zugabe von Kalk oder Dolomit (zur Einstellung des gewünschten $CaO + MgO/SiO_2$-Verhältnisses!) mit Koksgrus (5–6%) als Energielieferant gemischt und so hoch erhitzt, daß die einzelnen Erzkörner an ihrer Oberfläche erweichen und miteinander verschmelzen. Es entsteht der harte und porenreiche Sinter, der starken mechanischen Beanspruchungen widersteht und wegen seiner Gasdurchlässigkeit das Eindringen der ihm im Hochofen entgegenströmenden Reduktionsgase erleichtert.

Mit der Überwachung der Sinterherstellung beginnen die prozeßanalytischen Aufgaben auf dem Wege von der Roheisen- bis zur Stahlerzeugung und -verarbeitung. Während die eingesetzten Eisenerze im allgemeinen diskontinuierlich nach bekannten Verfahren anhand von Proben, die große Lagermengen repräsentieren, analysiert werden, verlangt die optimale Führung des Prozesses u.a. eine kontinuierliche Überwachung der Produktqualität, die gleichzeitig einen Beitrag zur Automatisierung dieses Prozesses bedeutet [19]. Als Analysenprinzip dient die wellenlängendispersive Röntgenfluoreszenzspektrometrie.

Die Probenahme erfolgt nach dem Sinterband kontinuierlich, und von dem dabei anfallenden Material von etwa 700 kg/h wird die Faktion 6–12 mm durch Siebung abgetrennt. Dieser Anteil wird auf etwa 5 kg/h reduziert, die dann auf

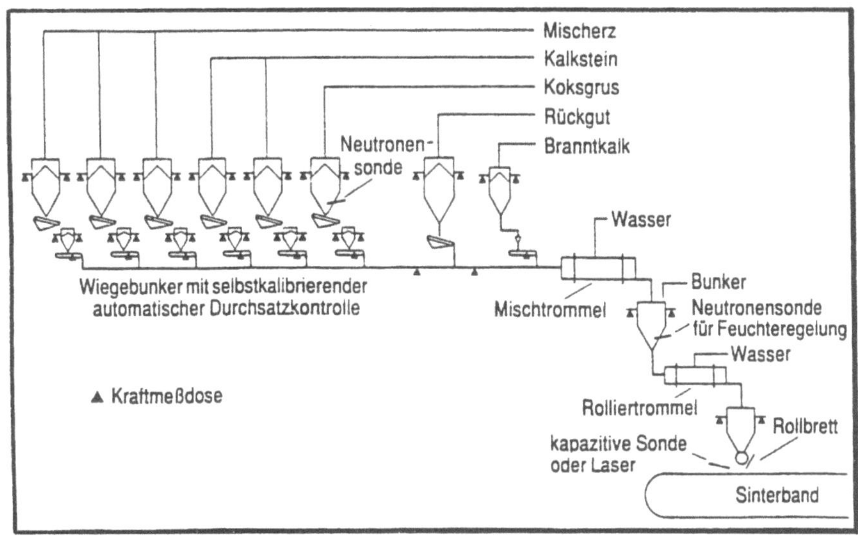

Abb. 4.10. Mischgutvorbereitung bei der Herstellung von Eisenerzsinter [19]. *(Mit Genehmigung der Verlag Stahleisen GmbH, Düsseldorf)*

Abb. 4.11.
Stofffluß beim Sinterprozeß

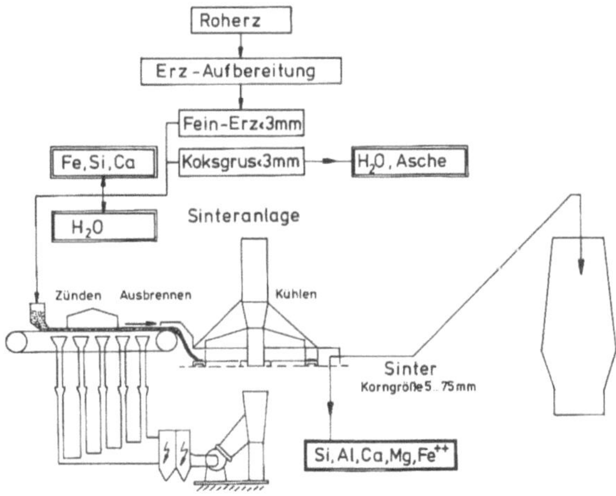

unter 3 mm zerkleinert und homogenisiert werden (Abb. 4.12). In Abständen von 30 min wird von dieser Sammelprobe eine Laborprobe von etwa 400 g mit einem Rohrpostsystem dem Probenvorbereitungsautomaten zugeleitet. Hier erfolgt die Feinmahlung der Probe (Abb. 4.11) unter Zugabe von Mahl- und Preßhilfen und das Verpressen zu einer Tablette, die dann automatisch dem Spektrometer zugeführt wird. Die gesamte Probenvorbereitung einschließlich der Säuberung der Gefäße dauert etwa 14 min.

Abb. 4.12.
Schema der automatischen
Probenahme und
Probenvorbereitung von
Eisenerzsinterproben

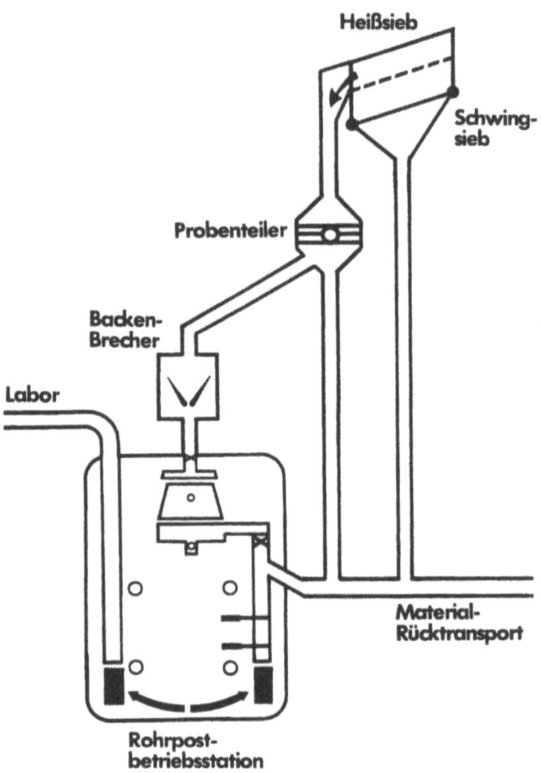

Es werden Doppelbestimmungen der Elemente Mg, Al, Si, Ca, Ti und Fe mit
einer Meßzeit von 20 s durchgeführt und die Ergebnisse automatisch an den
Prozeßrechner der Sinteranlage weitergeleitet. In einem Prozeßmodell können
sie als Einflußgrößen für eine Dosierbandwaagensteuerung für Kalkstein, Sand
und Olivin dienen. In Abständen von 6 h erfolgt automatisch eine Rekalibration
des Spektrometers.

Als ein weiteres wichtiges Verfahren zur Erzvorbereitung wurde das Pelletie-
ren erwähnt. Hierbei werden aus den Feinerzen (Korngröße < 0,05 mm) kleine
Erzkugeln von 15–35 mm Durchmesser hergestellt. Die zunächst angefeuchtete
Erzmischung wird mit Hilfe von Drehtrommeln oder Drehtellern zu Kugeln
geformt („Grünpellets"), die anschließend bei 1000–1100 °C hartgebrannt
werden. Die Prozeßüberwachung oder -regelung kann analog wie beim Sinterprozeß mit Hilfe der RFA durchgeführt werden.

4.3.5
On-line-Analyse stückiger Güter

Bei den vorstehenden Verfahren der Prozeßanalytik wurden die Feststoffe den
Prozeßströmen teils pulverförmig, als Aufschlämmung oder diskontinuierlich in

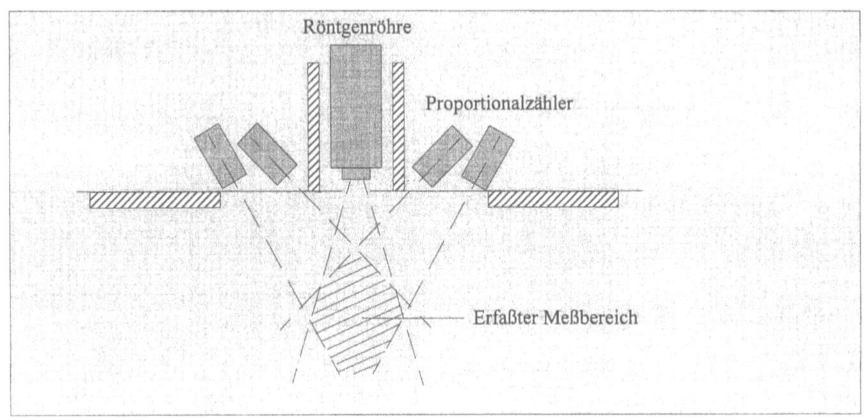

Abb. 4.13. Meßanordnung für die röntgenfluoreszenzspektrometrische Elementanalyse auf Förderbändern

stückiger Form entnommen. Während in den erstgenannten Fällen die Analyse ohne jede Probenvorbereitung erfolgt, sind bei stückigem Material im allgemeinen verschiedene Verfahrensschritte zur Herstellung der Analysenprobe notwendig. Es kann sich bei der analytischen Überwachung eines Prozeßgeschehens aber auch die Frage nach der direkten Untersuchung stückiger Güter, die einem Prozeß ständig zugeführt werden oder als Endprodukt kontinuierlich einen Prozeß verlassen, stellen. Hier ist wie in einigen oben genannten Beispielen keinerlei Probenvorbereitung möglich, da sich das zu prüfende Gut in ständiger Bewegung, z.B. auf einem Transportband, befindet. Zur Erläuterung dieser prozeßanalytischen Fragestellung sollen die nachfolgend dargestellten Fallbeispiele dienen, bei denen unterschiedliche analytische Prinzipien zur Anwendung gelangen.

Eine Möglichkeit bietet die RFA. In einer Höhe von 15 bis 30 mm über dem zu analysierenden Gut werden z.B. eine Röntgenröhre und entsprechende Detektoren (Proportionalzähler) positioniert (Abb. 4.13) und in Meßschritten von 0,2 s 300 Messungen pro Minute vorgenommen, die über einen festzulegenden Zeitraum gemittelt werden. Es gibt Ausführungsformen, mit denen bewegtes Material bis zu einer Stückgröße von 100 mm kontinuierlich und simultan auf 2 Elemente untersucht werden kann [20]. Als Ausführungsbeispiel ist die Bestimmung von Ca und Fe bei der *Kalksteingewinnung* zu nennen. Die Kalibration erfolgt mit Hilfe einer Regressionsrechnung, in die die Pulsraten und die chemische Analyse von Kalibrationsproben eingehen.

Bei der kontinuierlichen Überwachung des *Wassergehaltes von Schüttgütern*, z.B. von Steinkohlenkoks oder Sintervermischungen findet die Messung der Neutronenstreuung Anwendung. Als Ergänzung zu der unter 4.3.4 beschriebenen röntgenfluoreszenzspektrometrischen Überwachung der Sintererzeugung hinsichtlich einer gleichbleibenden Produktqualität stellt die Bestimmung des

Wassergehaltes des als Energielieferant dienenden Koksgruses und schließlich des Wassergehaltes der Sinterrohmischung mit Hilfe von Radionukliden einen wesentlichen Beitrag zur Optimierung des Prozesses (niedriger Energieverbrauch, gleichmäßige Fahrweise, hohe Produktqualität) dar [19]. Abbildung 4.10 zeigt schematisch die Mischgutvorbereitung zwischen den Erzlagern („Mischbetten") und der Aufgabe auf das Sinterband (s. auch Abbildung 4.11). In Abhängigkeit von der Sinterbandgeschwindigkeit und den Füllständen der Aufgabe- und Zwischenbunter wird der Mischgutmengenstrom geregelt. Ein kontinuierlich mit Neutronensonden gemessener Wassergehalt im Koksgrus ermöglicht die dem trockenen Brennstoffbedarf entsprechende Zugabe des Koksgruses. Die Regelung des Wasseranteils im Mischgut nach dem Mischen und dem Anfeuchten des Gutes erfolgt ebenfalls mit Hilfe einer Neutronensonde.

Die Kalibration derartiger Meßeinrichtungen erfolgt mit Proben, die der laufenden Produktion entnommen werden und deren Wasseranteil gravimetrisch ermittelt worden ist. Dabei sind die Zusammensetzung und die Schüttdichte des Gutes und die Geometrie der Meßzelle zu berücksichtigen. Die Präzision der Methode (2 s) beträgt $\pm 0{,}5\,\%\ H_2O$.

Von großem Einfluß sind Schwankungen des Wasserstoffanteils im Koks, die aus unterschiedlichen Verkokungsbedingungen resultieren. Hier werden Anteile von 0,4 bis 0,8 % m/m beobachtet, wobei sich dieser Wasserstoffanteil auf alle Protonen bezieht, die nicht an Sauerstoff gebunden sind. Nach der hier für Koksgrus und Sinterrohmischungen beschriebenen Methode kann auch eine kontinuierliche Bestimmung des Wasseranteils im Hochofenkoks als Beitrag zur Regelung des Brennstoffeinsatzes beim Hochofenprozeß erfolgen [21].

Das letzte Beispiel entstammt der Steinkohlenaufbereitung. Die bergmännisch gewonnene Kohle weist verschiedene inerte Ballaststoffe auf und ist daher technisch nicht unmittelbar verwendbar. Sie bedarf der Aufbereitung, um den unerwünschten inerten Anteil (Asche) auf ein vertretbares Maß zu senken und eine Vergleichmäßigung der Rohstoffeigenschaften, damit auch des Aschegehaltes, herbeizuführen. Zur Steuerung dieses Aufbereitungsprozesses ist die kontinuierliche Ermittlung des Aschegehaltes in den Gutströmen der verschiedenen Prozeßstufen notwendige Voraussetzung. Hierfür kommt nur eine berührungslose Messung, die unabhängig von der Förderbandbelegung und der Schüttdichte des Gutes sein sollte, in Betracht. Die Lösung des Problems geschieht ebenfalls durch den Einsatz von Radionukliden. Die von einem Gammastrahler ausgehende Strahlung wird beim Durchgang durch Materie (Transmission) geschwächt. Die Aschebestandteile der Kohle besitzen eine höhere Ordnungszahl als die Kohlesubstanz und absorbieren daher stärker. Damit wird die Absorption zum direkten Maß für den Ascheanteil. Ein für die Gammastrahlung hochempfindlicher Szintillationszähler mißt die verbleibende Reststrahlung und liefert ein der Strahlungsintensität proportionales Signal. Durch Wahl der Strahlungsquellen (z. B. $^{241}Am\,/\,^{137}Cs$) und des Meßverfahrens sind schütthöhe- und schüttdichteunabhängige Messungen möglich [22].

4.4 Lieferfirmen für Probenahme- und Probenvorbereitungseinrichtungen sowie für Analyse- und Automationssysteme

Probenahme und Probenvorbereitung

Friedrich Debus Maschinen- und Apparatebau, Industriestr. 7, 52134 Herzogenrath
Maschinenfabrik Herzog GmbH & Co, Auf dem Gehren 1, 49086 Osnabrück
Krupp Polysius AG, Graf-Galen-Str. 17, 59269 Beckum
F. Kurt Retsch GmbH & Co KG, Rheinische Str. 36, 42781 Haan
Siebtechnik GmbH, Platanenallee 46, 45478 Mülheim/Ruhr
SICON GmbH, Flurstr. 24, 42781 Haan

Wellenlängendispersive Röntgenfluoreszenzspektrometer

Fisons Instruments Vertriebs-GmbH, Peter-Sander-Str. 43, 55252 Mainz
Oxford Instruments Deutschland GmbH, Kreuzberger Ring 38, 65205 Wiesbaden
Philips Industrial Electronics Deutschland GmbH, Miramstr. 87, 34123 Kassel
Rigaku Europe GmbH, Monschauer Str. 7, 40549 Düsseldorf
Siemens AG, Röntgenanalytik, Postfach, 76181 Karlsruhe

Energiedispersive Röntgenfluoreszenzspektrometer

ASOMA Instruments Vertriebs-GmbH, Ingolstädter Str. 68 a, 80939 München
Österreichisches Forschungszentrum Seibersdorf GmbH, A-2444 Seibersdorf
Outokumpu KM-Analytik GmbH, Königsteiner Str. 98, 65812 Bad Soden
Oxford Instruments (s. o.)
Spectro Analytical Instruments GmbH, Boschstr. 10, 47533 Kleve

Röntgendiffraktometer

Fisons Instruments (s. o.)
Outokumpu KM-Analytik (s. o.)
Philips Industrial Electronics (s. o.)
Rigaku (s. o.)
Siemens AG (s. o.)

Radiometrische Analysensysteme

Laboratorium Prof. Dr. Berthold, Calmbacher Str. 22, 75323 Bad Wildbad

Anmerkung. Die vorstehende Zusammenstellung erhebt keinen Anspruch auf Vollständigkeit. Für ergänzende Firmennachweise wird auf das Fachschrifttum und die in den „Nachrichten für Chemie, Technik und Laboratorium" der GDCh erscheinenden Marktübersichten verwiesen.
Weitere Angaben finden sich unter 3.4 und 6.9.

4.5
Literatur

1. Kraft G (1980) in: „Probenahme – Theorie und Praxis" – Schriftenreihe der GDMB Gesellschaft Deutscher Metallhütten- und Bergleute, Heft 36, Verlag Chemie, Weinheim, S. 1
2. DIN 51 701: Prüfung fester Brennstoffe – Probenahme und Probenvorbereitung Tl. 2: Durchführung der Probenahme; Tl. 4 und Beiblatt: Geräte
   Bergbau-Betriebsblatt BB 23017 – Probenahme von Kraftwerkskohle; Empfehlung für Bau und Betrieb automatischer Einrichtungen –
   Bergbau-Betriebsblatt BB 23018 – Probenahme von Kokskohle; Empfehlungen für Bau und Betrieb automatischer Einrichtungen.
3. Koch W, Roeder KP, Dobner W, Huber G (1970) Thyssenforsch. 2:6
4. Wende V (1989) in: Schriftenreihe der GDMB Gesellschaft Deutscher Metallhütten- und Bergleute, Heft 55, S. 127
5. Ehrhardt E et al. „Röntgenfluoreszenzanalyse – Anwendung in Betriebslaboratorien", VEB Deutscher Verlag für Grundstoffindustrie, Leipzig,
6. Hahn-Weinheimer P, Hirner A, Weber-Diefenbach K (1984) „Grundlagen und praktische Anwendung der Röntgenfluoreszenzanalyse (RFA)", Friedr. Vieweg und Sohn, Braunschweig/Wiesbaden
7. Staats G (1989) Fresenius' Z. Anal. Chem. 334:326
8. Neff H (1962) „Grundlagen und Anwendung der Röntgen-Feinstruktur-Analyse", 2. Aufl., R. Oldenbourg, München
9. Paulus E F (1980) „Strukturanalyse durch Beugung an Kristallen", in: Ullmanns Enzyklopädie der technischen Chemie, 4. Aufl., Verlag Chemie, Weinheim, Bd. 5, 235
10. Uhlig S, Burgäzy F (1993) Kontrolle, November: 14
11. Trost A (1965) Z. Instrumentenkde. 73:329
12. Donhoffer D (1984) Berg- u. Hüttenmän. Monatsh. 129:453
13. Saarhelo K „on-line X-ray Analysis in Industrial Applications", Firmenschrift Ref. 3881 481-4 der Fa. Outokumpu Electronics Oy, SF-02201 Espoo
14. Saarhelo K, Paakkinen U, Pennanen P (1988) „On-line Analysis in Industrial Mineral Applications", 8th Industrial Minerals Inst. Congress, Boston
15. de Jesus ASM, Basson JK (1977) Int. J. Appl. Radiat. Isot. 28:873
16. Lubecki A, Wiese K, Winkler K (1980) Kernforschungszentrum Karlsruhe, KfK-Report 2936:2
17. Weiss V (1991) Radex-Rundsch. H. 1/2:400
18. Davenport WG, Partelpoeg EH (1987) „Flash Smelting. Analysis, Control and Optimization", Pergamon Press Ltd., Oxford
19. Buckel M, Kersting K, Kister H, Lüngen H-B (1990) Stahl u. Eisen 110, Nr. 2:43
20. „Beltcon 200", Firmenschrift Ref. 3882 240-4 He Ed. 2 der Fa. Outokumpu Electronics Oy, SF-02201 Espoo
21. Neuhaus H, Hombeck F, Kühn W (1962) Stahl u. Eisen 82:1017
22. „Asche-Monitor-System LB 420", Firmenschrift der Fa. Laboratorium Prof. Dr. Berthold, Wildbad

5 Prozeßanalytik in der Chemischen Industrie

5.1
Die Rolle der Analytik in der Chemischen Industrie

Die Rolle der Analytik ist in allen Wirtschaftsbereichen und damit auch in der Chemischen Industrie entsprechend den sich wandelnden Bedürfnissen und Markterfordernissen von steigender Bedeutung geworden und in stetem Wandel begriffen (s. 1.3). Die methodischen und apparativen Entwicklungen ermöglichen heute eine geschlossene Überwachung von Prozeßketten und führen zur Einbindung der Analytik in den gesamten Entwicklungs-, Produktions- und Marketingablauf eines Unternehmens.

Wie in anderen Branchen hat die Analytische Chemie in der Chemischen Industrie eine lange Tradition. Die Entwicklung führte hin zu einer Organisation (s. auch 1.4), bei der die Analytik Partner für die Optimierung und Steuerung der Prozeßkette Produktion und für die Unterstützung der Forschungsaktivitäten, der Produktentwicklung und der Vermarktung ist [1]. Die Forderungen nach schnellen, zuverlässigen, reproduzierbaren und richtigen Vor-Ort-Analysen lassen sich als Voraussetzung für einen geschlossenen Steuerkreislauf der Produktionsprozesse in den meisten Fällen nicht mit einem zentralen, methodenorientierten analytischen Laboratorium erfüllen, sondern verlangen heute nach prozeßorientierten, kostengünstigen Analysensystemen, die on-line, at-line oder möglichst in-line eingesetzt werden können [2]. Hoher Automationsgrad und leichte Bedienbarkeit bzw. geringer Wartungsaufwand sind dabei zwingende Voraussetzung. Analytische Prinzipien, die für diese neuen Aufgabenstellungen in steigendem Maße eingesetzt werden, sind die Gaschromatographie [3], die VIS- [4] und die NIR-Spektrometrie [5]. Letztere dient in neuerer Zeit insbesondere dazu, schnelle Identitäts- und Reinheitsprüfungen durchzuführen [6]. Durch die Verwendung von Glasfaseroptiken kann u. U. auch in-line, also direkt im Prozeßgeschehen, gemessen werden [7].

Der Einsatz chemischer Sensoren in der Prozeßanalytik (s. 2.3.3 und 3.2.1.2) befindet sich am Beginn einer stürmischen Entwicklung [8]. Schon heute stehen eine beachtliche Zahl chemischer Sensoren für zahlreiche analytische Aufgabenstellungen zur Verfügung [9–11].

Bei Routineanalysen, hier insbesondere im Rahmen der Prozeßanalytik, die nur firmenintern Bedeutung haben, sollte eine Fremdvergabe, das heute vieldiskutierte „Outsourcing", nicht oder nur in Ausnahmefällen in Betracht kommen.

Jede extern erstellte Analyse muß nämlich im Unternehmen noch einmal auf Plausibilität, Richtigkeit und „Verwendbarkeit" geprüft werden. Ferner stellen sich Probleme hinsichtlich der Verantwortlichkeit bei der Nutzung eingekaufter Dienstleistungen und der Wahrung der Vertraulichkeit; außerdem können Rückfragen nicht unmittelbar, häufig nicht kompetent und auch nicht zeitgerecht beantwortet werden, so daß sich der vermeintliche wirtschaftliche Vorteil in das Gegenteil verkehrt.

In den vorstehenden Kapiteln 2 bis 4 wurden bereits die Methoden der Prozeßanalytik gasförmiger, flüssiger und fester Medien, wie sie insbesondere auch bei Prozeßabläufen in der Chemischen Industrie eingesetzt werden, beschrieben. Im Nachfolgenden sollen als Ergänzung dazu aus der Vielzahl der industriellen chemischen Verfahren zwei spezielle Beispiele behandelt werden, nämlich die Überwachung der Farbstoffherstellung als typisches Beispiel für einen diskontinuierlich gesteuerten Prozeß (Batch-Prozeß) und die Prozeßanalytik in der Biotechnik als Beispiel für die Verfahrensweisen in einem sowohl als klassisch zu bezeichnenden wie auch modernen und zukunftsweisenden Zweig der Chemischen Verfahrenstechnik.

5.2
Prozeßanalytik bei der Farbstoffherstellung

Die Verfahren zur Herstellung von Farbstoffen sind diskontinuierlich geführte chemische Prozesse, bei denen beispielsweise ein aromatisches Amin in einem Reaktionskessel durch kontinuierliche Zugabe von Säurechlorid umgesetzt wird. Das anfallende Rohprodukt wird anschließend durch verschiedene Aufbereitungsschritte zum Endprodukt weiterverarbeitet. Um in diesem Fall ein qualitativ einwandfreies Endprodukt zu erhalten, darf der Aminanteil in der Reaktionsmasse 100 mg/L nicht überschreiten.

Zur Steuerung dieses Batch-Prozesses hat sich die „Flow Injection Analysis" (FIA) als geeignet erwiesen [12], die auch bei anderen Aufgaben erfolgreich eingesetzt wird (s. 3.2.1.1). Da sich die Konzentration von Edukten und Produkten während eines Batch-Prozesses über mehrere Größenordnungen ändert, werden FIA-Systeme benötigt, die einen hohen dynamischen Meßbereich neben einer möglichst hohen Präzision aufweisen. Der Meßbereich und die Genauigkeit eines FIA-Systems sind eng mit der Detektionsart und der Auswertung der FIA-Meßsignale verbunden. Durch Kombination von photometrischer Detektion mit *Gradiententechniken* werden FIA-Systeme erhalten, die sowohl einen Meßbereich von 5 und mehr Dekaden als auch eine zur Prozeßsteuerung ausreichende Präzision (1–2% rel. Standardabweichung) besitzen [12]. Hierbei sind mehrere Verfahrensweisen denkbar, von denen die mit Gradientenmethoden (Peakbreitemessung) kombinierte Peakhöhenmesseung als Beispiel herausgegriffen sei.

Bei der Überwachung eines Batch-Prozesses reicht in vielen Fällen eine weniger präzise Bestimmung bei Reaktionsbeginn, wenn die Konzentration des Prozeßstoffes hoch und daher eine große Verdünnung der Probe erforderlich ist. Beim Prozeßendpunkt hingegen muß die vorgegebene oder angestrebte Konzentration sehr genau bestimmt werden, um eine optimale Prozeßführung zu erreichen. In diesem Fall läßt sich ein FIA-System so auslegen, daß im Bereich der Endpunktskonzentration über die Peakhöhe linear gemessen werden kann. Bei der Injektion der Proben höherer Konzentration tritt im System eine chemische oder optische Sättigung mit der Folge ein, daß die Peakhöhe mit zunehmender Konzentration des Analyten kaum noch zunimmt, sondern nahezu konstant bleibt. Die Peaks werden jedoch breiter, und in der absteigenden Flanke des *Gradienten* , die dem Signal der zunehmend verdünnten Probe entspricht, wird der vom FIA-System linear meßbare Konzentrationsbereich durchlaufen. Eine einfache Auswertemethode besteht nun darin, daß Peakmaximum und mehrere definierte Stellen in der absteigenden Flanke des Gradienten zu messen (s. Abb. 5.1 als Ausschnitt aus der graphischen Darstellung der an Kalibrationslösungen erhaltenen FIA-Signale, die einen Konzentrationsbereich von 4 Zehnerpotenzen überdecken.). Jeder dieser zeitlich festgelegten Meßorte im Gradienten entspricht einen begrenzten Konzentrationsbereich mit linearer Kalibration. Der Meßbereich eines FIA-Systems mit dieser Auswerteart wird nur durch die bei hohen Verdünnungen zunehmend schlechter werdende Präzision beschränkt [12].

Bei dem in Abbildung 5.1 gezeigten Beispiel [12] werden jeweils das Peak-maximum und die Extinktionswerte der Schnittpunkte der Signale mit den Vertikalen 6 und 12 s nach dem Peakmaximum, die etwa dem Signalmaximum einer um den Faktor 5 bzw. 40 verdünnten Probe entsprechen, gemessen. Durch Auftragung der gemessenen Extinktionswerte gegen die

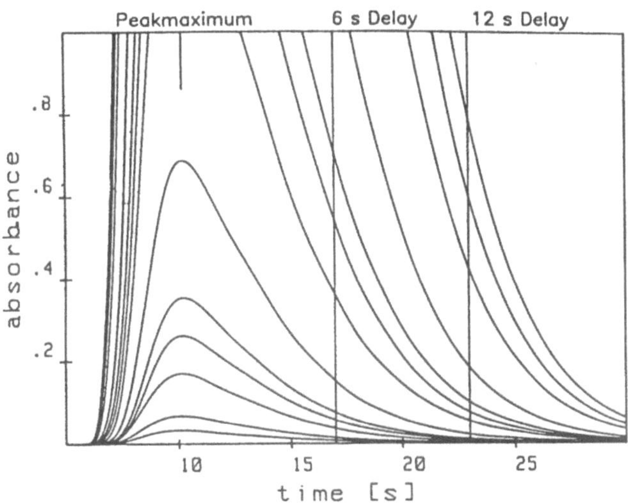

Abb. 5.1. Prinzip der Peakhöhenmessung in Kombination mit Gradientenauswertemethoden (Peakbreitemessung) [12]. *(Mit Genehmigung der Springer-Verlag GmbH & Co KG, Heidelberg)*

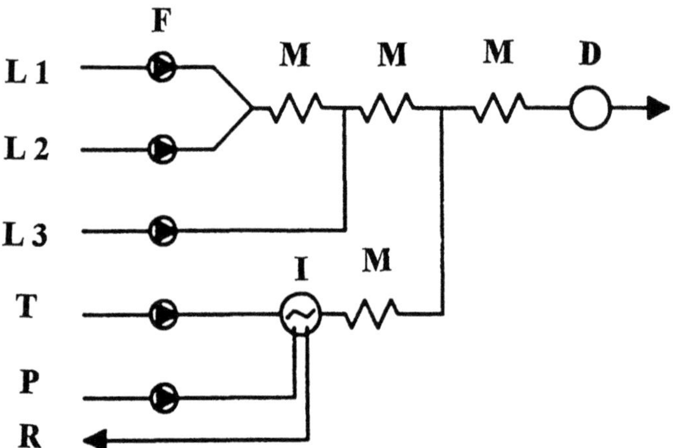

L1 = Natriumnitritlösung
L2 = saure p-Nitroanilinlösung
L3 = Amidoschwefelsäure
T = Pufferlösung
P = Probezufluß aus dem Reaktor

R = Rückfluß zum Reaktor
F = Förderpumpen
M = Mischschlaufen
I = Injektionsventil
D = Detektor

Abb. 5.2. Schema eines Monitors zur kontinuierlichen Bestimmung der Aminkonzentration

Konzentrationen werden die Kalibrationskurven erhalten. Die Präzision der Bestimmung wird am Peakmaximum mit < 0,5 % rel. Standardabweichung angegeben. Sie nimmt im Gradienten mit zunehmender Entfernung vom Peakmaximum ab und beträgt bei 12 s nach dem Peakmaximum rd. 1–2 % rel. Standardabweichung [12].

FIA- Systeme der angesprochenen Art erlauben Verdünnungen bis zu einem Faktor 100 000, so daß eine zusätzliche Probenvorbereitungsapparatur nicht notwendig ist. In dem hier verwendeten Analysator (Abb. 5.2) wird das Amin mit Diazoniumsalz gekuppelt und der gebildete Azofarbstoff photometrisch gemessen. Das instabile Diazoniumion wird kontinuierlich aus angesäuertem p-Nitroanilin und Nitrit gebildet. Überschüssiges Nitrit wird mit Amidoschwefelsäure zersetzt. Die dem Reaktionsbehälter entnommene Probe wird in einem Puffer pH-konditioniert und mit dem Reagenz zusammengeführt [13]. Ein Analysenzyklus dauert 2 min, d. h. die Ansprechzeit der Regelstrecke: Säurechloridzugabe – Durchmischung im Reaktor – Probenahme – Analyse liegt im Minutenbereich. Die Kalibration wird in üblicher Weise mit abgestuften Kalibrationslösungen durchgeführt.

5.3
On-line-Analytik und Biosensorik in der Biotechnik

5.3.1
Biotechnik und Biotechnologie[1])

Die Biotechnik tritt uns zunächst im Hinblick auf Fermentationsprozese, die Fett- und Eiweißgewinnung sowie die Zucker- und Stärkeherstellung als klassisch anmutender Zweig der chemischen Verfahrenstechnik entgegen, wenngleich zu diesem historischen Bild auch bereits die Erzeugung von Vitaminen, Hormonen und Enzymen für unterschiedlichste Anwendungsgebiete gehört. Doch erst in neuerer Zeit hat die Biotechnologie eine Entwicklung erfahren, die ihr durch die Arbeiten zahlreicher Forschergruppen an Universitäten und außeruniversitärer Forschungseinrichtungen im In- und Ausland völlig neue Wege eröffnete. Es besteht heute kein Zweifel, daß die Biotechnik eine immense Bedeutung für die Zukunft der Menschheit besitzt.

Mit der Biotechnologie von Aminosäuren, Vitaminen, Enzymen, Antibiotika, Alkaloiden, Pharmaka und Therapeutika (Cytostatika) sind bereits Gebiete angesprochen, die die vorstehende Auffassung stützen. Ein weiteres erwähnenswertes Feld ist die Energieproduktion aus Biomasse, wobei allerdings die Verwendung von Pflanzenölen im Treibstoffsektor („Biotreibstoffe") als ökologisch bedeutsamer Beitrag noch als umstritten gilt. Auf diesem Gebiet geht die Entwicklung hin zu gentechnisch veränderten Pflanzenölen für die industrielle Nutzung.

Die neueste Forschungsrichtung dieser von rasanten Entwicklungen geprägten Disziplin wird mit „evolutiver Biotechnologie" umschrieben, die durch Molekülsynthesen die Anpassung an Produktwünsche und das Auffinden neuer Wirkstoffe verbunden mit einer Verkürzung der Entwicklungszeit und einer Optimierung der speziellen Wirkung von Arzneimitteln und Diagnostika zum Ziel hat. Eine weitere Arbeitsrichtung umfaßt Versuche zur „Konstruktion" von nicht natürlich vorkommenden Enzymen für die Katalyse von Reaktionen, die sonst nur chemisch zugänglich wären.

5.3.2
Totale Analysensysteme (TAS)

Der Modernität der technologischen Entwicklung entspricht die der prozeßkonformen Analytik. On-line-Prozeßanalytik und Biosensorik [14, 15] schaffen die notwendige Voraussetzung für die erfolgreiche Erforschung biotechnischer

---

1 Biotechnik (engl. *biotechnology*) = Gesamtheit aller Mittel zur Nutzbarmachung (griech. τεχνη = Kunst, Handwerk) biologischer Vorgänge.
Biotechnologie (engl. *biotechnology*) = Wissenschaft (griech. λόγος = Wort, Lehre, Kunde) von den zur Gewinnung, Herstellung und Verarbeitung von Stoffen einsetzbaren biologischen Prozessen.

Abb. 5.3.
Prinzipielle Möglichkeiten zur in-line- und
on-line-Überwachung von Bioprozessen

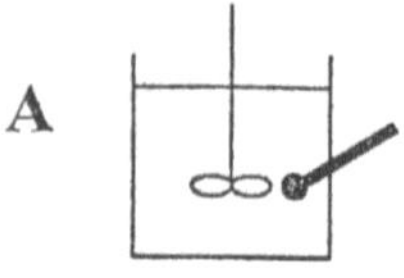

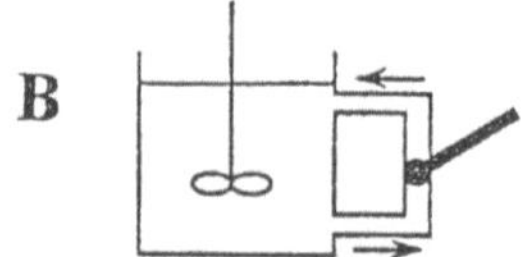

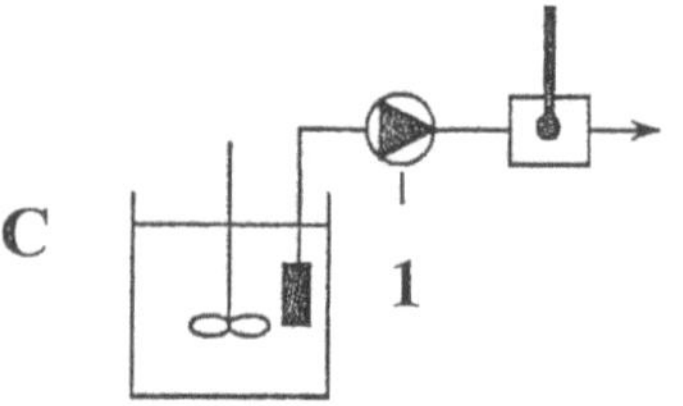

A = in-line-(in situ-)Messung
B = in-line-Messung in einem Bypass
C = on-line-Messung mit einem ex situ-Sensor
D = Probenahme im Bypass und
      on-line-Messung mit einem ex situ-Sensor
1 = Pumpe
2 = Filtrationseinheit

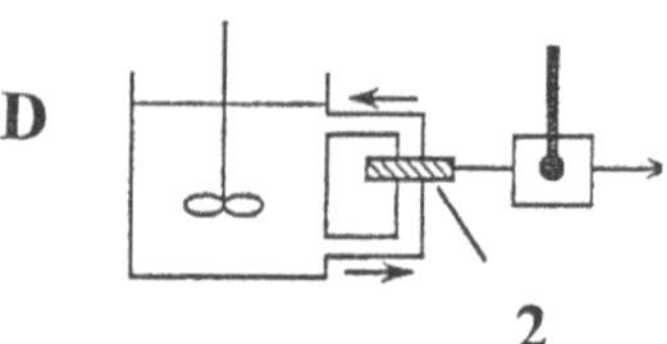

Prozesse und ihre Umsetzung in industrielle Maßstäbe. Benötigt werden
rechnergestützte vollständige Analysensysteme (TAS = *Total Chemical Analysis
System* [16]), die im Falle der Biosensorik durch die Verknüpfung von chemischen, biologischen, optischen und elektronischen Komponenten eine schnelle
und selektive Bestimmung auch geringer Stoffkonzentrationen erlauben [17].
Für die kontinuierliche Überwachung von Bioprozessen mit Hilfe von Biosensoren gibt es verschiedene Möglichkeiten (Abb. 5.3), die von den Eigenschaften der
Prozeßstoffe und möglicherweise entstehender Begleitstoffe sowie der Bauart
des Bioreaktors abhängen.

Aus der Literatur [18, 19] ist zu entnehmen, daß Kohlenhydrate die am häufig-
sten genannten Analyte sind, es folgen Ethanol, Lactat, Aminosäuren, Acetate und
Diacetyl. Die analytische Entwicklung wird durch den Trend zur Mehrkompo-
nentenanalyse bestimmt. Die verbreitete industrielle Anwendung von Biosensoren steht aus verschiedenen Gründen noch am Anfang [15, 20]. Ein Problem besteht darin, daß die sich jeweils stellenden analytischen Aufgaben nur prozeßspe-
zifisch und nicht allgemein verbindlich gelöst werden können. Es ist aber davon

auszugehen, daß zur Optimierung der Prozesse und zur Verbesserung der Produktqualität die Biosensorik zunehmend an Bedeutung gewinnen wird [21, 22].

Der Einsatz der meisten der in der Literatur beschriebenen Chemo- und Biosensoren ist bisher auf Proben mit einer einfachen chemischen Matrix beschränkt [23]. Direkte Messungen in komplexen Medien sind im allgemeinen wegen des nachteiligen Einflusses auf die Zuverlässigkeit und Aussagefähigkeit des Verfahrens (noch) nicht möglich. Um die die Anwendbarkeit begrenzenden Faktoren zu vermeiden, wurden die bereits oben erwähnten, flexibler einsetzbaren ganzheitlichen Analysensysteme (TAS) vorgeschlagen [24], bei denen analytische Prinzipien wie die Hochdruck-Flüssigkeitschromatographie (HPLC) [25], die Kapillarelektrophorese [26] und die Fließinjektionsanalyse (FIA) [27] die Verfahrensgrundlage darstellen. Gerade die zuletzt genannte Technik [28] (s. auch 5.3) bietet die Möglichkeit, die Probeportion der Selektivität und dem dynamischen Bereich des verwendeten Sensors anzupassen. Durch chemische Reaktion des Analyten oder Extraktion der störenden Begleitstoffe kann dabei die gewünschte Selektivität des Verfahrens erzielt werden, während durch Anreicherungs- oder Verdünnungsschritte über mehrere Größenordnungen eine Anpassung an den dynamischen Bereich des Sensors erreicht wird. Außerdem wird die Lebensdauer des Sensors in einem FIA-System beträchtlich verlängert, da sein Kontakt mit der Probe nur einige Sekunden währt. Die oft gewünschte Miniaturisierung derartiger Systeme spielte bisher wegen der erheblichen Schwierigkeiten bei der Herstellung der notwendigen kleinvolumigen Leitungssysteme, Pumpen und Detektoren eine untergeordnete Rolle [29]. In neuerer Zeit gibt es Vorschläge zum Bau von FIA-Systemen im Mikromaßstab, die bisher noch Gegenstand der analytischen Forschung sind, die aber dieser Technik völlig neue Wege eröffnen können [27].

5.3.3
Fließinjektionsanalyse (FIA)

In der Biotechnik spielen von jeher Fermentationsprozesse eine wichtige Rolle. Das Wachstum und die Erzeugungsrate der Mikroorganismen hängen dabei unmittelbar von ihren Umgebungsbedingungen ab. Dementsprechend müssen zum optimalen Betrieb eines Fermentors die wachstumsbestimmenden Parameter und die Substrate während der Fermentation überwacht werden. Dieses Ziel kann nur durch die on-line-Messung dieser Parameter während des gesamten Prozeßverlaufes erreicht werden. Ein Problem besteht hier u. a. darin, daß die Proben unter sterilen Bedingungen dem Reaktor entnommen werden müssen, um anschließend filtriert, verdünnt und für die Analyse vorbereitet zu werden. Nachdem bisher die sequentielle off-line-Bestimmung der wichtigsten chemischen Parameter üblich war, bietet die Fließinjektionsanalyse (FIA) eine vielversprechende Lösung zur on-line-Überwachung von industriellen Fermentationsprozessen. Durch Einbeziehung von Probenverdünnungs- und Konditionierungsschritten zwischen Probenahme und Analyse kann die Methode zur Substratanalyse über den gesamten, den Prozeß bestimmenden Konzentrationsbereich genutzt werden [30].

Ein automatisches Analysesystem dieser Art besteht aus einem sterilisierbaren Mikrofilter, einer Dosiereinheit für Proben und Referenzmaterialien, einer Entgasungs- und Verdünnungseinheit und dem FIA-Leitungssystem mit einem UV/VIS-spektrophotometrischen Detektor, das z.B. die Bestimmung von Glukose (Peroxidase), Ethanol (Peroxidase), Ammoniak (Indophenolblau-Methode) und Phosphat (Molybdänblau-Methode) erlaubt [30]. Die gesamte Zykluszeit beträgt bei diesem Beispiel für die Probenvorbereitung und Analyse einer Probe 90 s, d.h. die erreichbare Probenfrequenz liegt bei rd. 30 Proben je Stunde. Als relative Standardabweichung der genannten Bestimmungen werden 1,1 bis 1,6 % angegeben. Es hat sich aufgrund dieser Daten und zahlreicher Versuche erwiesen, daß das FIA-Verfahren den Endpunkt eines Batch-Fermentierungsprozesses verläßlich vorherzusagen gestattet.

Die photolithographische Herstellung von Mikrofließsystemen ermöglicht die Miniaturisierung der FIA [31] und erschließt möglicherweise dieser Analysentechnik zukünftig neue Anwendungsfelder. An die Stelle des klassischen ventilgesteuerten FIA-Leitungssystems tritt hier ein Satz planarer Elemente

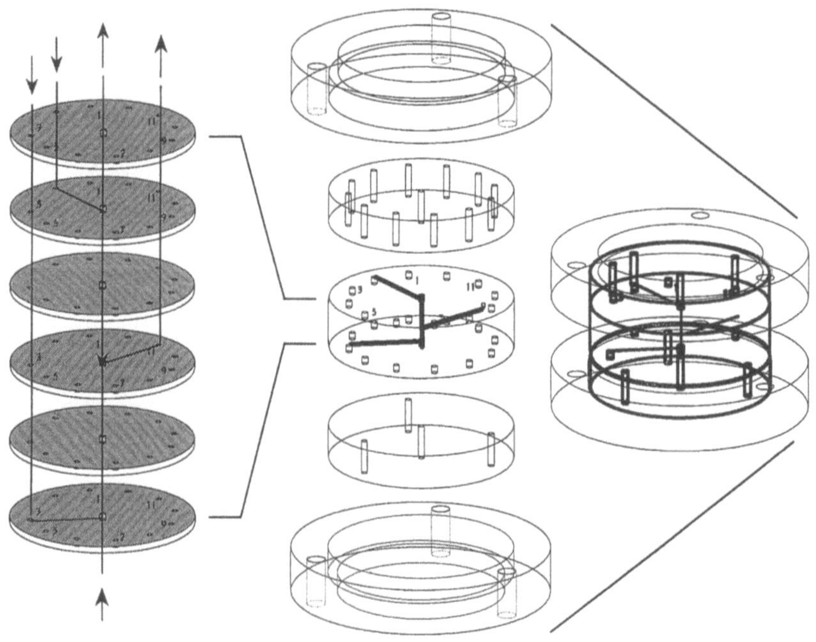

Links: Seitlicher Blick auf den vertikal übereinander angeordneten Satz von Einzelelementen mit verschiedenen Modulfunktionen.
Mitte: Zusammengesetztes Mikrofließsystem mit oberer und unterer Abschlußkappe sowie den Halterungen.
Rechts: Gebrauchsfertig montiertes Mikrofließsystem.

Abb. 5.4. Module für Mikrofließsysteme [27]. *(Mit Genehmigung der Elsevier Science B.V., Amsterdam)*

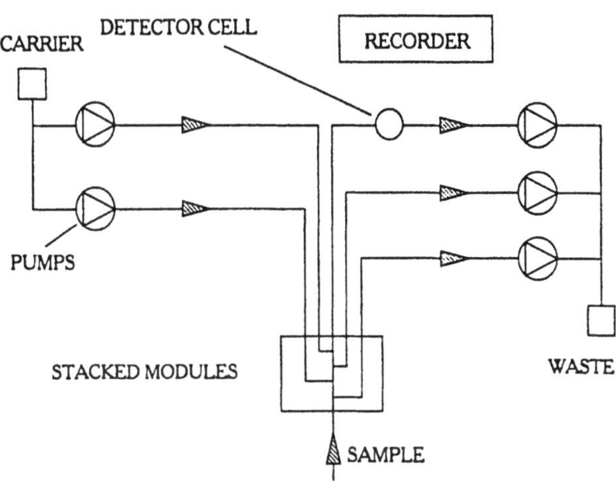

Abb. 5.5. Einbau eines Mikrofließsystems in ein FIA-System (schematisch) [27]. *(Mit Genehmigung der Elsevier Science B.V., Amsterdam)*

gleichen Durchmessers mit verschiedenen Bohrungen und Aussparungen, die aufeinander „geschichtet" und zu einem Modul verbunden werden [27]. Die Symmetrie der Elemente, die z.B. eine Dicke von 2 mm und einen Durchmesser von 50 mm besitzen können, erlaubt, verschiedene Verbindungen zwischen verschiedenen Leitungsbahnen zu schaffen (s. Abb. 5.4). Die Einbindung dieses Moduls, das der Probeneinführung, dem Mischen der Reaktanten und eventuell der Verdünnung dient, in ein Analysensystem zeigt schematisch Abb. 5.5. Als Werkstoffe für derartige Bauteile kommen Kunststoffe, Metalle und keramische Materialien in Betracht [32].

Bei der Weiterentwicklung zu einem TAS im Mikromaßstab (μ-TAS) [33] wird im Rahmen der analytischen Forschung eine Größe des Mikrofließmoduls von weniger als einem cm^3 angestrebt. Die zukünftigen Entwicklungsarbeiten an diesen ventillosen Fließsystemen betreffen die Integration der Detektoren und Pumpen. Es wird erwartet, daß mit diesen Analysesystemen Nachweisgrenzen von 10^{-5} mol/L bei Probenvolumina von weniger als 100 nL erreicht werden können. Ein Mikro-TAS, das innerhalb weniger Sekunden bis Minuten die gewünschte analytische Information liefert, ähnelt einem chemischen Sensor (s. Abb. 5.6) [34]. Die theoretischen Grundlagen dieser Technik und andere für ein TAS oder ein μ-TAS geeignete Konzepte wurden bereits an anderer Stelle eingehend beschrieben [31, 34, 35]. Im Vergleich zu Chemosensoren verursachen miniaturisierte Totale Analysesysteme weniger Probleme beispielsweise hinsichtlich der Selektivität, da hier bewährte chemische Verfahren zur Probenvorbereitung einbezogen werden können. Die Integration von Trennmethoden würde darüber hinaus das Multikomponenten-Monitoring mit einer einzigen Meßanordnung ermöglichen. Obwohl sich die letztgenannten Systeme noch im Forschungs- und Entwicklungsstadium befinden, sollen sie nachfolgend dennoch kurz erwähnt werden, da sie die Analytik der Zukunft maßgeblich prägen werden.

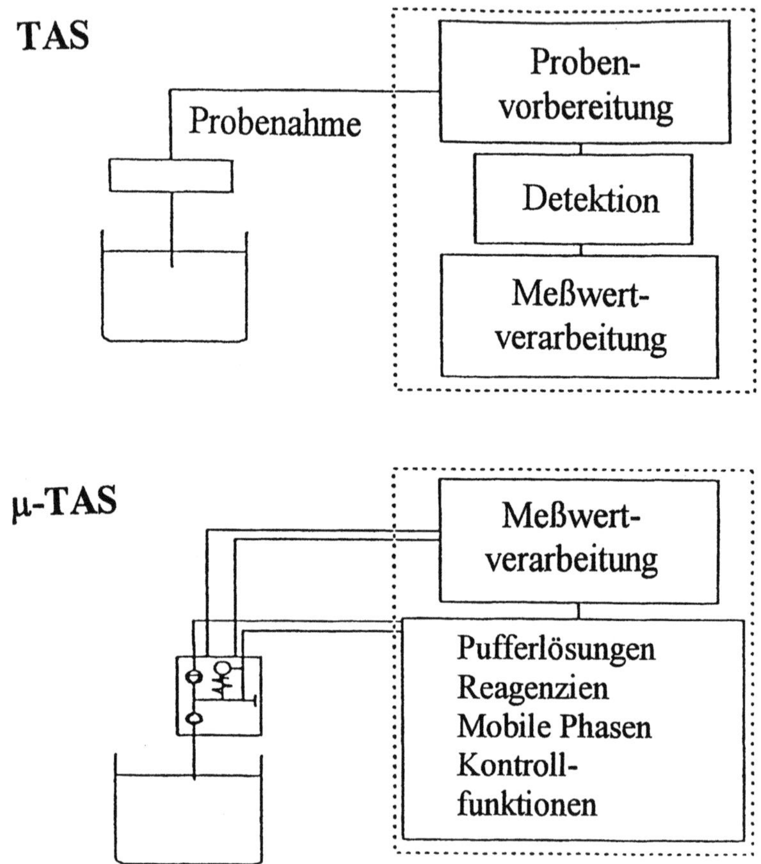

Abb. 5.6. Schema eines Totalen Analysensystems (TAS) im Vergleich zu einem solchen im Mikromaßstab (μ-TAS)

5.3.4
Hochdruck-Flüssigkeitschromatographie (HPLC)

Wie erwähnt besteht ein Weg zur Entwicklung von Totalen Analysensystemen (TAS) in der Anwendung der Fließinjektionsanalyse in Verbindung mit Trennmethoden wie der Hochdruck-Flüssigkeitschromatographie (HPLC) oder der Kapillarelektrophorese (CE) [36], die seit vielen Jahren in der organischen Analytik breite Anwendung gefunden haben. Eine Voraussetzung für die Verwendung der HPLC in einem TAS oder Mikro-TAS bestand in der Entwicklung von „Mikrosäulen" mit einem inneren Durchmesser von wenigen Mikrometern bis zu einem Millimeter, die es gestatten, Proben von sehr kleinem Volumen in kurzer Zeit zu analysieren.

Ein Konzept für die HPLC im Mikromaßstab besteht in der Herstellung eines Si-Chips durch photolithographische Techniken und Ätzverfahren in der Größe von 4,5 × 25 × 0,75 mm, der außer dem Probeneinlaß die Trennsäule und eine optische Zelle für den Detektor enthält [25]. Die Trennsäule besitzt ein Volumen von 0,5 µL, die Totvolumina der Leitungskanäle liegen unter 2,5 nL. Ein Vorteil für die Verwendung eines HPLC-Chips in einem TAS besteht im Vergleich zur CE in der leichten Übertragbarkeit und Anwendung von HPLC-Standardmethoden. Es kann davon ausgegangen werden, daß diese Mikromethoden im Laufe der nächsten Jahre zur Analyse von extrem kleinen Probenvolumina für die on-line-Messung in Totalen Analysensystemen eine große Rolle spielen werden.

5.3.5
Kapillarelektrophorese (CE)

Während bei der HPLC die Trennung der Komponenten einer Probe auf der unterschiedlichen Affinität zu einer stationären Phase (z.B. in einer Säule) beruht [37], erfolgt die Trennung bei der CE durch die unterschiedliche Einwirkung eines elektrischen Feldes auf die einzelnen Bestandteile der Probe [38]. Durch Ätzverfahren läßt sich ebenfalls ein TAS-gerechtes CE-Modul mit einem Netz von Leitungsbahnen im µm- und mm-Maßstab herstellen, das die Probeneingabe, die Probenvorbereitung und die elektrophoretische Trennungseinheit aufnehmen kann. Die Wahl des Materials hängt von der Verarbeitbarkeit mit Hilfe lithographischer Verfahren, der Art des elektrischen Feldes, sowie den Eigenschaften des Lösemittels und der Probe ab. Ein besonders interessantes Material für die Herstellung eines Mikro-TAS ist Silicium, zumal hiermit große Erfahrungen aus dem Bereich der Herstellung elektronischer Komponeneten vorliegen. Da Si aber ein Halbleiter ist, muß es gegenüber dem flüssigen Medium durch ein Dielektrikum isoliert werden. Weitere Werkstoffe, die bisher genutzt wurden, sind Glas, Fluoropolymere und Silikone. Die kleinen Volumina, in denen die Detektion zu erfolgen hat, erfordert die photolithographische Herstellung von Detektorzellen mit einem Volumen von weniger als einem nL bis zu wenigen µL. Zur Detektion sind eine Reihe verschiedener Prinzipien vorgeschlagen und erprobt worden [36].

Ein auf der Kapillarelektrophorese basierendes Mikro-TAS, dessen Elemente in eine Glasplatte geätzt wurden, konnte z.B. erfolgreich zur Analyse von Oligonukleotiden angewendet werden [39]. Mit Hilfe einer planaren Si-Struktur von der Größe 6×3 cm, auf der alle für die CE erforderlichen Einheiten untergebracht waren, gelang die einwandfreie Trennung und Analyse eines Aminosäuregemisches [40].

Die Vorteile, die derartige Analysensysteme bieten, wie schnelle und selektive Analysen bei geringstem Lösemittelverbrauch und geringem Anfall an Abfallstoffen, empfehlen sie für die on-line-Prozeßanalytik und werden ihnen große Marktchancen eröffnen. Außerdem wird der anzunehmende Niedrigpreis je Analyseneinheit den Einsatz dieser Systeme an zahlreichen Stellen einer Produktionsanlage erlauben und so eine umfassende Prozeßanalytik bieten können. Die zu erwartenden Verbesserungen der Lebensdauer und der Selektivität dieser „Chip-Laboratorien" läßt sie zukünftig zu starken Konkurrenten der Chemosensoren werden.

5.4
Lieferfirmen für Biosensoren und -Zubehör

ABC Biotechnologie GmbH, Boschstr. 6, 82178 Puchheim bei München
Biometra biomedizinische Analytik GmbH, Rudolf-Wissell-Str. 30,
   37079 Göttingen
B. Braun Melsungen AG, Carl-Braun-Str. 1, 34212 Melsungen
Colora Meßtechnik GmbH, Barbarossa-Str. 3, 73547 Lorch
Eppendorf-Netheler-Hinz GmbH, 22331 Hamburg
Gonotec GmbH, Eisenacher Str. 56, 10823 Berlin
Ismatic Laboratoriumstechnik GmbH, Vier-Morgen-Str. 23,
   97877 Wertheim-Mondfeld
Molecular Devices GmbH, Bahnhofstr. 110, 82166 Gräfeling
Perstorp Analytical GmbH, Postfach 1370, 63085 Rodgau
Pharmacia Biotech Europe GmbH, Munzinger Str. 9, 79111 Freiburg
Prüfgeräte-Werk Medingen GmbH, Leßkestr. 10, 01705 Freital
Dr. Berthold G. Schlag, Am Mühlenberg 19, 51465 Bergisch Gladbach

Anmerkung. Die vorstehende Zusammenstellung erhebt keinen Anspruch auf Vollständigkeit. Für ergänzende Firmenhinweise wird auf das Fachschrifttum und die in den „Nachrichten für Chemie, Technik und Laboratorium" der Gesellschaft Deutscher Chemiker (GDCh) erscheinenden Marktübersichten verwiesen. Weitere Angaben finden sich unter 2.5, 3.4, 4.5 und 6.9.

5.5
Literatur

1. Fuchs-Pohl G, Härtner H (1995) Nachr Chem Tech Lab 43, Nr. 1:36
2. Hoyer G-A (1995) Nachr Chem Tech Lab 43, Nr. 1:242
3. Engewald W (1994) Nachr Chem Tech Lab 42:356
4. Bacher W, Mohr J, Ruprecht R, Schomburg WK, Stark W (1993) GIT Fachz Lab 12:1081
5. Molt K, Ihlbrock D (1994) Fresenius' J Anal Chem 348:523
6. McClure WF (1994) Anal Chem 66:43A
7. Molt K (1994) Nachr Chem Tech Lab 42:M1
8. Carey WP (1994) TrAC 13:210
9. Gauglitz G (1994) Fresenius' J Anal Chem 349:337
10. Reichert J (1994) KfK-Nachr 26:28
11. Bürck J (1994) KfK-Nachr 26:34
12. Thommen C, Garn M, Gisin M (1988) Fresenius' J Anal Chem 329:678
13. Gisin M, Thommen C (1987) Anal Chim Acta 190:165
14. Cammann K, Ross B, Hasse B, Dumschat C, Katerkamp A, Reinbold J, Steinhage G, Gründig B, Renneberg R, Buschmann N (1994) in: Ullmann's Encyclopedia of Industrial Chemistry, Vol. B 6, VCH Publishers Inc., Weinheim, S. 121
15. Anders K-D, Plötz F, Scheper T (1991) GIT Fachz Lab 10/91:1093
16. Widmer H M (1983) Trends Anal Chem 2:8
17. Anders K-D, Wehnert G, Thordsen O, Scheper T, Rehr B, Sahm H (1993) Sensors and Actuators B 11:395
18. Schmidt R D, Scheller F (Hrsg) (1990) Biosensors – Applications in Medicine, Environmental Protection and Process Control, GBF Monographs, Vol. 13, VCH Verlagsgesellschaft, Weinheim

19. Scheper T, Reardon K (1992) in: Sensors – A Comprehensive Survey, Vol. 3(2), VCH Verlagsgesellschaft, Weinheim, S. 1023
20. Scheper T (1995) Nachr Chem Tech Lab 43:328
21. Fillipini C, Sonnleitner B, Fiechter A, Bradley J, Schmid R (1991) J Biotechnol 18:153
22. Oehme F (1992) CLB Chem Lab Biotech 43:309
23. Lüdi H, Garn MB, Bataillard P, Widmer HM (1990) J Biotechnol 14:71
24. Manz A, Graber N, Widmer H M (1990) Sensors and Actuators B 1:244
25. Ocvirk G, Verpoorte E, Manz A, Grasserbauer M (1995) Anal Methods Instrumentation, Vol. 2, No. 2
26. Burggraf N, Manz A, Verpoorte E, Effenhauser S, Widmer HM, de Rooij NF (1994) Sensors and Actuators B 20:103
27. Fettinger JC, Manz A, Lüdi H, Widmer HM (1993) Sensors and Actuators B 17:19
28. van der Linden WE (1986) Anal Chim Acta 179:91
29. Ruzicka J, Hansen EH (1984) Anal Chim Acta 161:1
30. Garn M, Gisin M, Thommen C (1989) Biotechn Bioengineering 34:423
31. Verpoorte EMJ, van der Schoot BH, Jeanneret S, Manz A, Widmer HM, de Rooij NF (1994) J Micromech Microeng 4:246
32. Becker EW, Ehrfeld W, Hagmann P, Maner A, Münchmeyer D (1986) Microelectron Eng 4:35
33. Manz A, Verpoorte E, Raymond DE, Effenhauser CS, Burggraf N, Widmer HM (1995) in: A. van den Berg and P. Bergveld (Hrsg.) „Micro Total Analysis Systems", Kluwer Academic Publishers, S. 5
34. Manz A, Graber N, Widmer HM (1990) Sensors and Actuators B 1:244
35. Drobe H (1992) GIT Fachz Lab 10/92:1034
36. Manz A, Harrison DJ, Verpoorte E, Widmer HM (1993) Advances Chromatography 33:1
37. Snyder LR, Kirkland JJ (1979) Introduction to modern liquid chromatography, Wiley, New York
38. Jandik P, Bonn G (1993) Capillary electrophoresis of small molecules and ions, VCH Publishers, New York
39. Effenhauser CS, Paulus A, Manz A, Widmer HM (1994) Anal Chem 66, No. 18:2949
40. Raymond DE, Manz A, Widmer HM (1994) Anal Chem 66, No. 18:2858

6 Metallurgische Prozeßtechnik und chemische Prozeßanalytik

6.1
Einleitung

6.1.1
Wirtschaftliche Bedeutung des Eisens (Stahls) und seiner Metallurgie

Diesem Kapitel sei ein treffendes, auch noch heute gültiges Dichterwort (Friedr. v. Logau, 1654) vorangestellt:

> *„Das Eisen dünkt mich*
> *Ist weit mehr als Gold zu preisen;*
> *Ohn' Eisen kommt nicht Gold*
> *Gold bleibt auch nicht ohn' Eisen.*

Unter den industriell erzeugten Metallen nimmt aufgrund des Pro-Kopf-Verbrauches in der Welt und der Sortenvielfalt der Stahl[1] und damit das Metall Eisen [1] eine besondere Stellung ein[2]. Daher liegt es nahe, bei einer Betrachtung der Zusammenhänge zwischen einer modernen, rationellen Verfahrenstechnik und der damit eng verknüpften Prozeßanalytik den Stahl als wirtschaftlich wie wissenschaftlich besonders interessanten Vertreter der metallischen Werkstoffe herauszustellen und an diesem Beispiel die Vielfalt einer prozeßanalytischen Aufgabenstellung zu verdeutlichen.

Die wirtschaftliche Bedeutung liegt darin begründet, daß Eisen und Stahl nach wie vor ein beherrschender Faktor unserer Zeit ist. Von allen Metallen, die industriell gewonnen werden, ist das Eisen mit einem Anteil von 95 % das meist gebrauchte. Dabei steigt der Weltbedarf ständig. Die „Eisenzeit" ist also noch nicht zu Ende, trotz zahlreicher Entwicklungen und Bemühungen auf anderen Werkstoffgebieten wie denen der keramischen Werkstoffe und der Kunststoffe, die zu vielfältigen Substitutionserfolgen führten. Infolge der anwendungsorientierten Weiterentwicklung und der Schaffung neuer Stahlsorten ist der Stahl

---

1 Als „Stahl werden Eisenwerkstoffe mit weniger als 1,7 % Kohlenstoff bezeichnet. Mittelhochdeutsch heißt es „stal", „stahel", althochdeutsch „stahal", englisch „steel". Alle diese Bezeichnungen stehen für hart und fest.
2 Hierbei wird bewußt vereinfacht; es gibt bekanntlich eine Vielzahl von hochlegierten Stählen („Superlegierungen"), in denen das Eisen nur in geringem Anteil enthalten ist.

weiterhin ein moderner Werkstoff [2]. Die große Anpassungsfähigkeit und der Verwendungszweck wird u a. durch die nachfolgenden Zahlen deutlich: Es gibt fast 2000 deutsche Norm- und Regelstähle, dazu rd. 1000 Stahlsorten nach ausländischen und internationalen Normen, die durch rd. 7000 „Werkssondergüten" ergänzt werden. Danach ist der Stahl der vielseitigste Werkstoff, den es gibt [3], und der als ein Werkstoff betrachtet wird, der den technologischen Herausforderungen von heute gerecht wird und denen in der Zukunft erfolgreich begegnen kann [4]. Seine zukünftige Bedeutung wird auch dadurch nicht gemindert, daß sich die Stahlindustrie in vielen Ländern in einer Strukturkrise befindet und klassische Erzeugerländer erhebliche Einbußen bei der Rohstahlerzeugung in den letzten Jahren hinnehmen mußten.

Es kommen zwar Alternativwerkstoffe, wie Aluminium und Kunststoffe in vielen Lebensbereichen zum Einsatz. Jedoch sind ihrer Anwendung vor allem wegen ihrer mechanisch-technologischen Eigenschaften Grenzen gesetzt. Jedes Automobil enthält beispielsweise rd. 80 kg Kunststoffe, doch sind nennenswerte neue Einsätze für Kunststoffe am Auto nicht zu erwarten. Ähnliches gilt für den Einsatz keramischer Werkstoffe im Motorenbau. Die Entwicklung ist hier in vollem Gange, eine bedeutende mengenmäßige Substitution von Stahlwerkstoffen aus heutiger Sicht aber noch nicht gegeben.

Es gibt eine Reihe von Argumenten für den Stahl, mit dessen Herstellung und Prozeßanalytik wir uns aus den in dieser Einleitung genannten Gründen eingehender befassen wollen. Die „Einmaligkeit" des Stahls soll zunächst mit einigen Beispielen belegt werden.

Erdöl und Erdgas werden heute aus Tiefen bis zu 8000 m gefördert. Diese Bohr- und Fördertiefen setzen die gesamte Stahlkonstruktion der Bohrplattform, aber auch die verwendeten Stahlrohre immer größeren, sich überlagernden Belastungen durch Zug, Innen- und Außendruck, Biegung und Meerwasserkorrosion aus. Aggressive Medien wie saure Gase, Kohlendioxyd sowie Chloride erfordern zusätzlich eine extreme Korrosionsbeständigkeit. Die Erschließung von Energiequellen im Off-shore-Bereich wäre ohne die Entwicklung neuer hochfester, schweißbarer Feinkornstähle nicht möglich gewesen. Die Vorzüge dieser Stahlsorten werden auch bei Druckbehältern und im Kranbau genutzt.

Die positiven Beziehungen des Werkstoffs Stahl zum Thema „Umwelt" sind mehrschichtig. Einerseits ist Eisen ein natürliches Element, das mit gesicherten Vorkommen noch für sehr lange Zeit verfügbar ist. Zum zweiten zerfällt Eisen zu Eisenoxid infolge von Korrosion, was zwar ökonomisch wenig begrüßenswert, jedoch ökologisch unbedenklich ist. Und der wichtigste Punkt: Stahl ist der einzige Werkstoff, der problemlos wiederverwendet werden kann und für den ein geschlossenes, bewährtes und funktionierendes Recyclingsystem vorhanden ist. Neben der technischen Leistungsfähigkeit eines Werkstoffs wird seine spätere Entsorgung in allen Ländern der Welt einen immer wichtigeren Stellenwert erhalten: Die Werkstoffe der Zukunft müssen voll recyclingfähig sein. Recyclingfähigkeit bezieht sich dabei sowohl auf die Rückgewinnung des Werkstoffs aus nicht mehr funktionsfähigen Gebrauchsgütern und Anlagen und seine anschließende Wiederverwertung als auch auf den Wiedereinsatz von Produktionsabfällen.

Das Wachstum der Weltstahlerzeugung entfällt heute nicht mehr auf die klassischen Erzeugungsländer, sondern in zunehmendem Maße auf Länder, die in der Vergangenheit nur eine geringe (z.B. China, Indien, Australien, Spanien, Rumänien, Südafrika, Ungarn) oder keine nennenswerte eigene Stahlerzeugung (z.B. Brasilien, Mexiko, Argentinien, Korea, Bulgarien) kannten. Aus der letztgenannten Gruppe sei als Beispiel Brasilien herausgegriffen, das seine Stahlindustrie im Rahmen einer auf Wachstum setzenden, aggressiven Wirtschaftspolitik besonders gefördert hat [5]. Damit steht Brasilien heute zu Lasten der Industrieländer mit einer Rohstahljahreserzeugung von rd. 25 Mio t auf dem 7. Platz im Weltvergleich. Diese letztgenannte Entwicklung wirkt sich natürlich auf die *soziologische Struktur* der Länder aus und nimmt Einfluß auf ihre *Lebenshaltung*. Wegen dieses Zusammenhanges sieht man häufig den Stahlverbrauch je Kopf der Bevölkerung eines Landes als Maßstab für den durchschnittlichen Lebensstandard an. Als Folge der skizzierten Entwicklung trat eine prozentuale Verschiebung in der Weltproduktion ein. Während vor rd. 35 Jahren die USA, Deutschland, Großbritannien und Frankreich an der Weltstahlerzeugung zusammen einen Anteil von 65 % besaßen, beträgt dieser heute nur noch rd. 20 % (1990 in der Welt erzeugter Rohstahl rund 770 Mio t).

6.1.2
Vorkommen des Eisens in der Natur

Das Eisen ist entsprechend seiner Häufigkeit in der Erdkruste Bestandteil zahlreicher Mineralien, hauptsächlich kommt es als Oxid, Sulfid, Carbonat und Silicat gebunden vor. Als Eisenerze[3] bezeichnet man diejenigen Vorkommen, aus denen die technische Gewinnung des Eisens erfolgt[4]. Sie stellen keine reinen Mineralien dar, sondern sind Gemenge aus eisenhaltigen Verbindungen und nichteisenhaltigen Begleitmineralien („Gangart"). Die wichtigsten Erze enthalten das Eisen in oxidischer Form, von untergeordneter Bedeutung sind heute carbonathaltige (z.B. Steirischer Erzberg). In 50 Ländern der Erde wurden 1990 zusammen rd. 970 Mio t Eisenerze gefördert.

In der Regel besteht die Gangart hauptsächlich aus kalk-, kieselsäure-, tonerde- und phosphathaltigen Verbindungen. Da der Phosphor bei der Verhüttung der Erze im Hochofen vollständig in das Roheisen übergeht, muß das sich anschließende Verfahren zur Stahlherstellung so beschaffen sein, daß es eine weitgehende Entfernung des unerwünschten Phosphors erlaubt (s. später) Damit wird bereits die erste prozeßanalytische Aufgabe bei der Metallurgie des Eisens sichtbar.

---

3 „Erz" stammt wahrscheinlich aus dem babylonischen bzw. sumerischen Wort urud = Kupfer. Althochdeutsch heißt es aruzzi, arizzi, aruz und im Mittelhochdeutschen erze, arze.

4 Definition des zeitabhängigen Begriffes „Eisenerz": Ein eisenenthaltendes Material, das gegenwärtig und in absehbarer Zukunft unter Berücksichtigung der örtlichen Gegebenheiten und gegenwärtigen und künftigen absehbaren Kosten und Marktpreise für die Erzeugung von Eisen und Stahl benutzt wird.

Die am Aufbau von oxidischen Eisenerzen beteiligten Oxide Fe_2O_3 und Fe_3O_4 neigen ebenso wie das dritte Eisenoxid, FeO, zur Bildung nichtstöchiometrisch zusammengesetzter Phasen, das bedeutet, in ihren Kristallgittern sind nicht immer alle Gitterplätze mit Fe-Ionen vollständig besetzt. Eisen(III)-oxid kommt je nach Entstehensweise in wasserhaltiger (FeO(OH)) oder wasserfreier Form (Fe_2O_3) vor. Beim Erhitzen auf 200 °C geht das wasserhaltige, braune FeO(OH) in das rotbraune α-Fe_2O_3 (Korundgitter) über, das sich in der Natur als Hämatit findet und den Hauptbestandteil des Roteisensteins bildet. Das ferromagnetische Fe_3O_4, das in der Natur als Magnetit auftritt, stellt ein Eisen (II, III)-oxid dar. Es entsteht z. B. auch bei der Oxidation von Eisen („Hammschlag", „Zunder"). Eisen(III)-oxid bildet aber nicht nur mit Eisen(II)-oxid, sondern auch mit zahlreihen anderen Metalloxiden Doppeloxide, die „Ferrite". Die spinellartigen Verbindungen mit zweiwertigen Oxiden, wie z. B. ZnO, MgO, NiO, besitzen wegen ihrer elektrischen und magnetischen Eigenschaften großes technisches Interesse. Auch der Magnetit kann als Spinell - allerdings mit inverser Struktur - aufgefaßt werden: $Fe^{3+}[Fe^{2+}Fe^{3+}O_4]$, d. h. die eine Hälfte der Fe^{3+}-Ionen besetzt im Spinellgitter die Tetraederlagen und die andere Hälfte zusammen mit den Fe^{2+}-Ionen die Oktaederlagen. Die elektrische Leitfähigkeit beruht auf dem Elektronenübergang zwischen den sich auf gleichwertigen Gitterplätzen befindenden Ionen.

6.1.3
Geschichtliches

Das Eisen[5] tritt als Gebrauchsmetall (Eisenzeit) in den verschiedenen Erdteilen zu verschiedenen Zeiten auf [6]. Während die Eisenzeit Ägyptens und Indiens im 6. Jh. v. Chr. beginnt, wird in China und Japan erst seit dem 2. Jh. v. Chr. Eisen hergestellt. In Europa geht die Gewinnung des Eisens bis ins erste vorchristliche Jahrtausend zurück. Erwähnenswert ist, daß nicht alle Kulturen in ihrer Entwicklung eine Metallurgie des Eisens kennengelernt haben. Waffen und Ackergeräte sind stets die ersten Eisenerzeugnisse. In der Frühzeit wurde leicht reduzierbares Eisenerz mit einem Überschuß an Holzkohle vermischt und im natürlichen Luftzug reduziert (Rennfeuer). Dabei fiel ein festes bis teigiges Produkt (Luppe) an, das durch mehrfaches Ausschmieden von Schlacke befreit wurde.

Der steigende Bedarf an Eisen (Stahl) führte zur Entwicklung besonderer Öfen, in denen die Eisenerze in größeren Mengen reduziert werden konnten und bei denen schließlich flüssiges Roheisen anfiel, ferner zu Öfen, in denen das gewonnene Roheisen durch oxidierende Gase von seinen unerwünschten Begleitelementen befreit werden konnte (Frischen) [7]. Als die Holzkohle den

---

5 „Eisen" ist entstanden aus dem keltisch-illyrischen Wort isarno. Das keltische Vorbild liefert gotisch eisarn, althochdeutsch isarn, mittelhochdeutsch isen, angelsächsisch iron. Namen wie Isambart, Isolde, Isegrim, Iserlohn (Wald im Eisenerzgebiet), Isenburg usw. gehen auf dieses Wort zurück.

steigenden Bedarf der Hüttenwerke nicht mehr decken konnte, wurde zu Beginn des 18. Jh. Steinkohlenkoks als Reduktionsmittel verwendet. Allerdings gibt es interessanterweise in einigen Ländern aus geowirtschaftlichen Gründen eine „Rückbesinnung" auf die Holzkohletechnik, wie z. B. in Brasilien, wo heute $^1/_3$ des Roheisens mit Hilfe von Holzkohle erzeugt wird.

Die fortschreitende Zivilisation und der damit verbundene Stahlverbrauch führte zur Entwicklung neuer Stahlerzeugungsverfahren. Hier sind zunächst die *Windrischverfahren* zu nennen, bei denen Luft durch das Roheisen geblasen wird (H. Bessemer, 1855; S. G. Thomas, 1878). Daneben entstand das *Herdfrischverfahren*, bei dem der Frischprozeß in einem wannenförmigen Ofen durch Flammengase durchgeführt wird (P. Martin, 1864). Mit der Jahrhundertwende beginnt die Stahlerzeugung in *Elektroöfen* (F. A. Kjellin; P. Heroult), während in neuerer Zeit verschiedene *Blasstahlverfahren* entwickelt wurden, bei denen reiner Sauerstoff auf bzw. durch das flüssige Roheisen geblasen wird. Damit gelangte man zu einer Technik, auf die aus der Sicht der Prozeßanalytik [8] noch einzugehen sein wird und die durch ihre hohe Leistungsfähigkeit erst die wirtschaftliche Entwicklung unserer Zeit ermöglichte. Die Aufklärung der metallurgischen Vorgänge bei der Eisen- und Stahlerzeugung war erst in neuerer Zeit durch die Entwicklung und Anwendung der physikalischen Chemie möglich.

6.1.4
Die metallurgischen Produkte Roheisen und Stahl

Zum besseren Verständnis der nachfolgenden Ausführungen über die chemische Prozeßanalytik soll zunächst der Werkstoff Stahl und sein Vorprodukt Roheisen kurz beschrieben werden. Mit *Stahl* bezeichnet man eine Gruppe von verformbaren Eisenwerkstoffen, die vom unlegierten, technisch reinen Eisen bis zum hochlegierten Eisen bei Kohlenstoffgehalten bis max. 1,7 % reicht [10]. *Roheisen* stellt dagegen ein hochkohlenstoffhaltiges Zwischenprodukt (3,5 bis 4,5 % C) bei der Stahlherstellung dar. Ihm chemisch verwandt ist das *Gußeisen*. Der vom Eisen chemisch gebundene Kohlenstoff (Eisencarbid oder „Zementit": Fe_3C) und der im Eisen teilweise in freier Form vorkommende Kohlenstoff (Graphit) beeinflußt die Schmelz- und Umwandlungstemperaturen, den Gefügeaufbau und damit die wichtigsten Gebrauchseigenschaften (Festigkeit, Dehnung, Härte, Verformbarkeit, Schweißbarkeit). Ist der gesamte Kohlenstoff als Carbid gebunden, spricht man von weißem, im anderen Fall von grauem Roheisen, da bei letzterem der größte Teil des Kohlenstoffs als Graphit vorliegt und der Bruchfläche ein graues Aussehen verleiht. Das in Abbildung 6.1 und 6.2 gezeigte Gefüge von Roheisen und Stahl macht den Unterschied im Aufbau dieser Stoffe deutlich und die unterschiedlichen Eigenschaften verständlich.

---

6 Die Deutung der chemischen Vorgänge im Hochofen gelang bereits Robert Bunsen (1838) [9], dem Mitbegründer der Emissionsspektralanalyse.

Abb. 6.1. Gefüge des Roheisens (Vergrößerung 100fach)

Abb. 6.2. Gefüge eines unlegierten Stahls (Vergrößerung 500fach)

Reines Eisen ist für die meisten Verwendungszwecke kein brauchbarer Werkstoff, so daß ihm zur Erzielung bestimmter technologischer Eigenschaften, die in weiten Grenzen schwanken können, andere Elemente in genau festgelegten Anteilen zugesetzt werden müssen („legieren"). Zum Legieren mit dem Eisen dienen hauptsächlich Mischmetalle (Ferrolegierungen), die meist die gewünschte Legierungskomponente als überwiegenden Bestandteil enthalten und vor ihrem Einsatz analytisch bewertet werden müssen. Die Wirkung der Legierungsmetalle ist mannigfaltig, wobei die gleichzeitige Anwendung mehrerer Elemente nicht immer die Summe der Einzelwirkungen hervorbringt. Für die endgültigen Werkstoffeigenschaften sind darüberhinaus die Verarbeitung und Wärmebehandlung von entscheidender Bedeutung. Entsprechend der Vielfalt der an den Werkstoff Stahl gestellten Anforderungen können die Anteile der Legierungselemente sehr unterschiedlich sein. Man unterscheidet unlegierte, niedrig- und hochlegierte Stähle.

Bei den unlegierten Kohlenstoffstählen, die als Bau- und Werkzeugstähle verwendet werden, liegen die Anteile der „Legierungskomponenten" jeweils unter 1%, z.B. für Mn < 0,8%, Si < 0,5%, Cu < 0,25%, Ti < 0,1%, Al < 0,1% (diese Angaben entsprechen der deutschen Norm DIN 17006). Die Eigenschaften dieser Stähle werden im wesentlichen vom Kohlenstoffanteil (0,1–1,2%) bestimmt. Mit wachsendem C-Anteil steigt z.B. die Zugfestigkeit (Festigkeit gegen Zugbeanspruchung)[7], während die Zähigkeit (plastische Verformbarkeit)[8] und die Umformbarkeit z.B. durch Walzen abnimmt.

Niedriglegierte Stähle enthalten bis zu 5% Legierungsbestandteile. Oberhalb dieser Grenze handelt es sich um hochlegierte Stähle.

Wenn landläufig von legiertem Stahl die Rede ist, denkt man zunächst an die bekannten korrosionsbeständigen Chrom-Nickel-Stähle, die auch weitgehenden Eingang in das tägliche Leben gefunden haben. Das Gebiet ist jedoch wesentlich vielgestaltiger. In niedriglegierten Stählen findet man entweder allein oder miteinander hauptsächlich Cr, Cu, Mo, V, Ni, Mn und Si. Die hochlegierten Stähle enthalten Cr und/oder Ni, daneben oft Mo, V, Nb, Ta, Ti und W. Zum Verständnis der hier gestellten, zahlreichen analytischen Aufgaben, die eine gesicherte Bestimmung zahlreicher Elemente in hohen Anteilen wie im Spurenbereich beinhalten, werden nachfolgend einige Werkstoffgruppen kurz erläutert.

Durch die genannten Legierungsmetalle gelingt es, *hochfeste* Stähle (bis 18% Cr, bis 18% Ni, bis 5% Mo dazu gegebenenfalls geringe Anteile an W, Cu, Nb, Ta, Al, Ti, Mn, Co, B, Zr) mit einem Anwendungsbereich von −200 °C bis +700 °C

---

7 *Zugfestigkeit:* Zugfestigkeit nennt man die beim Zerreißen einer Probe auftretende Höchstkraft, bezogen auf den Anfangsquerschnitt. Man findet die Zugfestigkeit, indem man die Zerreißkraft durch den Probenquerschnitt teilt. Die Zugfestigkeit eines Werkstoffs wird durch den Zugversuch ermittelt.

8 *Zähigkeit:* Unter Zähigkeit versteht man die Fähigkeit des Werkstoffes sich plastisch zu verformen. Das Gefüge sucht die Zerstörung durch weitgehende Formänderung hinauszuschieben (Verformungsbruch im Gegensatz zum Trennbruch spröder Werkstoffe). Ein Maß für die Zähigkeit bei statischer Belastung ist die Bruchdehnung, bei Stoß oder Schlag der Kerbschlagzähigkeit.

und darüber zu erzeugen. Als *hitzebeständig* bezeichnet man Stähle, die bei Temperaturen oberhalb etwa 550 °C eine erhöhte Beständigkeit gegen den Angriff von Gasen besitzen. Die „Zunderbeständigkeit" (Beständigkeit gegenüber oxidierenden Gasen) kann bis 1200 °C reichen. Die Anteile an Legierungskomponenten: 6,5 bis 2 % Cr, 0 bis 3 % Ni, bis 2, % Si, bis 1, % Al. Die *korrosionsbeständigen* (nichtrostenden) Stähle stellen meist Chrom- und Chrom-Nickel-Stähle mit mindestens 12 % Cr dar, die zur Erreichung bestimmter Werkstoffeigenschaften noch weitere Legierungszusätze enthalten können. Es gibt korrosionsbeständige Stähle mit Anteilen bis 26 % Cr, bis 26 % Ni und bis 5 % Mo, sowie bis 2,5 % Si, bis 20 % Mn und bis 2,5 % Cu. Bei besonders gegen Schwefelsäure beständigen Stählen kann der Ni-Anteil sogar bis zu 42 % bei gleichzeitigem Zusatz von Mo und Cu betragen. Die einzelnen Stähle dieser Gruppe bedürfen jeweils einer besonderen Wärmebehandlung (Erreichung eines bestimmten Gefüges), um die geforderten Gebrauchseigenschaften zu erzielen.

Als letzte Gruppe sollen die *Werkzeugstähle* erwähnt werden. Darunter versteht man Stähle, die zur Herstellung von Werkzeugen im weitesten Sinne (für Warm- und Kaltverformung, Zerteilen und Zerkleinern der verschiedensten Stoffe; Teile für Meßgeräte) dienen. Neben unlegierten Werkzeugstählen gibt es legierte Stahlsorten und die „Schnellarbeitsstähle", die eine besonders hohe Geschwindigkeit bei der „spanenden" Bearbeitung ermöglichen. Die Legierungselemente sind bei den legierten Werkzeugstählen in sehr unterschiedlicher Weise kombiniert. Ihre Anteile reichen bis 12 % Cr, bis 18 % W, bis 8 % Mo, bis 4 % V und bis 3 % Co, bei Mangan- und Siliciumgehalten bis 3 bzw. bis 2 %. Die C-Anteile liegen > 0,5 % und erreichen 2,3 %. Bei dieser Werkstoffgruppe ist natürlich die Wärmebehandlung von besonders großer Bedeutung (Warmfestigkeit, Verschleißfestigkeit, Härte). Die Schnellarbeitsstähle stehen an der Grenze zu den „Hartmetallen" (Schneidmetalle); letzte bestehen im wesentlichen aus 30 – 50 % Co, 25 – 30 % Cr und 6 – 20 % W.

Abschließend muß darauf hingewiesen werden, daß diese kurze Schilderung nicht vollständig sein kann. Es sollten einige wesentliche Werkstoffgruppen herausgegriffen werden. Im Besonderen aber galt es, einen ersten Eindruck von den sich aus der Vielfalt der Stahlwerkstoffe direkt ableitenden Forderungen an den Analytiker (Prozeßanalytiker) zu vermitteln.

Um Ordnung in die verwirrende Vielfalt der Stähle zu bringen, entstanden aus der Zusammenarbeit zwischen den Stahlerzeugern, dem Stahlhandel und den Stahlverbrauchern unter Mitarbeit wissenschaftlicher Institute Stahlnormen, die die chemische Zusammensetzung und die mechanischen Eigenschaften der einzelnen Stahlsorten festlegen [11]. Diese Normen – es gibt solche, die nationale, europäische und weltweite Geltung besitzen – sind für den Stahlhersteller durch Einbeziehung in Lieferverträge verbindlich. Sie sollen dem Verbraucher die gleichbleibende Qualität und die gewünschten Eigenschaften garantieren (s. Kapitel 9).

6.2
Die Prozeßanalytik des Hochofenprozesses

6.2.1
Die Metallurgie und ihre analytischen Erfordernisse

Der Hochofenprozeß ist gegenwärtig und in absehbarer Zukunft der bei weitem wirtschaftlichste Weg zur Umwandlung der Eisenerze zu Roheisen und damit in weiterer Folge zu Rohstahl [12]. Etwa 95 % der Erze werden in Hochöfen, die typische Gegenstromreaktoren darstellen, zu flüssigem Roheisen reduziert. Die Entwicklung in der Hochofentechnik der letzten Jahre [13] war gekennzeichnet durch den Bau von Großraumhochöfen mit einer Tageserzeugung von bis zu 10 000 t Roheisen, die weitgehend automatisch beschickt und geregelt werden können.

Die Metallurgie der Eisen- und Stahlerzeugung [14] muß wegen des zum wesentlichen Teil oxidischen Aufbaus der Eisenerze und der metallurgischen Schlacken als Hochtemperaturchemie von Oxiden betrachtet werden. Neben dem Hauptbestandteil Eisen und den bereits genannten Schlackenbildnern enthalten die Eisenerze in geringen Anteilen eine Reihe weiterer Elemente, die beim Hochofenprozeß zwangsläufig in das erzeugte Roheisen gelangen (Eisenbegleiter). Ihre Anteile können je nach Erzgrundlage und Verfahrensbedingungen in weiten Grenzen schwanken. Man kann zwischen erwünschten und unerwünschten Hauptbegleitern ($5-10^{-1}$%), Nebenbegleitern (Bereich 10^{-2}%) und Spurenelementen (Bereich 10^{-3}%) unterscheiden.

Mangan, Silicium und Phosphor sind als Hauptbegleiter anzusprechen. Sie werden bei der nachfolgenden Stahlerzeugung oxidiert und liefern dabei zusammen mit dem im Roheisen enthaltenen Kohlenstoff die für den (Blasstahl)Prozeß notwendige Wärmeenergie. Der Hauptbegleiter Kohlenstoff stammt aus dem eingesetzten Hochofenkoks, Heizöl oder Erdgas oder der in den Hochofen eingeblasenen Kohle. Aus den Brennstoffen kommt auch der überwiegende Teil des unerwünschten Eisenbegleiters Schwefel (S-Gehalte: Koks 0,7 bis 1 %; Heizöl 0,6 bis 1 %).

Zu den Nebenbegleitelementen, auf die der Hochöfner durch entsprechende Rohstoffauswahl in bestimmten Grenzen Einfluß nehmen kann, gehören Cu, Cr, Sn, Ni, V, As und Ti. Ihre Anteile liegen in der Größenordnung von 10^{-2}% bis 10^{-3}%. Diese Elemente sind in dem für die Stahlerzeugung benötigten Roheisen meist unerwünscht, da sie die Eigenschaften vieler Stähle ungünstig beeinflussen; so beeinträchtigen z.B. höhere Cu-Anteile die Walzbarkeit und verursachen – ähnlich wie Schwefel – Rotbrüchigkeit[9] des Eisens. Stahlbleche, die

---

9 Rotbrüchigkeit = Neigung zum Aufreißen des rotglühenden Stahles (800 – 1000 °C) beim Verformen.

einer besonders starken Verformung (Tiefziehen[10]) unterworfen werden, dürfen nicht mehr als 0,03% Cu enthalten. Dieser Umstand erfordert entsprechend geringe Anteile in dem als Ausgangsstoff dienenden Roheisen. Zinn reichert sich unter Zunderschichten an und ruft Lötbrüchigkeit (Risse)[11] hervor. Arsen erhöht die Anlaßsprödigkeit[12], vermindert die Zähigkeit und verschlechtert die Schweißbarkeit.

Elemente, die in der Größenordnung von 10^{-3}% im Roheisen vorkommen, bezeichnet man als Spuren[13]. Hierzu zählen z. B. Al, Co, Pb, Zn. Auch durch diese geringen Anteile können die Eigenschaften von Roh- und Gußeisen bereits stark beeinflußt werden. Davon macht man in der Gießereiindustrie Gebrauch, wo Zusätze von Bi, B, Mg und Sb in der Größenordnung von 10^{-2} bis 10^{-3}% technische Bedeutung haben. Diese wenigen Hinweise belegen die Bedeutung, die der chemischen Analytik bei der Rohstoffauswahl wie bei der Prozeßüberwachung zukommt.

Beim Hochofenprozeß handelt es sich um einen kontinuierlichen Schachtofenprozeß, bei dem der „Möller" (Erzmischung mit Zuschlägen) und der zur Reduktion und als Wärmeenergieträger benötigte Koks einem heißen Gasstrom entgegenwandert und bei dem damit ein intensiver Wärme- und Stoffaustausch zwischen Gas- und Feststoffphasen gewährleistet ist (*Gegenstromprinzip*).

Verfolgen wir nun den Prozeßablauf in Richtung der aufgegebenen Feststoffe (Abb. 6.3), um die anschließend zu behandelnden prozeßanalytischen Aufgaben in ihrer Bedeutung erkennen zu können:

Im oberen Teil des Ofens (Schacht) wird die kalte „Beschickung" durch das entgegenströmende Gas auf 400° bis 500 °C erwärmt und dadurch die den Einsatzstoffen anhaftende Feuchtigkeit verdampft. Ferner entweicht das durch Zersetzung von Hydraten entstehende Wasser. Bei weiterem Temperaturanstieg werden die mit dem Möller eingebrachten Carbonate unter Bildung von Kohlendioxid zerlegt.

In der sich anschließenden Temperaturzone bis 1000 °C (unterer Teil des Schachtes) findet die Reduktion des Erzes durch das aus dem Koks entstandene Kohlenmonoxid statt (indirekte Reduktion). Die Reduktion verläuft jedoch nicht in einer Reaktion bis zum metallischen Eisen, sondern vollzieht sich hinter- und nebeneinander in mehreren Stufen. Das ist verständlich, wenn man bedenkt, daß die verschiedenen Oxide bei gleicher Temperatur unterschiedliche Zersetzungsdrucke (Sauerstoffpartialdrucke) und damit unterschiedliche Stabi-

---

10 Tiefziehen = Verformen ebener Feinbleche zu Hohlkörpern durch Strecken und Stauchen u. U. in mehreren Arbeitsgängen. Die Tiefziehbarkeit hängt im wesentlichen von der Reinheit des Stahles (geringer C-Gehalt, wenig Verunreinigungen) und der Oberflächenbeschaffenheit des Bleches ab.

11 Lötbrüchigkeit = Lockerung des Gefüges durch Eindringen von leichtschmelzenden, flüssigen Metallen (Lot) in die Korngrenzen, was zu interkristallinen Rissen führt.

12 Anlaßsprödigkeit = Versprödung bestimmter Stähle nach einer Wärmebehandlung (Anlassen) und anschließender langsamer Abkühlung.

13 Der Begriff „Spuren" ist nicht immer eindeutig definiert. In der Chemie werden im allgemeinen wesentlich geringere Konzentrationen als Spuren bezeichnet (Bereich 10^{-4} bis 10^{-12}%).

lität besitzen. Als letzte Oxidstufe bildet sich „Wüstit", $FeO_{1,06}$, der eine feste Lösung von FeO und Fe_2O_3 darstellt.

Die Erzeugung des für die Reaktion erforderlichen CO beginnt im unteren Teil des Ofens (Gestell). Bei der Oxidation des Kokses mit der dem Ofen zugeführten etwa 1200° bis 1300 °C heißen Luft („Wind") entsteht zunächst Kohlendioxid, das sich dann endotherm weiter zu CO umsetzt (Boudouard-Reaktion):

$$CO_2 + C \underset{>1000\,°C}{\rightleftharpoons} 2\,CO$$

Die Lage des Gleichgewichtes der Boudouard-Reaktion hängt von der Temperatur ab und liegt bei den hohen Temperaturen im Gestell völlig auf der Seite des CO.

In der Zone der indirekten Reduktion (im Schacht < 1000 °C) vermag das bei der Reduktion der Erze gebildete CO_2 nicht mehr mit dem Koks zu reagieren. Im Gegensatz dazu bildet das bei höheren Temperaturen (> 1000 °C) im Kohlensack und in der Rast des Hochofens entstehende CO_2 nach der Boudouard-Reaktion sofort wieder mit dem Koks CO, das im weiteren Verlauf wieder Eisenoxid zu reduzieren vermag:

$$\begin{aligned}
C\ \ + CO_2 &\Rightarrow 2\,CO \\
FeO + CO &\Rightarrow Fe + CO_2 \\[-0.5em]
\hline
FeO + C\ \ &\Rightarrow Fe + CO
\end{aligned}$$

Da bei der Betrachtung des Gesamtvorganges fester Kohlenstoff umgesetzt wird, spricht man von der Zone „direkter Reduktion". Eine „echte" direkte Reduktion durch unmittelbare Einwirkung des Kohlenstoffs findet nur in geringem Umfang statt und hat damit für die Erzeugung des Eisens nicht die Bedeutung wie für die Gewinnung anderer Gebrauchsmetalle (z. B. Kupfer, Zink).

Von Wesen für den Hochofenprozeß ist ferner die Umkehr der Boudouard-Reaktion, d. h. der Zerfall des bei tiefen Temperaturen (unterhalb 1000 °C) instabilen Kohlenmonoxids, der durch das zunächst entstehende, feinverteilte metallische Eisen katalytisch beschleunigt wird. Der auf diese Weise gebildete Kohlenstoff vermag bereits in fester Phase mit dem Eisen zu reagieren (Diffusion) und wird im Verlauf des Prozesses zu einem erheblichen Teil vom Eisen gelöst („Aufkohlung" = Bildung von Fe_3C) und erniedrigt dessen Schmelzpunkt auf etwa 1200 °C.

Diese Vorgänge ermöglichen, daß das Roheisen nach verhältnismäßig geringer Überhitzung in dünnflüssiger Form aus dem Ofen (Gestell) abgelassen („abgestochen") werden kann.

Der im „Wind" (Heißluft) stets enthaltene Wasserdampf reagiert mit dem glühenden Koks unter Wasserstoffbildung (*„Wassergas-Reaktion"*). Der Wasserstoff beteiligt sich im weiteren Prozeßverlauf ebenfalls an der Reduktion der Eisenoxide. In neuerer Zeit kommt dem Wasserstoff als Reduktionsmittel im Hochofen größere Bedeutung zu, da ein Teil des Kokses vielfach durch Zusatz von Wasserdampf zum Wind und durch Einblasen von Kohle und/oder Erdöl ersetzt wird.

Tabelle 6.1.
Chemische Zusammensetzung der Hochofenschlacke (Beispiel)

Bestandteil	Anteil in %
Calciumoxid	41
Magnesiumoxid	7
Siliciumdioxid	36
Aluminiumoxid	11
Titan(IV)-oxid	0,4
Eisen	0,15
Mangan	0,15
Natriumoxid	0,3
Kaliumoxid	0,7
Schwefel	1,3
Phosphor	0,01
Stickstoff	0,025

Tabelle 6.2.
Chemische Zusammensetzung des Roheisens (Beispiel)

Element	Anteil in %
C	4,5
Si	0,5
Mn	0,35
P	0,09
S	0,008
Cu	0,006
Cr	0,02
Ni	0,008
Ti	0,02
V	0,008
N	0,005

Im Laufe der geschilderten Vorgänge bildet sich aus der Gangart der Erze und
den Aschebestandteilen des Kokses die im wesentlichen aus Calciumsilicaten
und -aluminaten bestehende *Hochofenschlacke* (Tabelle 6.1). Um diese in möglichst dünnflüssiger Form aus dem Prozeß entfernen zu können, müssen die
„sauren" (SiO_2, Al_2O_3) und „basischen" (CaO, MgO) Anteile in einem bestimmten Verhältnis zueinander stehen (z. B. $CaO/SiO_2 = 1,2$).

Am Ende des Prozesses wird das *Roheisen* erhalten, das bei Verhüttung phosphorarmer Erze die oben gezeigte Zusammensetzung besitzt und das als Ausgangsmaterial für die sich anschließende Stahlherstellung dient (Tabelle 6.2).

6.2.2
Prozeßtechnik und Prozeßanalytik

Die wirtschaftliche Erzeugung des Roheisens hängt nicht nur von einem hinsichtlich seiner chemischen Zusammensetzung und seiner physikalischen
Eigenschaften optimalen Einsatzstoff sondern auch von einer verfahrensorientierten Meßtechnik und Prozeßanalytik ab. Das Herstellungsverfahren und die
kontinuierliche Überwachung der Erzeugung von Eisenerzsinter, einem bevorzugten und besonders hochofengerechten Ausgangsmaterial, wurde bereits

Tabelle 6.3. Prozeßanalytische Aufgaben bei der Sintererzeugung

Rohstoff/Produkt	Komponente	Analysenmethode	Untersuchungsziel
Brennstoffe			
Koksgrus	Wasser	Neutronenstreuung	Gleichmäßigkeit des Ballaststoffanteils =
	Asche	Absorption oder Rückstreuung von γ-Strahlung	Konstanz des Brennstoffangebotes
Rohstoff			
Sinterrohmischung	Si, Ca, Fe	RFA, energiedispersiv	Homogenität und
	Wasser	Neutronenstreuung IR-Spektrometrie	Qualität der Mischung (Sinterung)
Fertigprodukt			
Sinter	Si, Ca, Al, Ag, Ti	RFA, wellenlängendispersiv	Einstellung des Basengrades
	Fe^{2+}	magn. Permeabilität	Reduzierbarkeit

unter 4.3.4 behandelt. Die prozeßanalytischen Aufgaben bei der Sintererzeugung zeigt zusammenfassend Tabelle 6.3.

Der Sinter wandert zusammen mit Stückerzen, anderen Fe-Trägern und dem zur Reduktion notwendigen Hochofenkoks in den bereits beschriebenen Hochofen (s. Abb. 6.3), einem Schachtofen, der aus zwei kegelstumpfartigen und ein oder zwei zylindrischen Teilen besteht. Je nach Ofenleistung und Gestellhöhe wird alle 2 bis 4 Stunden das Roheisen „abgestochen" (Temperatur etwa 1400 °C), wobei die bei einem Abstich anfallenden Mengen mehrere Hundert Tonnen betragen können. Da an großen Hochöfen mehrere Stichlöcher jeweils nacheinander betrieben werden, kann man in dem Fall von einem quasi kontinuierlichen Abstechen des Roheisens, das als Ausgangsmaterial für die nachfolgende Stahlerzeugung ohne Zeitverzug analysiert werden muß, sprechen.

Einen Überblick über den heutigen als notwendig erachteten Stand der Meßtechnik und Prozeßanalytik gibt Abbildung 6.4, der die Voraussetzung für die Entwicklung von Modellen zur Prozeßoptimierung und Steuerung des Wärmehaushaltes und damit für hohe Leistungen bildet [13]. Es wird erkennbar, daß bei dieser ersten metallurgischen Stufe der chemischen Prozeßanalytik bereits eine größere Rolle als bei der Rohstoffaufbereitung zufällt (vgl. Tabelle 6.3). Daher sollen nachfolgend einige interessante Aspekte und neuere analytische Entwicklungen näher betrachtet werden.

Wichtige Steuergrößen für die Optimierung des Wärmehaushaltes werden aus der Analyse des anfallenden Gichtgases, das als Heizgas genutzt wird, gewonnen (Zusammensetzung ca. CO_2 22 Vol. %, CO 21 Vol. %, H_2 2 Vol. %, Rest N_2; Brennwert: 2850 kJ/Nm³). Hier finden seit langem für die kontinuierliche Bestimmung des CO_2-und CO-Anteiles bewährte IR-spektrometrische Methoden Anwendung, während der H_2-Anteil über eine Wärmeleitfähgikeitsmessung erhalten wird, wobei der Meßvorgang einschließlich der Eich- und Korrekturvorgänge rechnergesteuert abläuft (s. Abschnitt 2.1 und 2.2). Es wurde wieder-

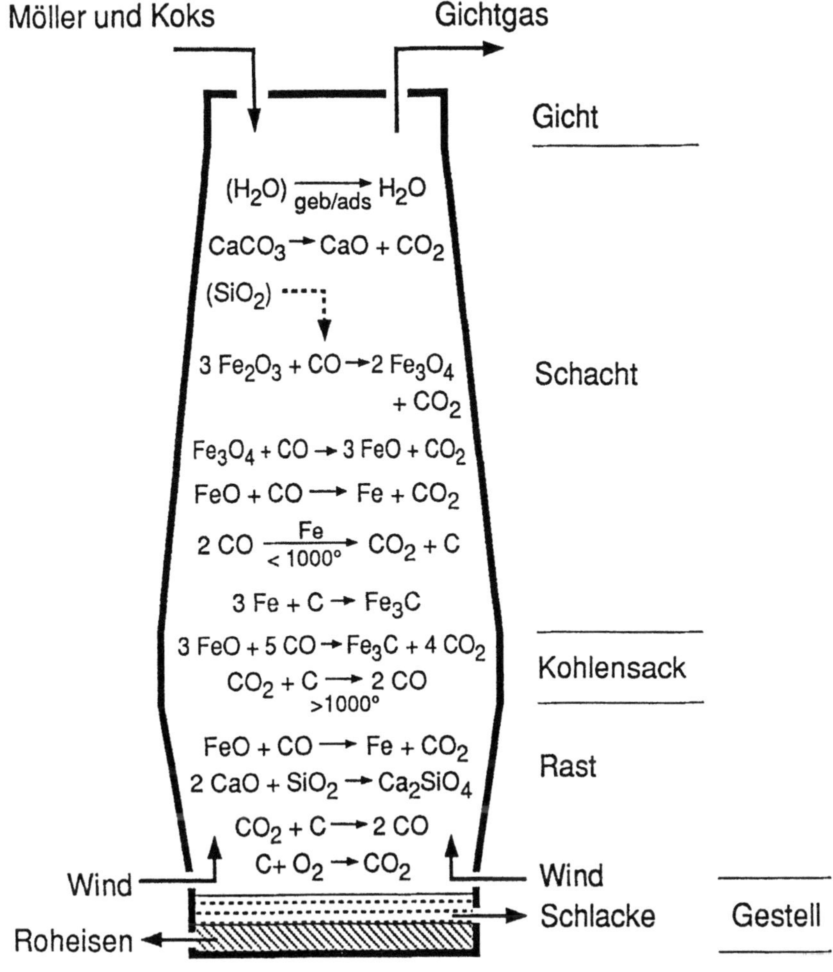

Abb. 6.3. Chemie des Hochofenprozesses

holt versucht, auch die Massenspektrometrie für diesen Teil der Prozeßanalytik zu nutzen.

Die wichtigste Aufgabe besteht natürlich in der Charakterisierung des anfallenden Hauptproduktes „Roheisen". Das geschieht bisher durch Entnahme von Proben beim Abstich und aus den „Transportpfannen" und ihre anschließende Funkenemissions- oder Röntgenfluoreszenz-Spektralanalyse (s. 4.2.1 und 6.3.2). Dabei gelangen die Proben in der Regel über ein Rohrposttransportsystem in das analytische Laboratorium. Aus dem Schmelzfluß entnommene Roheisenproben zeigen im Vergleich zu Stahlproben ein groberes, inhomogeneres Gefüge (s. 6.1.4 und Abb. 6.1). Graphitausscheidungen und örtliche Elementanreicherungen (Seigerungen) können eine funkenemissionsspektrometrische Analyse völlig ausschließen. Daher muß in dem Fall entweder durch eine besondere Probenform, die eine schnelle Abkühlung der Probe erlaubt, oder durch das

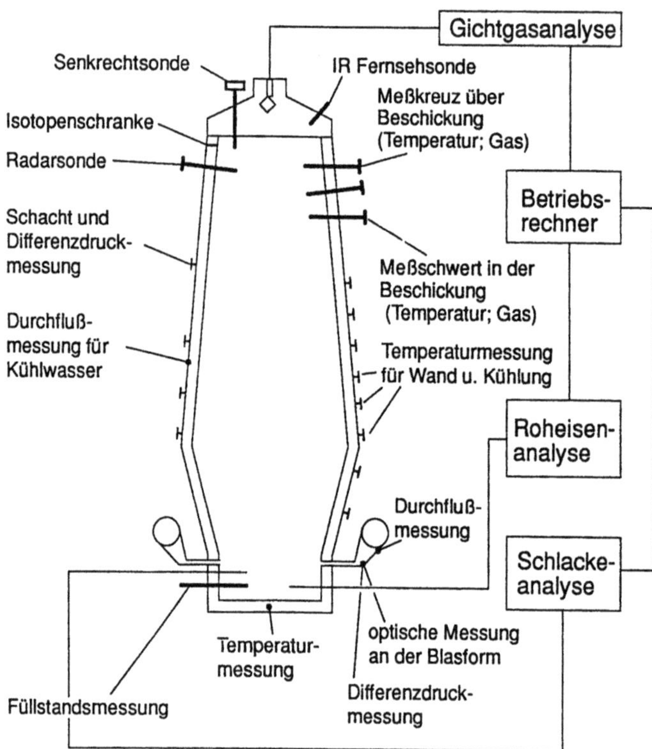

Abb. 6.4. Schema der Einrichtungen zur Meßtechnik und Prozeßanalytik an einem Hochofen

Umschmelzen der Primärprobe mit anschließendem Abschrecken eine „weiß"
erstarrte Analysenprobe gewonnen werden, in der der Kohlenstoff als Eisencarbid homogen verteilt vorliegt. Bei letzterem Verfahren wird die Probe unter
Schutzgas durch Hochfrequenzerhitzung geschmolzen und dann durch Zentrifugieren in eine Kupferkokille ausgeschleudert [15]. Der hohe Temperaturgradient garantiert ein homogene Erstarrung. Beim Umschmelzen von graphitischem Roheisen mit einem Kohlenstoffgehalt von mehr als 4,3 %, bei einem
Siliciumgehalt von 1 bis 2 % und einem Mangangehalt von weniger als 0,75 % resultieren hierbei Proben, die einwandfrei an Vakuumemissions- oder Röntgenfluoreszenzspektrometern analysiert werden können. Im ersten Fall ist auch die
Bestimmung des Kohlenstoffs möglich.

Wenn auf die Bestimmung des Kohlenstoffs verzichtet werden kann, liegt der
Einsatz der Röntgenfluoreszenzspektrometrie nahe, da sie geringere Anforderungen an die Güte der Proben stellt. (Bei kohlenstoffgesättigten Roheisen kann
mit Hilfe eines Rechenmodells aus dem Siliciumanteil und der Temperatur des
flüssigen Rohreisens der Kohlenstoffanteil mit der gleichen Zuverlässigkeit
ermittelt werden wie mittels der Funkenemissionsspektrometrie.) Da für die
Prozeßführung außerdem die chemische Zusammensetzung der Hochofenschlacke, die üblicherweise mittels RFA bestimmt wird, von Bedeutung ist, kann

für die Überwachung eines Hochofenbetriebes die Analyse des Hauptproduktes Roheisen *und* des Reaktionsproduktes (Nebenerzeugnisses) Hochofenschlacke (s. später) mit einer einzigen Methode erfolgen.

Dieser Umstand erleichtert den Einstieg in die Automation der Prozeßüberwachung. Abbildung 6.5 zeigt ein Beispiel für die automatische, mannlos betriebene Überwachung eines Hochofenwerkes [16]. Die über ein Rohrpostsystem einlangenden Proben werden aufgrund einer Kennung zwei verschiedenen Vorbereitungslinien zugeführt. Dabei besteht das System aus einem automatischen Bandschleifer für die Roheisenproben, einem Schlackenaufbereitungsautomaten und einem Mehrkanal-Röntgenfluoreszenzspektrometer mit Probenwechsler. Die Daten werden nach einer Plausibilitätsprüfung durch den Laborrechner selbsttätig dem Hochofenbetrieb übermittelt. Zur Überwachung des Gesamtsystems und zur Rekalibration des Analysators steht dem räumlich entfernt tätigen Personal ein Terminal mit allen Bedienfunktionen zur Verfügung. Der Wartungsplan sieht z. B. einen 24stündigen Zyklus für die Reinigung der Maschinen und für den Austausch der Schleifmittel vor.

Zur Technik der Probenahme und spektrometrischen Analytik sei auf die Ausführungen unter 6.3.2.1 und 6.3.2.2 verwiesen. Als analytische Kenndaten für diesen Bereich der Prozeßanalytik sind in Tabelle 6.4 die Wiederhol-Standardabweichung (1 s) für die RF-spektrometrische Roheisen- und Hochofenschlacke aufgeführt.

Wenn die Probenvorbereitung und Analyse auch weitgehend automatisiert werden konnten, so geht die Forderung der Metallurgen wegen der gestiegenen Anforderungen an eine gezielte, qualitätsgerechte Erzeugung in Richtung einer „verzögerungsfreien" Bestimmung der wichtigsten, als Steuergröße nutzbaren Elemente. Die der darüber hinausgehenden umfassenden Qualitätsbeschreibung dienenden Elementanteile könnten bei Einsatz von Vor-Ort-Methoden weiterhin in der bekannten Weise, z. B. mit Hilfe der Röntgenfluoreszenzspektrometrie, in einem Zentrallaboratorium ermittelt werden.

Als ein prozeßanalytischer Beitrag zu dieser geforderten Verbesserung der Hochofenprozeßführung sind die Arbeiten zur „Direktbestimmung" der Elemente Si, Mn und S im flüssigen Roheisen zu werten, die die Möglichkeit zur

Tabelle 6.4.
Präzision (Wiederhol-standardabweichung 1s) der RF-spektrometrischen Roheisen- und Hochofenschlackenanalyse

Element	Hochofenschlacke Gehaltsbereich	1 s
SiO_2	0–50	0,2
Mn	0–1	0,05
P	0–0,2	0,005
S	0–2,5	0,01
Al_2O_3	0–17	0,05
TiO_2	0–1,5	0,005
Fe	0–2,5	0,008
CaO	25–50	0,2
MgO	0,5–18	0,05
Na_2O	0–1,0	0,02
K_2O	0–2,0	0,02

Tabelle 6.4.
(Fortsetzung)

Element	Roheisen Gehaltsbereich	1 s
Si	< 0,5	0,003
Mn	< 0,2	0,004
	0,2 – 2,0	0,006
P	< 0,1	0,002
	0,1 – 1,0	0,006
S	< 0,1	0,002
	0,1 – 0,25	0,006
Cu	< 0,1	0,002
	0,1 – 1,0	0,006
Cr	< 0,1	0,002
	0,1 – 1,0	0,008
Ni	< 0,1	0,002
	0,1 – 1,0	0,008
Ti	< 0,1	0,002
	0,1 – 0,5	0,003
V	< 0,1	0,003

in-line- oder on-line-Analyse eröffnen könnten. Folgende spektrometrische und elektrochemische Methoden werden erprobt:

1. Aerosolerzeugung durch Funkenanregung und ICP-Spektrometrie des Aerosols
   Bei diesem in Japan entwickelten Verfahren [17] werden mit Hilfe einer elektrischen Entladung Partikel erzeugt (Abb. 6.5), die in einem Argonstrom einem 40 m (!) entfernt stehenden ICP-Spektrometer zugeleitet werden. Betriebsversuche an einer Pilotanlage, die einen erheblichen Investitions- und Wartungsaufwand erkennen ließ, wurden durchgeführt.
2. Direkte Funkenemissionsspektrometrie
   Bei einem anderen Weg [18] wird Material mittels eines elektrischen Funkens verdampft und angeregt, und das emittierte Licht mit Hilfe eines Lichtleiters einem Spektrometer zugeführt. Unter Laborbedingungen konnten konzentrationsabhängige Meßsignale im Anteilsbereich 0,1 bis 0,8 % Si erhalten werden. Die Frage der Beeinflussung des Verfahrens, z. B. durch vorhandene Schlackenphasen, wurde noch nicht abschließend geklärt.
3. Direkte Laser-Emissionsspektrometrie
   Ferner gibt es Versuche [19], die direkte Anregung des flüssigen Roheisens mittels Laser emissionsspektrometrisch zu nutzen. Die ersten Ergebnisse zeigen, daß die Laseremissionsspektrometrie zur Analyse flüssigen Roheisens geeignet zu sein scheint. Es konnte gezeigt werden, daß für die Elemente C, Si, Mn, P und S Werte resultierten, die in befriedigender Übereinstimmung zu den an geschöpften Proben erhaltenen Daten standen.
4. EMK-Messung zur Si-Bestimmung
   Eine Entwicklung im Sinne der Sensortechnik [20] stellt die elektrochemische Bestimmung des Si-Anteils in Roheisenschmelzen dar. Diese Sonde entspricht einer galvanischen Siliciumkonzentrationskette des Typs:

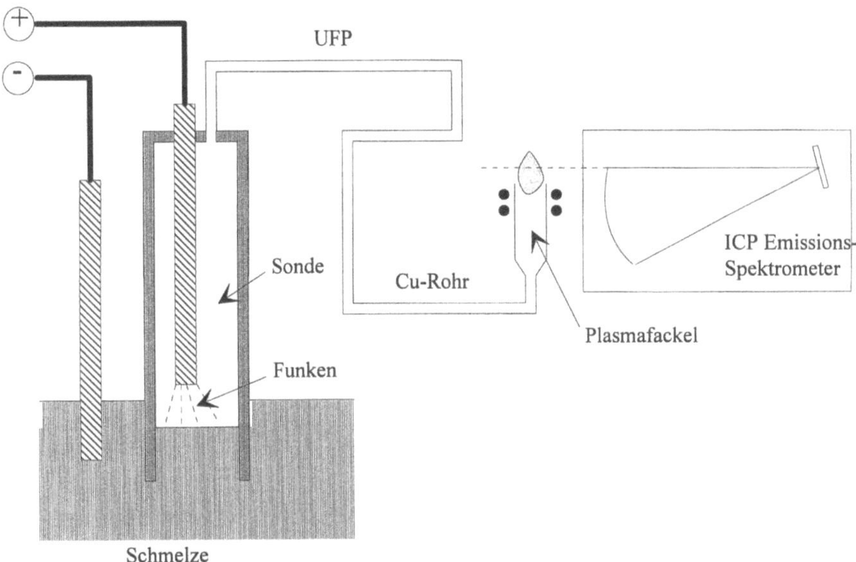

Abb. 6.5. Schema eines Aerosolgenerators zur in-line-Analyse von Roheisen [18]

Ni_{sat}-Si (l)//Silikatelektrolyt (l)//Fe-C-Si (l),

und ist geeignet für Messungen in C-gesättigten Fe-C-Si-Schmelzen bei 1400 °C und bei Si-Anteilen von 0,05 bis 1,8 %.

In der Erkenntnis, daß die Ermittlung des Si-Anteils im Roheisen heute nicht mehr allein als Prozeßindikator dienen kann, wird versucht, auch Sonden für andere Elemente, z.B. Schwefel, zu entwickeln. Elektrochemische Untersuchungen an CaF_2-CaS-Festionenleitern zur Messung von Schwefelaktivitäten haben zu ersten Ansätzen geführt [21].

Betrachtet man die Roheisenerzeugung als Vorstufe der modernen Stahltechnologie, ist ein Blick auf Beispiele für die Einstellung niedrigster Begleit- und Spurenelemente interessant, der zwangsläufig auch eine nicht zu vernachlässigende analytische Komponente hat. Die mittleren Anteile an Spurenelementen verminderten sich in den vergangenen 30 Jahren erheblich:

	1995	1965
Cu	0,005 %	0,04 %
As	0,005 %	0,025 %
Sn	0,005 %	0,01 %

Bei den nichtmetallischen Begleitelementen lassen sich nach einer sekundärmetallurgischen Behandlung beim Schwefel Werte von < 0,007 %, beim Phosphor von < 0,008 % und Stickstoff von etwa 0,001 % erreichen.

Damit liegen diese Anteile in einer Größenordnung, die bereits besondere analytiche Maßnahmen und Methoden erfordern, und die noch vor wenigen Jahren hinsichtlich der zuverlässigen Bestimmung Probleme bereitet hätten. Besondere Aufmerksamkeit ist dabei der Eichung der Analysengeräte und der Schaffung geeigneter Referenzmaterialien zu schenken.

Aus der Gangart der Erze, den Aschebestandteilen des Hochofenkokses und den Zuschlägen bildet sich die Hochofenschlacke [22] (Beispiel für die Brutto-Zusammensetzung einer Hochofenschlacke bei der Erzeugung von Stahlroheisen s. Tabelle 6.1).

Sie wird meist in „Schlackenbeete" gegossen, in denen sie langsam erkaltet. Stückige Hochofenschlacke ist infolge ihrer hohen Druckfestigkeit ein ausgezeichneter Straßenbaustoff. Läßt man die flüssige Schlacke in Wasserbecken fließen, so erstarrt sie zu kleinen Körnern. Der so entstehende „Schlackensand" wird als Bestandteil der Hüttenzemente und zur Herstellung von Hüttenmauersteinen verwendet. Wärme- und schallisolierende Stoffe stellen der „Hüttenbims" und die „Schlackenwolle" dar. Ersterer wird durch Schäumen hochkieselsäurehaltiger Schlacken mit Wasser erzeugt und zu „Schwemmsteinen" verarbeitet. Schlackenwolle wird durch Zerstäuben flüssiger Schlacken mit Hilfe eines Dampfstrahls hergestellt. Staubfein gemahlene, hochkalkhaltige Hochofenschlacke bezeichnet man als „Hüttenkalk" (Düngemittel).

In allen genannten Fällen spielt die chemische Analytik eine wichtige prozeßtechnische (s. oben) und eine kaufmännisch relevante Rolle [23].

6.3
Die Prozeßanalytik bei der Stahlherstellung

6.3.1
Die Metallurgie und ihre analytischen Voraussetzungen

Das im Hochofen erzeugte Roheisen ist der Haupteinsatzstoff für die zweite metallurgische Verfahrensstufe, die Stahlherstellung. Nach heutigem Stande stehen zwei Verfahrenswege im Vordergrund des Interesses, das Sauerstoffblasstahlverfahren in seinen verschiedenen Varianten und die Elektrostahlverfahren auf Schrottbasis. Bei der Herstellung von Stahl aus Roheisen besteht die Aufgabe darin, die im Eisen gelösten, unerwünschten Begleitelemente – in erster Linie C, Si und P – entweder über eine Schlackenphase oder die Gasphase zu entfernen („Frischen"). Allen Reaktionen zwischen Metallbad und Schlacke ist gemeinsam, daß an ihnen der Sauerstoff beteiligt ist. Er verteilt sich zwischen den beiden Phasen nach bestimmten Gleichgewichtsbeziehungen, das bedeutet, daß bei der Oxidation der unerwünschten Begleitelemente auch ein Teil des Eisens oxidiert wird, der seinerseits teils in die Schlacke wandert und sich teils im Stahl löst. Zur quantitativen Beschreibung der bei der Herstellung ablaufenden chemischen Reaktionen dienen in erster Linie das Massenwirkungsgesetz (C. M. Guldberg und P. Waage, 1867), der Verteilungssatz von Nernst (W. Nernst, 1891) und das Henry'sche Gesetz (W. Henry, J. Dalton, 1803).

Abb. 6.6.
Prinzip des Sauerstoffblasstahl-
verfahrens

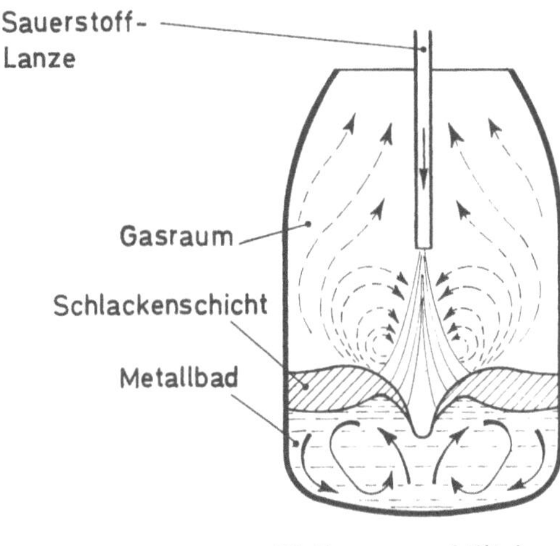

Die verschiedenen Verfahren zur Stahlherstellung unterscheiden sich nach
der Art der Sauerstoffzugabe. Bei dem zuerst genannten Sauerstoffblasstahlverfahren wird reiner, nach dem Linde-Verfahren aus der Luft gewonnener Sauerstoff (> 99,5 % O_2) auf die Schmelze geblasen (Abb. 6.6). Dieses Verfahren hat
inzwischen eine Reihe von Variationen erfahren, bei denen z. B. Inertgase oder
Kohlenwasserstoffe gemeinsam mit Sauerstoff durch die Schmelze „geblasen"
werden.

Zu den wichtigsten Frischreaktionen gehört die Entfernung des Kohlenstoffs
aus dem flüssigen Eisen (Entkohlung), die bei den herrschenden Temperaturen
(etwa 1600 °C) zur Bildung von CO führt. Die starke Durchmischung des Stahlbades bei den Blasstahlverfahren ermöglicht den schnellen Stofftransport der
Reaktionspartner zueinander und damit hohe Schmelzfolgen. Während der
Kohlenstoff gasförmig als CO entfernt wird, wandern Si, P und Mn neben Fe in
die sich mit dem zugegebenen Kalk bildende Schlacke. Die verschiedenen Oxi-
dationsreaktionen liefern bei allen Blasstahlprozessen die für den Prozeß notwendigen Wärmemengen.

Der Verlauf des Frischvorganges beim Sauerstoffaufblasverfahren ist aus der
in Abbildung 6.7 dargestellten „Abbrandkurve" zu ersehen. Sie zeigt die Änderung der Zusammensetzung des Metallbades in Abhängigkeit von der Zeit und
begründet die Forderung nach einer „minutenschnellen" Analytik.

Wegen des überragenden Anteils an der heutigen Stahlherstellung soll im Folgenden auf andere Verfahren der Stahlerzeugung nicht eingegangen sondern
das Thema auf die Betrachtung der Sauerstoffblasverfahren (= LD-Verfahren,
genannt nach den Vereinigten Österreichischen Eisen- und Stahlwerken Linz
und Donawitz (VÖEST), wo das Verfahren vor rd. 40 Jahren entwickelt wurde)
als der ältesten Form dieser Stahlwerkstechnik eingeengt werden. Die Sauerstoffblasstahlverfahren, bei denen der metallische Einsatz bis zu etwa 30 % aus

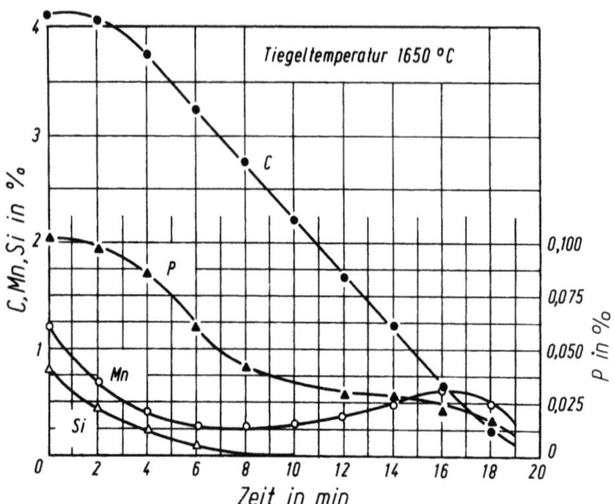

Abb. 6.7. Frischverlauf beim Sauerstoffblasstahlverfahren (Beispiel)

Schrott bestehen kann, zeichnen sich durch eine hohe Produktivität aus [24].
Dieser Vorteil kann aber nur genutzt werden, wenn zeitgerecht die zur Steuerung
des Prozesses benötigten Informationen (= analytisch betrachtet: Messung und
Verarbeitung der Verteilungszustandsänderung) vorliegen und diese umgehend
in Entscheidungen umgesetzt werden. Das bedeutet eine an das Verfahren angepaßte Prozeßanalytik und eine Prozeßleitung durch Einsatz von Steuermodellen. Die reine Prozeßsteuerung wird ergänzt durch ein Fertigungsleitsystem, das
aus den vorhandenen Bestellungen eine optimale Tagesproduktion voraus-
berechnet, mehrmals am Tag auf der Basis des jeweiligen Ist-Standes aktuelle
Arbeitspläne erstellt und schließlich den Prozeßrechnern die Soll-Daten für die
Produktion übergibt. Abbildung 6.8 gibt einen Überblick über die mit dem Konverterprozeß verbundene stoffliche Vielfalt, die alle 3 Aggregatzustände und
makro- wie spurenanalytische Aufgaben umfaßt und mit der unterschiedliche
Analysenprinzipien und Zeitforderungen verknüpft sind. Hinsichtlich der
feuerfesten Baustoffe, die zur Auskleidung des Reaktionsgefäßes (Konverter)
dienen, kann das Problem der „Speciation" im Sinne der Bestimmung des Mine-
ralbestandes bestehen.

Die Entwicklungslinien der Prozeßanalytik folgten stets den Forderungen der
metallurgischen Verfahrenstechnik nach Schnelligkeit und Genauigkeit [25].
Insbesondere die beschriebene Blasstahltechnik verlangte den Einsatz minuten-
schneller und automatisierbarer Analysenverfahren für das Ausgangsprodukt
Roheisen, das Reaktionsprodukt Schlacke und das Endprodukt Stahl, um eine
Prozeßsteuerung zu ermöglichen. Diese Aufgabe konnte insbesondere durch
den Einsatz atomspektroskopischer Methoden gelöst werden [26] (s. 6.3.3), die
als eine wesentliche Voraussetzung für die Entwicklung der modernen Stahlher-
stellungsverfahren zu betrachten sind [27]. Die im Rahmen der Prozeßführung
zu bestimmenden Legierungsleemente und Stahlbegleiter können weite Anteils-

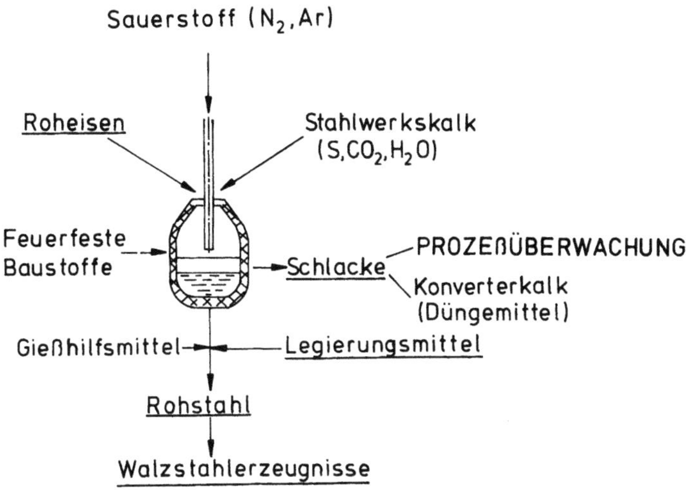

Abb. 6.8. Analytische Aufgabengebiete beim Blasstahlprozeß

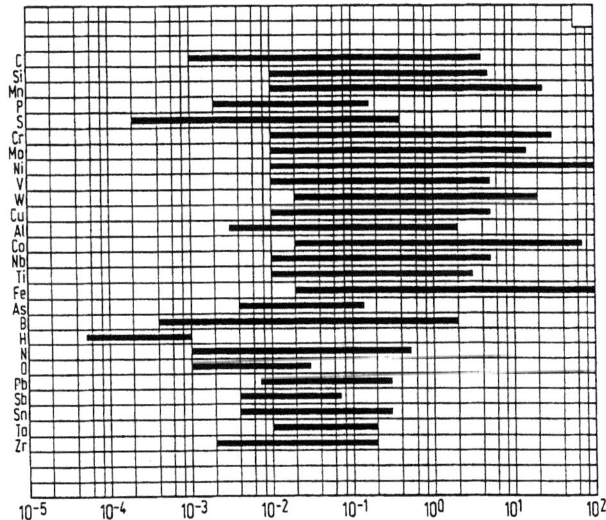

Abb. 6.9. Arbeitsbereiche der spektrometrischen Prozeßanalytik bei der Stahlerzeugung (in Masse-%)

bereiche überdecken. Es müssen u. U. bis zu 30 chemische Elemente über mehr als 6 Zehnerpotenzen routinemäßig bestimmt werden (Abb. 6.9).

Bei unlegierten Stählen steht die Bestimmung des Kohlenstoff-, Mangan-, Phosphor- und Schwefelanteiles an erster Stelle. Dann folgen die Elemente Silicium, Aluminium, Niob, Vanadin, Titan und Stickstoff. Aber auch die Gehalte an Kupfer, Chrom, Nickel, Zinn, Arsen und Bor können aus werkstofftechnischen Gründen Interesse besitzen. Bei den legierten Stählen treten zu den bereits genannten Elementen noch Molybdän, Wolfram und Kobalt. In besonderen Fällen kann die Bestimmung von Blei, Antimon, Zirkonium, Tantal u. a. notwendig sein. Im Hinblick auf das Verhalten der Stähle bei der Weiterverarbeitung ist häufig die Kenntnis des Sauerstoff- oder Wasserstoffanteiles erforderlich.

Bewertungsmaßstab für den erfolgreichen Konverterbetrieb sind in erster Linie eine hohe „Treffsicherheit" von chemischer Zusammensetzung und Temperatur des Schmelzbades nach Prozeßende. Zur Steigerung der Treffsicherheit, zur Vermeidung von Wartezeiten und zur schnellen Entnahme von Proben, die für das erreichte Prozeßstadium charakteristisch sind, wurden Sublanzen entwickelt, die eine Temperaturmessung im und eine Probenentnahme aus dem stehenden Konverter erlauben [28]. Auf die Bedeutung einer sach- und stoffgerechten Probenahme wurde bereits in der Einleitung hingewiesen und am Beispiel der Schmelzenüberwachung eines Stahlwerkes verdeutlicht (s. 1.5).

Ferner ist eine Kohlenstoffbestimmung durch eine EMK-Sublanzenmessung der Sauerstoffaktivität oder Bestimmung der Liquidustemperatur möglich [29], die im Zusammenwirken mit einem dynamischen Prozeßmodell [30] den Blasprozeßendpunkt vorauszuberechnen gestatten kann. Einen derartigen Mehrzwecklanzenkopf, der eine simultane Kohlenstoffbestimmung und Temperaturmessung ermöglicht und gleichzeitig eine Probe für die Spektralanalyse liefert, zeigt Abbildung 6.10. Eine bisher verbreitet angewendete Steuerung des Prozesses basiert auf der IR-spektrometrischen on-line-Analyse der Konverterabgase. Hierzu gibt es außerdem Vorschläge, die Massenspektrometrie zur Analyse aller Komponenten der Abgase und zur Erhöhung der Präzision der Messungen einzusetzen.

Abb. 6.10.
Schnitt durch einen Mehrzwecklanzenkopf für die Kohlenstoffbestimmung,
Temperaturmessung und Stahlprobe-
nahme [29]

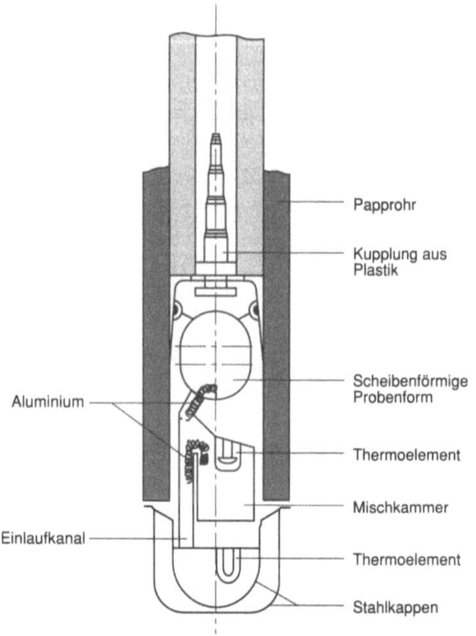

Trotz der bisher erzielten Erfolge gehen die Forderungen an den Analytiker vor dem Hintergrund steigender Prozeßautomation und der verbreiteten Anwendung sekundärmetallurgischer Maßnahmen weiter [31]. Eine weitere Erhöhung der Produktivität könnte z.B. durch eine möglichst „verzögerungsfreie" Prozeßanalytik erreicht werden. Zur Lösung dieser Problemstellung gibt es verschiedene Forschungs- und Entwicklungsrichtungen. Zum einen wird die vollständige Automatisierung der vorhandenen spektrometrischen Analysensysteme betrieben [16, 32], so daß von der Entnahme der Proben im Betrieb oder der Aufgabe der Proben im Betrieb alle Verfahrensschritte wie Transport, Probenvorbereitung, Zuführung zum Spektrometer, Analyse und Datentransfer zum Betrieb selbsttätig ablaufen (s. 6.3.3), so daß menschliche Unzulänglichkeiten ausgeschlossen sind [33].

Ein anderer Weg besteht in der Installation von automatisch arbeitenden, in einem Container befindlichen Vorbereitungs- und Analysengeräten, die in der unmittelbaren Nähe der Schmelzaggregate aufgestellt werden. Die Probeneingabe erfolgt hier manuell durch das Personal des Schmelzbetriebes (s. 6.3.24).

Grundsätzlich andere Forschungsrichtungen bedeuten die Arbeiten zur „direkten" Analyse von Schmelzen (in line-Analyse). Die dazu beschrittenen Wege, die unter 6.3.2.5 beschrieben werden, sind unterschiedlich.

Um das Ziel dieser Bemühungen einer Verkürzung der „Analysenzeit" werten zu können, sollte ein Blick auf die bisherige Entwicklung der spektrometrischen Stahlanalytik geworfen werden: Während 1960 für die Abfolge Probentransport, -vorbereitung, Analyse und Datenübertragung von etwa 7 bis 8 min benötigt wurden, liegen diese Zeiten heute in der Größenordnung von 2 bis 3,5 min. Unter Berücksichtigung der betrieblichen Rüstzeiten wurden diese Analysenzeiten bisher in sehr vielen Fällen als ausreichend betrachtet (Abb. 6.11). Bei Einsatz von Einrichtungen zur Vor-Ort-Analyse („Containerlabor") werden Analysenzeiten von 1,5 min erreicht.

Die bei der Stahlherstellung ablaufenden chemischen Reaktionen sind temperaturabhängige Gleichgewichtsreaktionen, in deren Verlauf jede Stahlschmelze eine bestimmte Menge Sauerstoff aufnimmt, da zwischen Metallbad und Schlacke nach dem Verteilungssatz von NERNST eine Gleichgewichtsbeziehung besteht. Wenn die Schmelze ohne weitere Zusätze (= „unberuhigt") abgegossen wird, so entweicht der größte Teil des Sauerstoffs nach Reaktion mit dem Kohlenstoff als Kohlenmonoxid. Aber nicht alle Stahlsorten lassen sich „unberuhigt" vergießen. Bei Gehalten von z.B. über 0,15 % C und 0,50 % Mn ist keine ausreichende CO-Bildung mehr gegeben, so daß der Sauerstoff durch Zugabe von „Desoxidationsmitteln" chemisch abgebunden werden muß („beruhigtes" Vergießen). Unter diesem Gesichtspunkt ist die Stahlerzeugung an die Beherrschung dieser Sauerstoffbewegung gebunden, und damit kommt der *Analytik des Sauerstoffs* eine entsprechende Bedeutung zu.

Da sich bei diesen Reaktionen bestimmte Gleichgewichte einstellen, bleibt im Stahl stets ein geringer Sauerstoffanteil zurück. Die gebildeten Desoxidationsprodukte (Oxide) steigen zur Oberfläche des Stahlbades auf, weil sie spezifisch leichter als der Stahl und in ihm unlöslich sind. Besonders kleine Teilchen verbleiben jedoch in der Metallschmelze und bilden neben dem von den feuerfesten

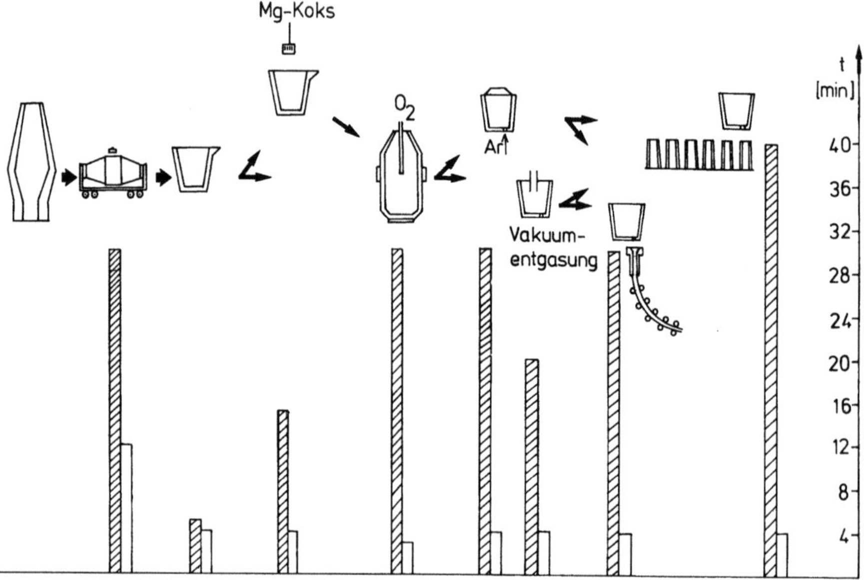

Abb. 6.11. Vergleich der Rüstzeiten bei den verschiedenen metallurgischen Prozeßstufen mit den entsprechenden Analysenzeiten (Beispiel)

Baustoffen stammenden Abrieb „nichtmetallische Einschlüsse" im Stahl, deren Menge u. U. zur Charakterisierung der Stahlqualität herangezogen werden kann.

Zur Steuerung und Optimierung der Zugabe von Desoxidationsmitteln war die chemische Analyse, z. B. mit Hilfe von Aufschmelzverfahren (Aufschmelzen der Probe unter einem inerten Trägergasstrom), wegen des großen Zeitaufwandes und des dabei summarisch anfallenden Anteils an Gesamtsauerstoff nicht geeignet. Die sich hier ergebende Forderung nach einer schnellen Bestimmung des Anteils an „gelöstem" Sauerstoff konnte durch die Entwicklung elektrochemischer Meßzellen erfüllt werden [34]. Hierbei handelt es sich um Festelektrolyten, z. B. auf der Basis von stabilisiertem ZrO_2, die eine überwiegende und hohe Ionenleitfähigkeit und eine ausreichende Temperaturwechselbeständigkeit besitzen [35]. Die Meßdauer nach dieser Methodik beträgt etwa 20 s, wobei die Messung noch die Erfassung von Anteilen im Bereich einiger mg/kg erlaubt. Abbildung 6.12 zeigt als Beispiel einen Schnitt durch eine für diesen Zweck eingesetzte Einweg-Tauchmeßsonde.

An dieser Stelle sollte erwähnt werden, daß an der Entwicklung weiterer elektrochemischer Sonden zur prozeßanalytischen in-line-Bestimmung von Begleitelementen im Stahl (im Roheisen s. oben) gearbeitet wird. Untersucht werden galvanische Ketten zur Ermittlung des Anteils von Silicium (Silicatelektrolyt), Phosphor (CaO-CaF_2 (Ca_3P_2)-Elektrolyt), Chrom (Schlackenelektrolyt), Aluminium (Al_2O_3-Schlackenelektrolyt) und Schwefel (CaS-Elektrolyt).

Der Verfahrensschritt der Desoxidation leitet zwanglos zu den (weiteren) sekundärmetallurgischen Prozessen über, die heute bei der Erzeugung von Qualitätsstählen von entscheidender Bedeutung sind. Am Beginn dieser neuen

Abb. 6.12.
Einweg-Tauchmeßsonde für die
elektrochemische Sauerstoffbestimmung
und die Temperaturmessung in Stahlschmelzen [35]

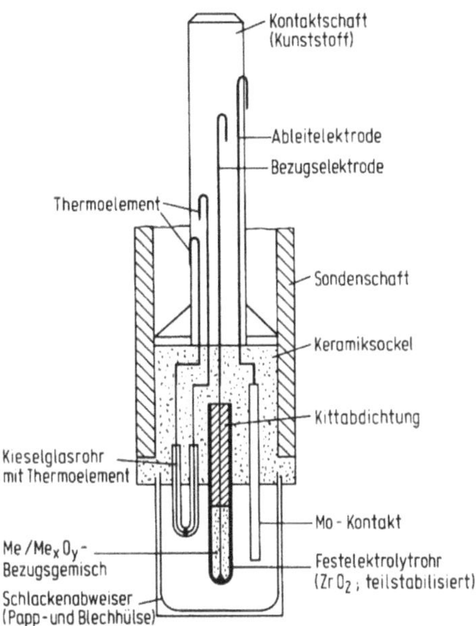

Verfahrenstechnik stand die betriebliche Einführung der Vakuumbehandlung
von Stahlschmelzen in den fünfziger Jahren. Für die Entfernung unerwünschter
Elemente über die Gasphase kommen neben Kohlenstoff, die Elemente Wasserstoff, Sauerstoff und Stickstoff in Betracht, da die hierbei ablaufenden Reaktionen druckabhängig sind. Der Sauerstoff kann – wie bereits gezeigt – im Gegensatz zu Wasserstoff und Stickstoff nicht unmittelbar als Gas aus der Stahlschmelze entfernt werden. Er läßt sich nur zusammen mit vorhandenem
Kohlenstoff über die Bildung von CO aus dem Bad abscheiden.

Weitere sekundärmetallurgische Maßnahmen betreffen die Entfernung von
unerwünschten Begleitelementen, z.B. von Schwefel, und die Einstellung enger
Grenzen der chemischen Zusammensetzung der Stahlschmelzen [36]. Durch
Einblasen von Feststoffen (CaSi, CaC$_2$, Mg) und durch Einleiten von Argon in die
Schmelze bei gleichzeitiger Bildung einer reaktiven Schlacke lassen sich die
Schwefelanteile von Roheisen- bzw. von Stahlschmelzen erheblich senken und
damit wichtige Voraussetzungen für eine Qualitätsverbesserung der Stähle
schaffen [37]. Durch den Einsatz sekundärmetallurgischer Verfahren können als
Summe der Anteile an den Begleitelementen C + S + P + O + N + H Werte von
70 mg/kg erreicht oder gar unterschritten werden [38], wobei im Falle des
Wasserstoffs < 2 mg/kg gefordert sind.

Aus den genannten Anteilsbereichen folgt, daß hier an die Analytik der
Begleitelemente erhebliche Forderungen gestellt werden, gilt es doch, den
Bereich von 10 bis 20 mg/kg bei den einzelnen Elementen noch sicher zu beherr-
schen. Die Problematik wird bestimmt durch die Homogenität und Repräsen-
tanz der Proben sowie die Verfahrenseinflüsse der Probenvorbereitung, der
Analyse und der Eichung (s. 6.3.2).

Der Analytik kommt hier eine Doppelrolle zu: Zum einen dient sie der Charakterisierung des metallurgischen Wirkungsgrades eines Verfahrens, zum anderen wird sie in Form einer „Schnellanalyse" zur Beschreibung der bei den einzelnen Prozeßstufen anfallenden Produkte benötigt.

Während früher der flüssige Stahl nach der aufgrund der chemischen Analyse erfolgten Einstellung der gewünschten (chemischen) Zusammensetzung ausschließlich zu Blöcken vergossen wurde, finden seit 1950 „Stranggießverfahren" verbreitete Anwendung. Hierbei wird der flüssige Stahl kontinuierlich in eine wassergekühlte Form (Kokille) gegossen, in der er bis auf einen noch flüssigen Kern erstarrt und dann aus dem unteren Teil der Kokille rotglühend als Strang heraustritt. Der Vorteil gegenüber dem Blockguß liegt im Entfall einer Reihe von Arbeits- und Transportvorgängen und dem ersten Verformungsschritt. Selbst hier können noch geringe Schwankungen in der chemischen Zusammensetzung auftreten, so daß zur Unterstützung der Qualitätskontrolle „schnelle" analytische Untersuchungen notwendig sind. Das wird um so wichtiger, wenn eine Folge mehrerer Schmelzen hintereinander vergossen wird (Sequenzguß).

Das quasi-kontinuierliche Vergießen mehrerer Stahlschmelzen legt den Gedanken nach der Entwicklung von Verfahren zur kontinuierlichen Stahlerzeugung nahe. Es gibt inzwischen weltweite Bemühungen und verfahrenstechnische Ansätze [39], die in den nächsten Jahren einen größeren industriellen Einsatz erwarten lassen.

6.3.2
Methoden der Prozeßanalytik

6.3.2.1
Probenahme und Probenvorbereitung

Die Forderungen der metallurgischen Prozeßtechnik an die Prozeßanalytik wurden im Vorstehenden dargelegt und die analytischen Methoden kurz erwähnt. Die Entnahme einer für den jeweiligen Prüfvorgang und -zweck geeigneten Probe steht am Beginn einer jeden Prüfung. Auch bei der Erzeugung von metallischen Werkstoffen kommt diesem Schritt wegen der vom Schmelzbetrieb an das Laboratorium gestellten Zeitforderungen und vom Betrieb zu erfüllenden Qualitätsforderungen besondere Bedeutung zu [40]. Die aus der Schmelze zu entnehmende Probe muß dabei den qualitativen Anforderungen der hauptsächlich angewendeten spektrometrischen Analysenverfahren (z.B. Lunker- und Rißfreiheit, Homogenität) genügen und für das erreichte Prozeßstadium charakteristisch sein (Repräsentativität).

Die Probenahme erfolgt aus den Konvertern und anderen metallurgischen Gefäßen durch Eintauchen von Probenahmesonden in die Schmelze (Abb. 6.13), bei der runde oder ovale Probenkörper (Abb. 6.14) anfallen, die nach Schleifen oder Fräsen für die spektralanalytische Untersuchung unmittelbar geeignet sind. Nur in Sonderfällen werden zur Probenahme noch stählerne Löffel verwendet. Der nach einer Entwicklungsphase von mehreren Jahren erreichte hohe Stand der Probenahmetechnik [41] drückt sich in der Homogenität der mit Hilfe

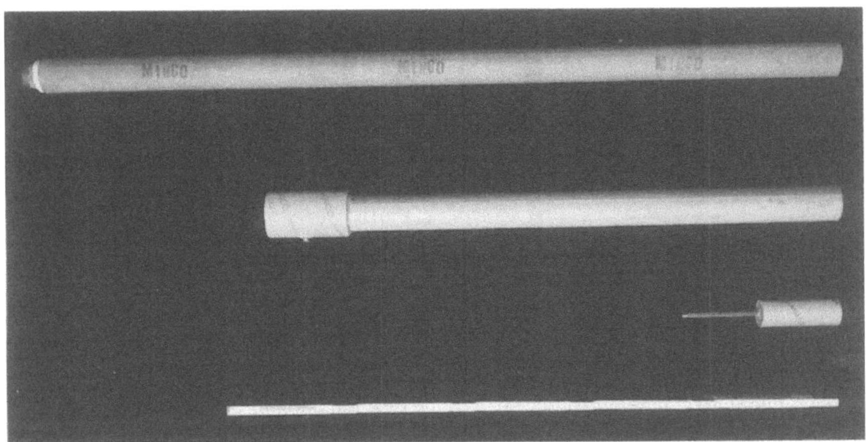

Abb. 6.13. Sonden für die Probenahme aus Stahlschmelzen

Abb. 6.14.
Proben für die spektro-
metrische Stahlanalyse

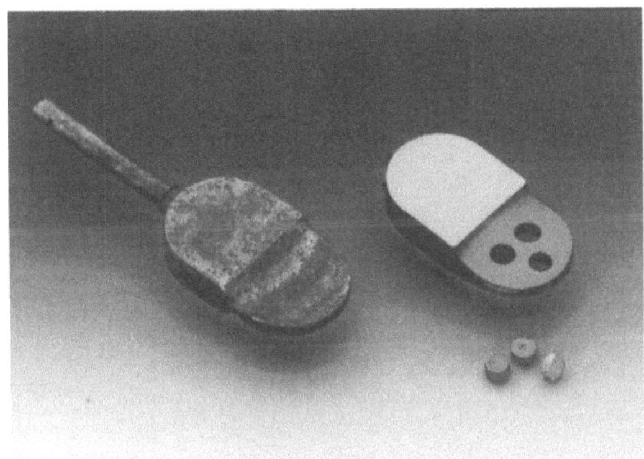

von Sonden aus dem Schmelzfluß entnommenen Proben aus (Tabelle 6.5). Die
Proben werden bei größerer Entfernung zum analytischen Laboratorium mit
einer schnellen Rohrpost (Geschwindigkeit bis zu 30 m/s) transportiert. Bei den
Stahlproben geschieht die Probenvorbereitung für die sich anschließende Emissionsspektralanalyse mit Hilfe von Fräs- oder Schleifautomaten, bei denen viele
Betriebsparameter qualitätsabhängig vorgegeben werden können. Die Roheisenproben werden ebenfalls geschliffen (s. 6.2.2), während die Schlackenproben
nach dem Zerkleinern unter Zusatz eines Bindemittels zu Tabletten gepreßt werden. Die neuere Entwicklung geht wegen verschiedener Vorteile in die Richtung
automatisierter Analysensysteme [42], an deren Anfang automatische Proben-
vorbereitungs- und -transporteinrichtungen stehen (s. 6.3.2.3) [43].

Tabelle 6.5. Homogenität der mit der Sondentechnik erhaltenen Stahlproben (Beispiel)

C	Si	Mn	P	S	Al	Cu	Cr	Ni
(alle Angaben als Massenanteil in %)								
0,090	0,019	0,334	0,008	0,012	0,040	0,028	0,028	0,013
094	021	338	009	013	041	029	028	017
097	022	334	009	013	043	029	028	019
093	021	331	008	012	043	029	028	017
0,095	0,022	0,339	0,009	0,012	0,042	0,030	0,030	0,020
091	021	335	009	012	043	029	029	017
092	021	336	008	012	042	030	030	019
091	021	333	008	012	041	029	029	016

Jede Seite des angeschliffenen Probekörpers wurde an 4 Stellen emissionsspektrometrisch untersucht.

Abb. 6.15.
Korngrößeneinfluß auf die
Röntgenintensität bei der
direkten Analyse von pulvrigen
Proben [44]

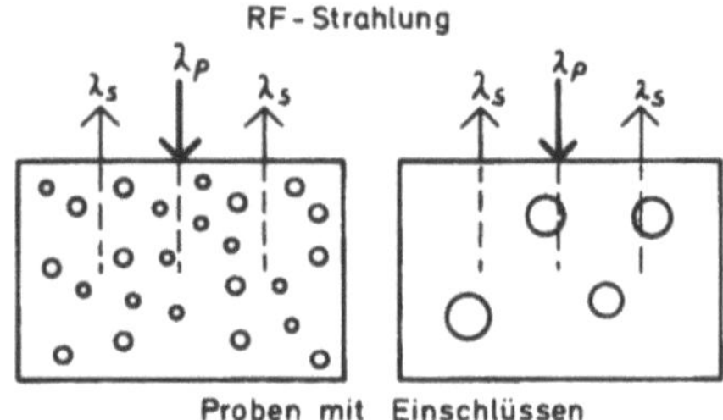

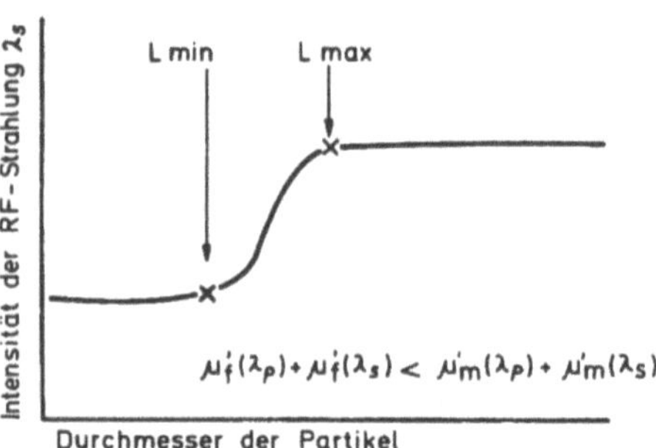

Da der Arbeitsschritt der Probenvorbereitung durch Schleifen neben dem Gefüge der Proben Einfluß auf die Präzision und Richtigkeit der Analysenergebnisse haben kann, muß diesem Umstand durch quantifizierende Voruntersuchungen bei Einführung eines neuen Analysenverfahrens Rechnung getragen werden. So hängt beispielsweise die Intensität der Röntgenfluoreszenzstrahlung einiger Legierungselemente erheblich von den Schleifbedingungen ab [44]. Der Gefügeeinfluß bei Stahlproben kann u. U. durch Umschmelzen mit schneller

Erstarrung der Schmelze beseitigt werden (s. 6.2.2). (Der Ausdruck „Gefüge" umfaßt die „Gesamtheit der Beobachtungen mit dem bloßen Auge oder unter dem Mikroskop erkennbaren Merkmale vor allem im Innern eines Stoffes".) Hinsichtlich der RFA von pulverförmigen Proben ist zu erwähnen, daß hier ein starker Korngrößeneinfluß besteht (Abb. 6.15), der durch eine Feinstmahlung und die reproduzierbare Festlegung der Mahlbedingungen beseitigt wird [45].

6.3.2.2
Analytische Methodik

Die Analyse der Stahlproben geschieht je nach Anforderung auf bis zu 30 Elemente vorzugsweise mit der Funkenemissionsspektrometrie (OES) und die des Roheisens und der Schlacken mit der Röntgenfluoreszenzspektralanalyse (RFA) [46] (s. 6.2.2), die beide hinsichtlich ihrer Zuverlässigkeit, Schnelligkeit und Reproduzierbarkeit der Meßergebnisse einen hohen technischen Stand erreicht haben [47]. Die Prinzipien dieser Analysentechnik basieren auf der Anregung, Emission und optischen Zerlegung von Strahlung der Wellenlängen von 150 bis 600 nm (ultravioletter und sichtbarer Bereich) bzw. von 0,04 bis 1 nm (Röntgenfluoreszenzstrahlung). Hinsichtlich der Anwendbarkeit der OES ist von Bedeutung, daß für eine Reihe von Elementen (z.B. C, S, P) die besonders zur Analyse geeigneten Spektrallinien unterhalb von 200 nm liegen und damit durch Luft stark absorbiert werden. Diese Schwierigkeit wird dadurch behoben, daß die Probe in einer Edelgasatmosphäre (Argon) angeregt und der optische Teil des Spektrometers evakuiert wird (Vakuumspektrometer).

Bei der OES wird mit Hilfe einer elektrischen Bogen-, Funken- oder Glimmentladung eine bestimmte Menge der zu untersuchenden Probe verdampft [48]. Infolge der hohen Temperatur des sich dabei ausbildenden Plasmas gehen die Atome des Dampfes in einen angeregten Zustand über, d. h. ihre Elektronen werden auf Niveaus höherer Energie gebracht. Bei der Rückkehr dieser Elektronen in den Grundzustand wird die freiwerdende Energie als Licht emittiert, wobei jedes Element ein ihm eigenes Spektrum aussendet [49]. Das Licht wird durch ein optisches Gitter oder Prisma spektral zerlegt (Abbildung 6.16). Für die Bestimmung eines jeden Elementes wird eine geeignete Spektrallinie (Licht einer bestimmten Wellenlänge) ausgeblendet und deren Strahlungsintensität gemessen (Tabelle 6.6). Hierzu dienen besondere Sekundärelektronenvervielfacher, die das Licht bei gleichzeitiger Verstärkung in elektrische Energie umwandeln. Bei der Auswertung dieser elektrischen Meßsignale sind u.U. Beeinflussungen verschiedener Elemente untereinander (Interelementeffekte) und/oder der strukturelle Aufbau der Probe (Matrixeffekte) zu berücksichtigen. Die erhaltenen Meßwerte stellen allerdings noch nicht unmittelbar das Analysenergebnis dar. Vielmehr setzt die Zuordnung der Meßwertanzeigen zu bestimmten Gehalten die Untersuchung von Proben bekannter Zusammensetzung unter gleichen Bedingungen voraus (Eichung oder Kalibration).

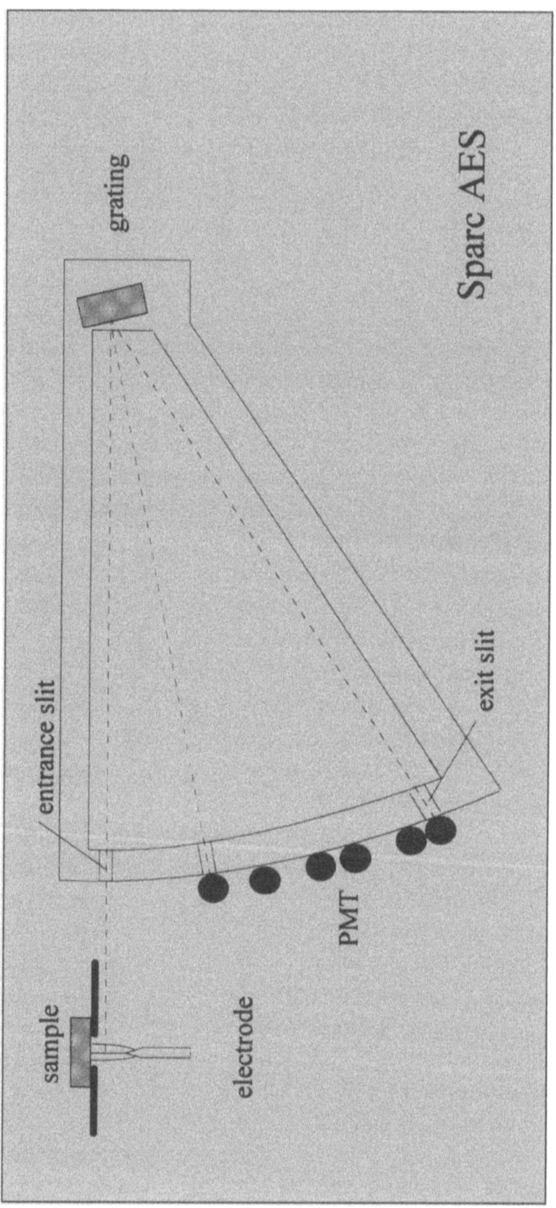

Abb. 6.16. Prinzip der optischen Emissionsspektrometrie

Tabelle 6.6.
In der emissionsspektrometrischen Stahlanalytik genutzte Wellenlängen

Element	Spektrallinie (nm)
C	193,09
	163,81
Si	212,42
P	178,29
S	180,73
Al	394,40
Cu	324,75
Cr	267,72
Ni	231,60
Mo	281,62
V	311,07
Ti	337,28
B	182,58
Nb	319,49
Sn	189,99
As	189,04
Mn	293,31
Co	228,62
N	149,26
Zr	343,82
Ca	396,85
Ta	240,06
Fe	273,07

Wiederholt war von den an die Analytik gestellten Zeitforderungen die Rede, so daß an dieser Stelle beispielhafte Angaben über die für die Probenvorbereitung und die Spektralanalyse benötigten Zeitspannen folgen sollen:

1. *Probenvorbereitung* einschl.
   aller Hantierungen und Probentransport
   innerhalb des Laboratoriums   60 – 80 s

2. *Spektralanalyse* (Doppelbestimung)
   Vorspülen des Funkenstandes mit Ar: 10
   Vorfunken (Probenhomogenisierung):   10   × 2
   Integration: 8
   Datenkontrolle u. -ausgabe: 10

   ———————————————————
   Gesamtzeit: rund 140 – 160 s

Die Zeitspanne für die Schlackenanalyse mittels RFA liegt in der gleichen Größenordnung, wobei notwendig werdende Aufschlüsse 30 bis 60 s erfordern, während die reine Meßzeit lediglich 12 s umfaßt.

Bei den in der Tabelle 6.6 aufgeführten Elementen fehlen die in der Stahl-analytik wichtigen Elemente Sauerstoff und Wasserstoff. Sie sind mit der OES nicht bestimmbar. Ferner erlaubt die OES bei den Elementen Kohlenstoff und Schwefel keine präzise Bestimmungen von Anteilen < 0,01 bzw. < 0,005 % [50].

Mit Blick auf die gezielte Anwendung metallurgischer Maßnahmen und die Einhaltung zur Erreichung bestimmter Werkstoffeigenschaften festgelegter Grenzwerte kommt – wie bereits unter 6.3.1 erläutert – den minutenschnellen Analysenverfahren zur Bestimmung der genannten Nichtmetalle große wirtschaftliche Bedeutung zu.

Während früher die Bestimmung der „Gase im Stahl" nur mit komplizierten, langwierigen und apparativ aufwendigen Analysenverfahren möglich war, stehen heute Geräte zur Verfügung, die in wenigen Minuten die gewünschten Ergebnisse liefern [51]. Dabei wird die Probe aufgeschmolzen, und die dabei freigesetzten Gase werden nach Abtrennen der unerwünschten Komponenten einem Detektor zugeleitet [52].

Tabelle 6.7 gibt eine Zusammenfassung der analysentechnischen Daten verschiedener Geräteentwicklungen. Für die Bestimmung des Sauerstoff- bzw. des Stickstoffanteiles wird sowohl das Prinzip der Vakuumextraktion wie die Trägergastechnik [53] angewendet.

Die Analyse des Wasserstoffs galt lange Zeit als problematisch und schwierig. Heute ist seine Bestimmung ebenso wie die des Sauerstoffs und Stickstoffs in wenigen Minuten durchführbar. In der Rückschau kann festgestellt werden, daß sich vornehmlich nach dem Trägergasprinzip arbeitende Analysatoren durchgesetzt haben.

Auf ein Problem hinsichtlich der Bewertung des ermittelten Wasserstoffgehaltes sei an dieser Stelle kurz verwiesen. Die Einhaltung eines bestimmten oberen Grenzwertes im flüssigen Stahl garantiert nicht immer den zur Vermeidung von Werkstoffehlern zulässigen Gehalt im Walzstahlerzeugnis. Bisher liegen allerdings zu wenig systematische Untersuchungen über die Veränderung des Wasserstoffgehaltes im Verlauf der verschiedenen Stahlverarbeitungsschrit-

Tabelle 6.7. Gerätetechnische Daten von Einzelelement-Analysatoren zur Bestimmung von Kohlenstoff, Schwefel, Sauerstoff, Stickstoff und Wasserstoff

Element	Meßprinzip	Ofentemperatur °C	Einwaage g	Anwendungsbereich μg/g	Analysenzeit (1 Probe) s
Kohlenstoff	IR	etwa 2700	1	1–50000	30–80
Schwefel	IR	etwa 2700	1	1–4000	30–80
Sauerstoff	IR	etwa 3000	0,5–3,0	0,1–2000	30–120
Stickstoff	WLD	etwa 3000	0,5–3,0	0,1–5000	40–120
Wasserstoff	WLD	bis 2000	0,01–1,0	0,5–15	120–210

IR = Infrarotabsorption
WLD = Wärmeleitfähigkeitsdetektor

te vor. Der Wasserstoff kann sich nach der Erstarrung an bevorzugten Stellen anreichern und im ungünstigen Fall bei fehlender oder falscher Wärmebehandlung zur Zerstörung des Werkstoffs führen.

6.3.2.3
Automatisierung prozeßanalytischer Methoden in zentralen Laboratorien

Mit dem Ziel der Analysenzeitverkürzung, der Qualitätssteigerung und der Kostensenkung wurden umfangreiche Automationssysteme (System = Abgegrenzte Anordnung einer Menge von Elementen (= kleinste relevante Komponenten) und einer Menge von Relationen zwischen diesen Elementen) entwickelt [54]. Abbildung 6.17 verdeutlicht den prinzipiellen Aufbau und die verschiedenen Verfahrensschritte einer derartigen Anlage für metallische und oxidische Proben. Die Automation beginnt bei den Rohrpostsendern und den Empfangsstationen im Laboratorium. Daran schließt sich die Probensortierung an, die die Proben prioritätsorientiert den Schleifautomaten bzw. der Schlackenaufbereitung zuleitet, wobei über den Gesamtablauf eine automatische Probenverfolgung wacht. Im weiteren Verlauf werden dann die vorbereiteten Proben automatisch den Spektrometern zugeführt und analysiert [55].

Für die Gewinnung der Teilproben zur Bestimmung von Stickstoff und Sauerstoff werden aus dem Probekörper zylindrische Proben (ca. 1 g) ausgestanzt und den entsprechenden Analysatoren pneumatisch zugeleitet. Auch hier gibt es erste Lösungsansätze zur vollständigen Automation dieser Verfahren.

Die Durchführung von Multielementverfahren mit Großgeräten und der schnelle Datentransfer zu den Schmelzbetrieben und zu den Qualitätskontrollabteilungen setzen natürlich eine leistungsfähige Datenverarbeitung im Laboratorium und die Einbindung in ein übergeordnetes EDV-System voraus [54]. Als Beispiel zeigt Abbildung 6.18 eine in einem Stahlwerkslaboratorium realisierte Konfiguration, die den für eine qualitätsorientierte Stahlerzeugung notwendigen Aufwand deutlich werden läßt.

Bei dem sachgerechten Einsatz analytischer Großgeräte, die mit großem Investitionsaufwand verbunden sind, sind auch Aspekte der Bedienungstheorie [56] zu berücksichtigen, um mit dem geringstmöglichen Aufwand den prozeßtechnischen Forderungen zu genügen. D. h. die Zahl der Analysengeräte oder -systeme (Investitionen) muß so gering wie möglich sein, ohne daß für den oder die Auftraggeber unzumutbare Warteschlangen für die Probenbearbeitung entstehen. In die Betrachtungen sind also primär die dem Analytiker zugebilligten Wartezeiten einzubeziehen. Gleichzeitig sind Prioritäten für die verschiedenen Probearten festzulegen [57]. Hinzu tritt die Aufgabe, die Wirtschaftlichkeit des Systems noch dadurch zu verbessern, daß in „Leerlaufzeiten" Stapelaufgaben erledigt werden.

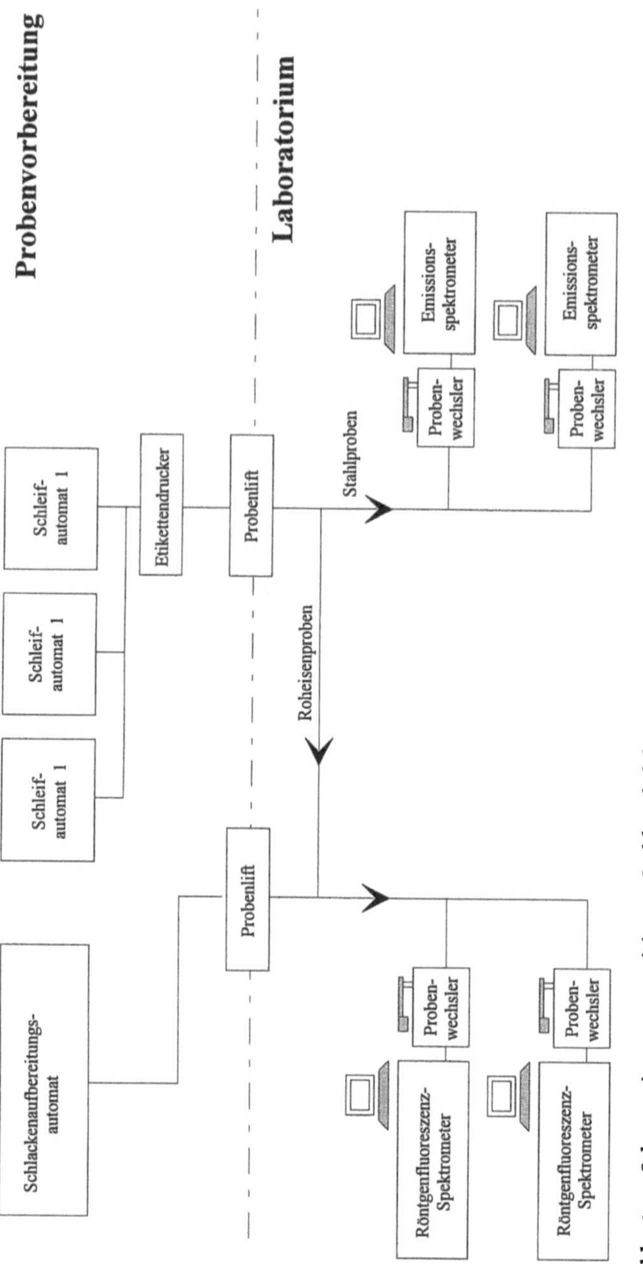

Abb. 6.17. Schema eines automatisierten Stahlwerkslaboratoriums

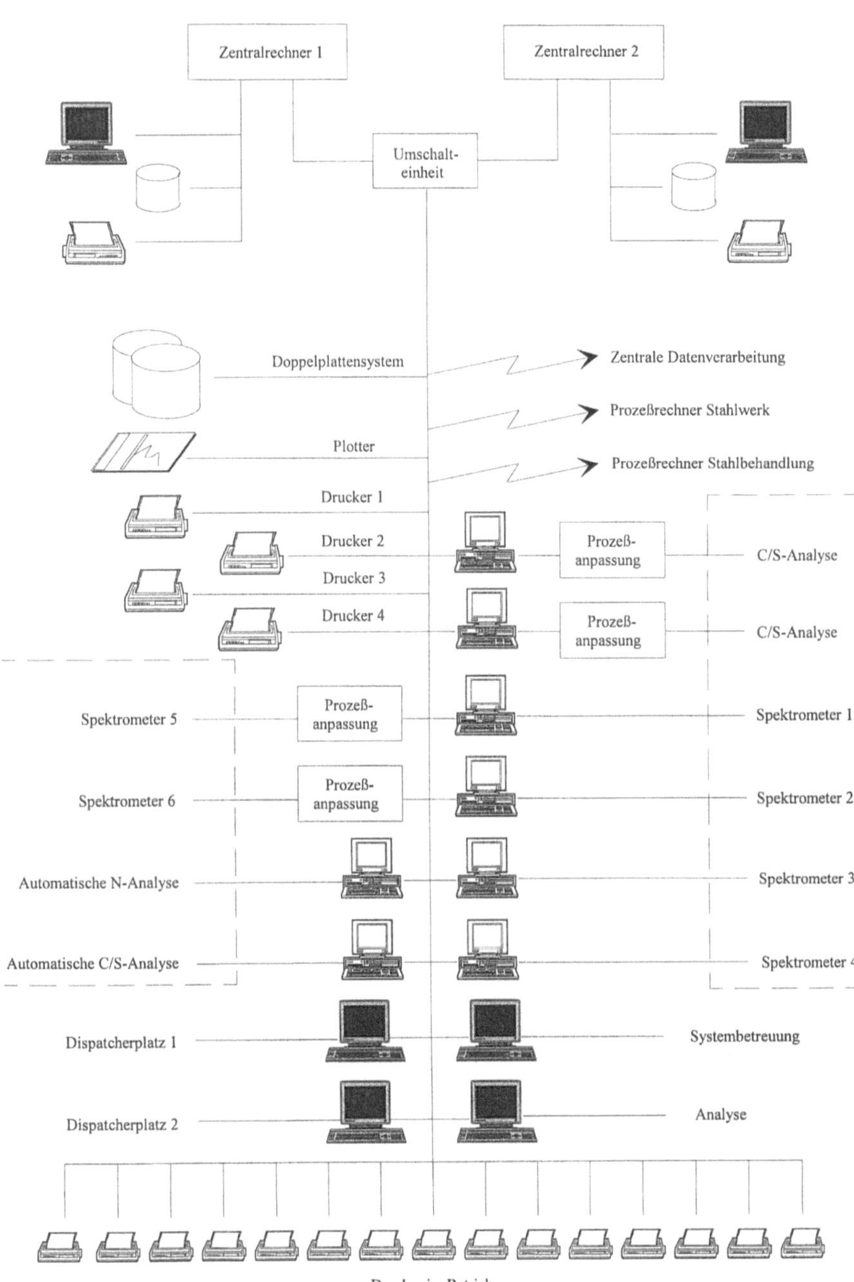

Abb. 6.18. Konfiguration eines Datenverarbeitungssystems

6.3.2.4
Vor-Ort-Analytik

Im Zusammenhang mit der zunehmenden Prozeßautomation und der verbreiteten Anwendung sekundärmetallurgischer Verfahren wurde nach Wegen zur Vermeidung der Probentransportzeit zu dem im allgemein zentral gelegenen analytischen Fachbereich gesucht. Selbst bei einem in der unmittelbaren Nähe des Schmelzbetriebes gelegenen Laboratorium treten Rohrposttransportzeiten von 20 bis 30 s auf, deren Einsparung lohnenswert sein kann.

Ein erster Schritt, die Analysenzeit durch Vermeidung längerer Transportzeiten zu verkürzen, bestand in der Installation von „Bühnenlaboratorien" in unmittelbarer Nähe der Schmelzaggregate [58], z.B. auf oder unter der Konverterbühne eines Blasstahl- oder Elektrostahlwerkes. Diese Laborteilbereiche stellen dabei Ergänzungseinheiten zu bestehenden Zentrallaboratorien dar und enthalten die für die gesamte Prozeßüberwachung benötigten Analysengeräte, Spektrometer und Einzelelement-Analysatoren, einschließlich aller Hilfseinrichtungen für die Probenvorbereitung. Das in diesen Laboratorien tätige Personal untersteht sinnvollerweise der Leitung der chemischen Laboratorien und wird bei personellen Engpässen von diesen Zentralbereichen aufgefüllt. Allein durch diese sich ständig ergebende Notwendigkeit und die nach einheitlichen Kriterien durchzuführende Wartung und Rekalibration der Analysengeräte im Rahmen einer normgerechten Qualitätssicherung können andere Organisationsformen nie effizient sein.

Als zweiter Schritt folgte die Automatisierung der Probenvorbereitung sowohl für den Bereich der Emissionsspektrometrie als auch für den der Stahlbegleiter C, S, N, O und H einschließlich ihrer Analyse [58], der eine deutliche Senkung der Personalkosten ermöglichte.

Im Gegensatz zu den Bühnenlaboratorien in denen *mehrere* (automatisierte) Analysenlinien, z.B. für Roheisen, für Stahl und für Schlacken, bestehen, enthalten die mannlos betrieblichen Container- oder Kabinenlaboratorien in der Regel nur ein automatisches Analysensystem. Die neueren Entwicklungen im Gerätebau ermöglichten die Aufstellung von Spektrometern in der Nähe der Schmelzaggregate (at-line) [59–62]. Es entstanden robuste Gerätekombinationen, die den Temperatur-, Staub- und Vibrationsbelastungen in Prozeßnähe standhalten und vom Personal des Schmelzbetriebes über die Probeneingabe „gestartet" werden können. In diesen Fällen sind alle Geräteeinheiten, wie Schleifautomat, Probenmanipulator und Spektrometer mit einer Rechnereinheit zur Steuerung und Datenerstellung in einem klimatisierten Container (Kabine) untergebracht (Abb. 6.19) und im Betrieb so aufgestellt, daß sie nur wenige Meter von der Produktionseinheiten entfernt sind. Ein derartiges System kann allerdings nur eine Probenart (z.B. nur Stahl) bei begrenztem Analysenprogramm untersuchen, so daß dieser Weg damit keine generelle Lösung darstellen kann und nur als Teil einer analytischen Gesamtaufgabe betrachtet werden muß.In neuerer Zeit hat die Entwicklung und der Bau größerer Containereinheiten eingesetzt, die eine Vielzahl analytischer Aufgaben zu erledigen gestatten.

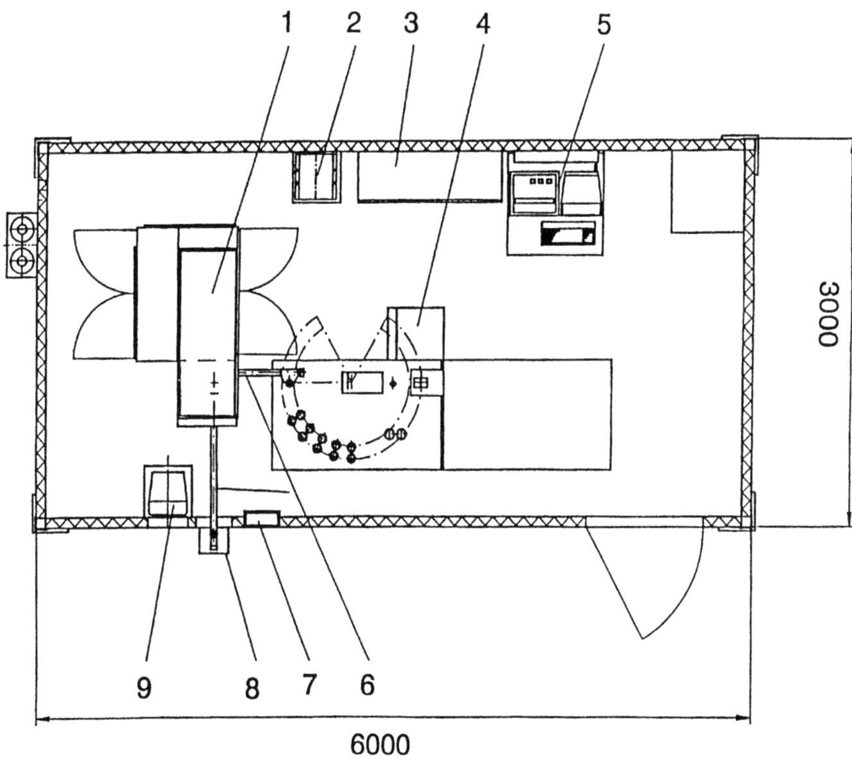

1 = Schleifautomat
2 = Spannungsstabilisierung
3 = Schaltschrank für den Schleifautomaten
4 = Tintenstrahldrucker
5 = EDV-Terminal

6 = Probentransportsystem
7 = Eingabetastatur
8 = Probeneingabe
9 = Bildschirmanzeige

Abb. 6.19. Beispiel für ein Containerlaboratorium

Die Funktionstüchtigkeit dieser Systeme setzt die tägliche Betreuung durch eine analytische Fachabteilung voraus. Bei einer Entscheidung über den geplanten Einsatz eines Containerlaboratoriums muß neben dem Wartungs- und Reparaturaufwand auch der Aufwand für die Funktionsprüfung der Geräte und für die Kalibration und Rekalibration des Analysators berücksichtigt werden. Es ist zu bedenken, daß das System täglich einmal für routinemäßige Wartungsarbeiten außer Betrieb genommen werden muß. Während dieser Zeit müssen die Proben einem evtl. vorhandenen zweiten Containerlaboratorium oder einem Zentrallaboratorium zugeleitet werden (können).

Ein besonderes Problem beim Einsatz eines automatischen Analysensystems stellt die Erkennung fehlerhafter Proben (z. B. durch Schlackeneinschlüsse oder Hohlräume) dar. Die aus der Untersuchung derartiger Proben resultierenden Fehlanalysen würden zu einer mangelhaften Qualität des Produktes und zur Störung des betrieblichen Ablaufes führen.

Daher wurde schon bald nach Methoden zur rechtzeitigen Erkennung fehlerhafter Proben gesucht. Eine Möglichkeit besteht darin, die Meßsignale der spektrometrischen Referenzkanäle während des Abfunkens mit an einer fehlerfreien Probe gewonnen Solldaten zu vergleichen. Bei Unterschreitung dieser Solldaten wird dann die Probe verworfen. Bei Versuchen unter Betriebsbedingungen hat sich diese Mehode allerdings als nicht ausreichend zuverlässig erwiesen. Ein anderer Weg besteht im Einsatz von Bildanalysatoren, die es ermöglichen, Defekte in der Oberfläche der Proben zu erkennen und ungeeignete Proben bereits vor der Spektralanalyse auszusondern. Da Schlackeneinschlüsse und Hohlräume (Lunker) enthaltende Proben leichter als fehlerlose, kompakte Proben sind, kann als dritte Methode ein Wägeprozeß zur Fehlererkennung und Sortierung genutzt werden.

Ein Aspekt, der besondere Erwähnung verdient, ist der bei Einsatz eines Containerlaboratoriums deutlich gestiegene Anteil einwandfrei aus dem Schmelzfluß gezogener Proben gegenüber einem konventionellen, zentral organisierten Laborbetrieb. Die Erklärung liegt in Folgendem: Der Facharbeiter, der die Probeentnahme durchzuführen hat, übergibt die Probe nicht einem Rohrpostsystem, das zu einem für ihn „anonymen" Laboratorium führt, sondern er übergibt diese selbst dem in Prozeßnähe befindlichen Analysesystem und sieht damit unmittelbar, ob „seine" Probe analysierbar ist. Bei nicht einwandfreier Beschaffenheit wird die Probe durch das System zurückgewiesen und der Schmelzer ist dadurch gezwungen, umgehend eine neue Probe zu beschaffen, um den Zeitverzug in Grenzen zu halten. Diese unmittelbare Rückkoppelung der Gut/-Schlecht-Information hatte eine drastische Reduzierung unbrauchbarer Proben zur Folge.

6.3.2.5
In-line-Analytik

Grundsätzlich andere Forschungsrichtungen bedeuten die Arbeiten zur „direkten" Analyse von Schmelzen (in-line-Analyse). Die dazu beschrittenen Wege, die zum Teil bereits bei der Direktanalyse des Roheisens unter 6.2.2 beschrieben wurden, sind unterschiedlich, wobei sich der grundlegende Gedanke bereits in früheren Lösungsansätzen findet.

Während die zur „Schnellbestimmung" des Kohlenstoffs im Stahl vorgeschlagene thermische Analyse (Bestimmung der Liquidustemperatur) und die thermoelektrische Methode noch eine Probenentnahme aus der Schmelze erforderte, ermöglichte die EMK-Messung der Sauerstoffaktivität (und damit die Berechnung des C-Anteils) erstmals eine direkte Untersuchung des schmelzflüssigen Bades. Hierbei erfolgt eine Potentialmessung zwischen einer Luft (O_2)/-Zirkondioxid-Elektrode und der Metallschmelze. Die EMK liefert ein Maß für den Partialdruck des in der Stahlschmelze gelösten Sauerstoffs innerhalb einiger Sekunden [63].

Ferner lassen folgende Entwicklungsrichtungen neben der Nutzung physikalischer Effekte (Ultraschall) betriebliche Anwendungen erwarten:

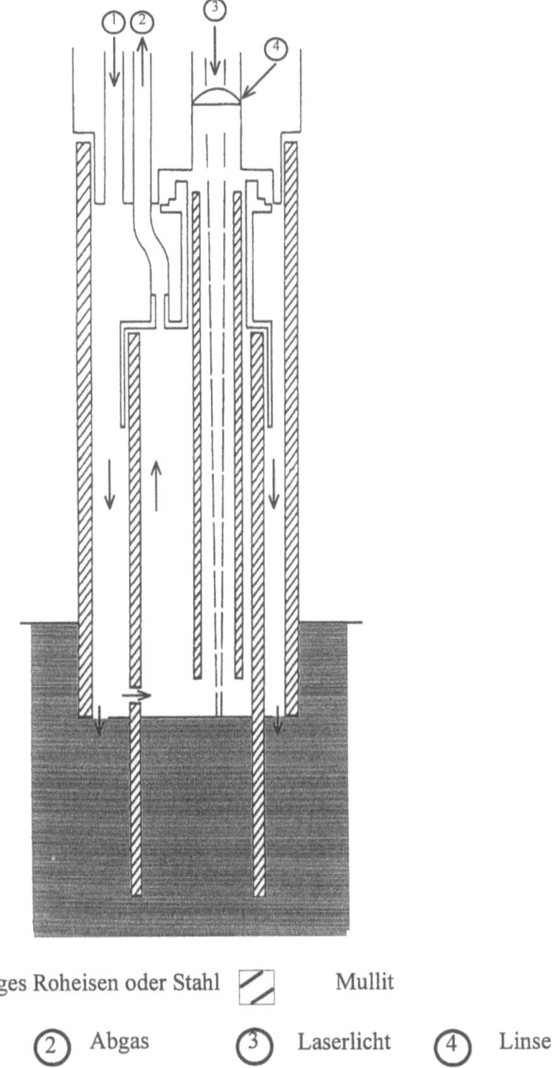

Abb. 6.20. Lasersonde für die in-line-Analytik von Stahlschmelzen [64]

1. Anwendung eines Lasers zum Verdampfen von Probenmaterial [64].
   Bei dieser Methode wird mit Hilfe eines Laserstrahls Material aus der Schmelze verdampft und durch ein inertes Trägergas einem Emissionsspektrometer zugeleitet, das zur Anregung dieser Aerosolteilchen mit einer Plasmaquelle (ICP) ausgerüstet ist (Abb. 6.20). Nach Erprobung dieser Technik an festen Stahlproben wurden Versuche zur Übertragung auf flüssige Schmelzen aufgenommen.

2. Anwendung eines Lasers [18, 19] oder eines elektrischen Funkens als optische Anregungsquelle.
In diesem Fall wird die durch den Laserstrahl angeregte spektrale Emission direkt zur spektrometrischen Analyse genutzt. Hierzu wird eine gekühlte Lanze in das Schmelzgefäß eingeführt, die Schlackendecke mit einem Argonstrom verdrängt und die metallische Badoberfläche spektral angeregt. Erste Versuche an 30-kg-Schmelzen verliefen erfolgversprechend. Bis zum betrieblichen Einsatz dieses Verfahrens sind allerdings noch eine Vielzahl von Problemen zu lösen.

Bei anderen Arbeiten werden Öffnungen in der Gefäßwand [65] oder dem Gefäßboden [66] zur Einführung der Laseranregungsquelle genutzt.

6.4
Prozeßanalytik in der NE-Metallurgie

Die für die Prozeßanalytik des Roheisens und des Stahls getroffenen Aussagen treffen auch für die der Nichteisen-Metalle zu, d.h. in der NE-Metallurgie werden prinzipiell dieselben Analysenmethoden wie bei der Roheisen- und Stahlerzeugung angewendet.

So besitzt die optische *Emissionsspektrometrie* große Bedeutung für die Metallurgie des Aluminiums und des Kupfers (s. auch 4.3.3) sowie die Erzeugung ihrer Legierungen. Sie wird ebenfalls bei allen Prozeßstadien der Bleiraffination und -legierung eingesetzt.

Die *Röntgenfluoreszenzanalyse* (RFA) dient der Untersuchung von Cu-, Ni-, Zn- und Al-Legierungen, während sich daneben die Röntgendiffraktometrie zur Überwachung der Schmelzelektrolyse des Aluminiums und des Bauxitaufschlusses eingeführt hat [67].

Die pyrometallurgische Raffination von Pb-Ag-Legierungen durch Oxidation der unedlen Metalle erfordert während der Endphase des Prozesses hohe Aufmerksamkeit. Durch Einsatz der *Glimmentladungsemissionsspektrometrie* (GDOES) konnte das Problem der präzisen Prozeßkontrolle gelöst und deutliche Kosteneinsparungen erzielt werden [68].

Neben der verbreiteten Anwendung spektrometrischer Methoden werden z.B in der Zink-Industrie titrimetrische, fotometrische und elektrochemische Verfahren zur Prozeßanalytik genutzt. Für die Überwachung der Laugungs-, Reinigungs- und Abscheidungsstufen wurden on-line-Analysatoren entwickelt, die einen wesentlichen Teil eines Automatisierungssystems im Zuge der Prozeßoptimierung bilden können [69]. In den letzten Jahren findet zunehmend die RFA Eingang in die Zinkhütten.

Die Bestimmung von Sauerstoff und Stickstoff im Rahmen der Prozeßkontrolle der Nichteisen-Metalle, wie z.B. Mo, Zr, Cn, Ti, V, Al und W geschieht wie beim Stahl beschrieben entweder mittels Vakuum- oder Trägergas-Heißextraktion [70].

6.5
Analytische Untersuchungen bei Umform- und Glühprozessen zur Feinblecherzeugung

Die Betrachtung der primär- und sekundärmetallurgischen Prozesse hatte gezeigt, daß die sie auf dem Wege zum Endprodukt begleitende Prozeßanalytik an Umfang, Komplexizität und damit an Aufwand zunimmt. Beim Übergang vom flüssigen zum festen Stahl liegt der Werkstoff in einer Form vor, der zwar noch den verschiedensten Umform- und Glühprozessen unterworfen werden muß, aber nicht mehr in allen Fällen der prozeßanalytischen Überwachung bedarf.

Der in den Stahlwerken erzeugte Rohstahl wird zum weitaus größten Teil in Walzwerken verarbeitet. Ein kleiner Teil wird in Formen gegossen und dient damit zur Herstellung schwieriger (unregelmäßiger) Formteile, z. B. Maschinenbauteile, Anker (Stahlguß). Während die Roheisen- und Stahlerzeugung durch chemische Reaktionen gekennzeichnet ist, stellt das Walzen einen physikalischen Vorgang dar, wenn man von den bei verschiedenen Wärmebehandlungen ablaufenden Gefügeänderungen und Phasenumbildungen zunächst einmal absieht.

Die vom Stahlwerk kommenden, in der Regel noch glühenden „Blöcke" und „Brammen" werden vor der Verarbeitung in Öfen eingesetzt, in denen der Temperaturausgleich zwischen Blockinnerem und Blockoberfläche und die Einstellung der erforderlichen Walztemperatur von 1200–1300 °C erfolgt. Die Form der „Blöcke" richtet sich nach der Weiterverarbeitung und damit der Art des Fertigerzeugnisses. Blöcke für Profil- und Stabstahl besitzen quadratischen Querschnitt, Schmiedeblöcke sind Vielkantprismen und nahtlose Rohre werden aus Rundblöcken (Zylinder) gewalzt. Blöcke mit rechteckigem Querschnitt bezeichnet man als Brammen. Sie dienen als Ausgangsmaterial für Breitflachstahl, Bleche und Bandstahl. Die Blockgewichte reichen von weniger als 1 t bis zu 400 t bei Schmiedeblöcken. Beim Walzen wird der Stahl zwischen zwei sich entgegengesetzt drehenden Walzkörpern einem hohen Druck ausgesetzt und dadurch – hauptsächlich in Längsrichtung – gestreckt. Die das Gefüge bildenden Kristallite werden bei der Verformung des Walzgutes so stark verändert, daß eine wesentliche Änderung der physikalischen Eigenschaften eintritt: Festigkeit und Härte nehmen zu, Dehnbarkeit und Zähigkeit nehmen ab.

Bei hoher Walztemperatur (Warmwalzen) erfolgt allerdings beim oder unmittelbar nach dem Walzen eine Neuorientierung der Kristallite (Rekristallisation), wodurch die bei der Verformung eingetretene Festigkeitszunahme wieder rückgängig gemacht wird. Beim Walzen im kalten Zustand (Kaltwalzen) bleiben die eingetretenen physikalischen Eigenschaftsänderungen bestehen. Hier sind daher Glühbehandlungen anzuschließen, um die gewünschten Werkstoffeigenschaften einzustellen. Ein nochmaliges Kaltwalzen (Dressieren) gewährleistet eine hohe Oberflächengüte. Der verbreitete Einsatz von Prozeßrechnern ermöglicht die produktbezogene Steuerung der Betriebsabläufe und Automatisierung von Walzwerken.

Auf dem Wege von der Stahlherstellung bis zur Fertigung von Endprodukten wird durch ein System von Verfahren sichergestellt (Qualitätssicherungssystem; s. Kapitel 9), daß das aus einer bestimmten Schmelze bzw. aus einem bestimmten Vorerzeugnis gefertigte Werkstoffteil eine vorgegebene „Güte" besitzt. In einem derartigen System ist durch die „Qualitätsprüfung" [71] der Grad festzustellen, in dem Waren (Werkstoffteile) mit den an sie gestellten Forderungen übereinstimmen. Durch die Methoden der Qualitätsprüfung, die im wesentlichen aus Zeitgründen immer eine „Schnellprüfung" sein muß, sind entweder Verwechslungen von Werkstoffteilen auszuschließen oder Abweichungen in den Eigenschaften der Teile in einer Weise festzustellen, daß eine Sortierung nach Gütemerkmalen sinnvoll möglich ist.

Die Forderung nach Einfachheit und Schnelligkeit erfüllen - wie bei der seit mehr als 80 Jahren genutzten Schleiffunkenprüfung von Stahlwerkstoffen - magnetische und elektromagnetische Verfahren zur Identifizierung verschiedener Stahlsorten [72], die nicht zuletzt aus diesen Gründen und wegen der zerstörungsfreien Arbeitsweise [73] in den vergangenen 40 Jahren eine weite Verbreitung gefunden haben [74]. Allerdings muß dabei beachtet werden, daß die Wärmebehandlung einen weitaus größeren Einfluß auf die elektromagnetischen Eigenschaften ausüben kann als Unterschiede in der chemischen Zusammensetzung. Daher sind diese Methoden z.B. nur bei Kenntnis des Gefügezustandes anwendbar. Wegen dieser Begrenzungen ist nach anderen, insbesondere chemisch-analytischen Möglichkeiten zur schnellen Qualitätsprüfung gesucht worden.

In den letzten Jahren wurden eine Reihe tragbarer Analysatoren, die das Prinzip der Röntgenfluoreszenz nutzen, für diese Zwecke entwickelt. Sie unterliegen aber gewissen Beschränkungen und ermöglichen immer nur die Bestimmung eines oder weniger Elemente. Als Anregungsquelle dienen in Abhängigkeit von der analytischen Aufgabe verschiedene Radioisotope, wobei zur Bestimmung der einzelnen Elemente sowohl wellenlängen- wie energiedispersive Systeme Verwendung finden.

Im Bereich der legierten Stähle können diese Geräte durch Festlegung typischer Leitelemente für Aufgaben der Verwechslungsprüfung und für Sortierzwecke eingesetzt werden. Für unlegierte Stähle liegen bisher keine Erfahrungen vor, da hier die Anwendbarkeit dieses Prinzips noch weiter eingeschränkt und das Element Kohlenstoff auf diese Weise nicht bestimmbar ist.

Die Nutzung der Emissionsspektralanalyse für Aufgaben der Produktkontrolle hat eine rund 60jährige Geschichte („Steeloscop" von Hilger, 1937). Da die einleitend erwähnte Funkenprüfung und die physikalischen Methoden die chemische Zusammensetzung nur indirekt und nur unter bestimmten Voraussetzungen zu erfassen gestatten, hatte es nahegelegen, direkte Bestimmungsmethoden, die außerdem an beliebigen Betriebspunkten einsetzbar sind, zu entwickeln. Ferner war die gleichzeitige Bestimmung mehrerer Elemente anzustreben, eine Vorgabe, die auch von den neueren Röntgenfluoreszenzanalysatoren nur bedingt in einigen Fällen erfüllt werden kann.

Diese letztgenannten Forderungen führten zum Bau tragbarer bzw. transportabler Spektrometer, die in den vergangenen Jahren vielfältige Anwendung gefunden haben. Mit Hilfe eines Lichtbogens oder Funkens zwischen dem zu prüfenden Werkstoffteil und einer Gegenelektrode wird Material verdampft und in bekannter Weise spektral angeregt.

Die aufgezeigten Beschränkungen führten im weiteren Verlauf zu folgenden Entwicklungen:

1. Einsatz festinstallierter (ortsfester) Spektrometer in Fertigungslinien (in-line-Analyse),
2. Entwicklung eines mit einem Aerosolgenerator verbundenen ortsunabhängigen Spektrometers,
3. Entwicklung von fahrbaren Kleinspektrometern.

Ortsfeste Spektrometer zur in-line-Analyse

Durch die Entwicklung von Lichtleitkabeln wurde es möglich, Funkenstativ und Spektrometer räumlich zu trennen. Nach Überwindung zahlreicher Schwierigkeiten hinsichtlich der störungsfreien Aufstellung eines Emissionsspektrometers unmittelbar in einem Produktionsbetrieb, der Schaffung geeigneter Abfunkeinrichtungen und der Ermittlung der für die direkte Analyse brauchbaren Anregungsparameter waren die Voraussetzungen für die Sortenprüfung in einer Produktionslinie geschaffen (in-line-Kontrolle) [75, 76].

Der Prüfstand umfaßt eine bewegliche Fräseinrichtung zur Schaffung einer geeigneten Prüffläche (Stirnseite eines Stabstahls), den beweglichen Funkenstand, der vor das Prüfgut geschwenkt wird, und dem Lichtleiter, der das emittierte Licht dem Spektrometer zuleitet. Die Rekalibrierung des Systems erfolgt automatisch. Für die reine Spektralanalyse werden 5 s (Vorfunken 2 s, Integration 3 s) benötigt. Die relative Standardabweichung beträgt 2–8 %. Die Taktfolgezeit liegt bei 60–90 s (abhängig vom Prüfgut).

Direkte Analyse mit Hilfe eines Aerosolgenerators

Bei dieser Technik [77] wird nicht wie oben das emittierte Licht, sondern ein von dem Prüfgut erhaltenes Aerosol dem Spektrometer zugeleitet. Hierbei wird mit einem Gleichstrombogen Material verdampft und als Aerosol in einem Argonstrom einem Kapillarbogen zur optischen Anregung zugeführt. Der Vorteil dieses Verfahrens liegt darin, daß alle Elemente, die auch an kompakten Proben mit Hilfe der üblichen Emissionsspektrometrie bestimmt werden, also auch die wichtigen Stahlbegleiter Kohlenstoff, Phosphor und Schwefel, erfaßt werden. Diesem Verfahren ist allerdings eine größere Verbreitung versagt geblieben.

Fahrbare Kleinspektrometer

Die neuere Entwicklung von Geräten zur spektralanalytischen Identitätsprüfung ist gekennzeichnet durch die Konstruktion von fahrbaren Kleinspektrometern in Verbindung mit einer „Abfunkpistole" und Transport des emittierten Lichtes mittels eines Lichtleiters [78–82]. Der Meßvorgang zur simultanen

Tabelle 6.8. Beispiele für die emissionsspektrometrische Identitätsprüfung von Stählen

Nr.	Stahlsorte	Leitelement	Mittlerer Anteil in %	Weitere Unterscheidungsmöglichkeit
1	20 MnCr$_5$	Chrom	1,25	1,20 % Mn
	RSt 37-2		0,11	0,70 % Mn
2	St 52-3	Mangan	1,28	–
	St 37		0,62	–
3	42 CrMo$_4$	Mangan	0,70	0,18 % Mo
	16 MnCr$_5$		1,20	0,02 % Mo

Bestimmung von z. B. zehn Elementen dauert 4 bis 10 s. Die Abweichung eines Meßwertes von einer vorgegebenen Gehaltsgrenze kann optisch und akustisch gemeldet werden. Tabelle 6.8 zeigt einige typische Anwendungsbeispiele.

Wegen der Bedeutung für die Konsumgüterindustrie soll nachfolgend das Kaltwalzen und die damit verknüpften Glühbehandlungen zur Erzeugung von Feinblechen unter Berücksichtigung der Prozeß- und Produktanalytik kurz behandelt werden.

Die fortschreitende Automatisierung der Fertigungstechnik in der blechverarbeitenden Industrie führt zu immer höheren Anforderungen an die Gleichmäßigkeit der Eigenschaften der Blechwerkstoffe. Neben den Eigenschaften der Grundwerkstoffe haben bei Fein- und Feinstblechen in steigendem Maße die Oberflächeneigenschaften an Bedeutung zugenommen. Im Automobilbau werden z.B. im Hinblick auf eine einwandfreie Lackierung höchste Ansprüche an die Oberflächenqualität hinsichtlich Fehlerfreiheit, Rauheit und Sauberkeit gestellt.

Die daraus erwachsenden Anforderungen an den Werkstoff werden durch kostenaufwendige Maßnahmen in den verschiedenen Fertigungsstufen, die mit dem Beizen (= Entfernen der Zunderschicht durch chemische oder elektrochemische Verfahren zwecks Erzielung einer sauberen Oberfläche) des Ausgangsmaterials beginnen, erfüllt. Nach dem Kaltwalzen bestehen verschiedene Möglichkeiten der Glühbehandlung. Die neuen Kontiglühverfahren bieten im Vergleich zur „Haubenglühe" aufgrund der flexiblen Glühbedingungen mit Glühtemperaturen bis 850 °C in Verbindung mit Schnellkühlsystemen ideale Voraussetzungen zur Realisierung der neuen, den heutigen Marktforderungen angepaßten Werkstoffkonzepte.

In den kontinuierlichen Glühanlagen sind Verfahrensschritte, wie Bandreinigung, Dressieren (= Nachwalzen von kaltgewalzten Blechen und Bändern nach dem Glühen zum Glätten und Verfestigen der Oberfläche) und elektrostatische Einölung integriert. Als besondere Vorteile des „kontigeglühten" Materials sind die gute Planlage, die Bandsauberkeit sowie die Eignung zur Oberflächenveredlung hervorzuheben.

Kontinuierlich nach dem Prinzip der *Röntgendiffraktion arbeitende Meßgeräte zur on-line-Kontrolle* einer die Verformungseigschaften kennzeichnenden „Anisotropiekennzahl" [83] und zur Feststellung von Oberflächenfehlern dienen der Qualitätsüberwachung des Produktes. Bei kaltgewalzten Stahlble-

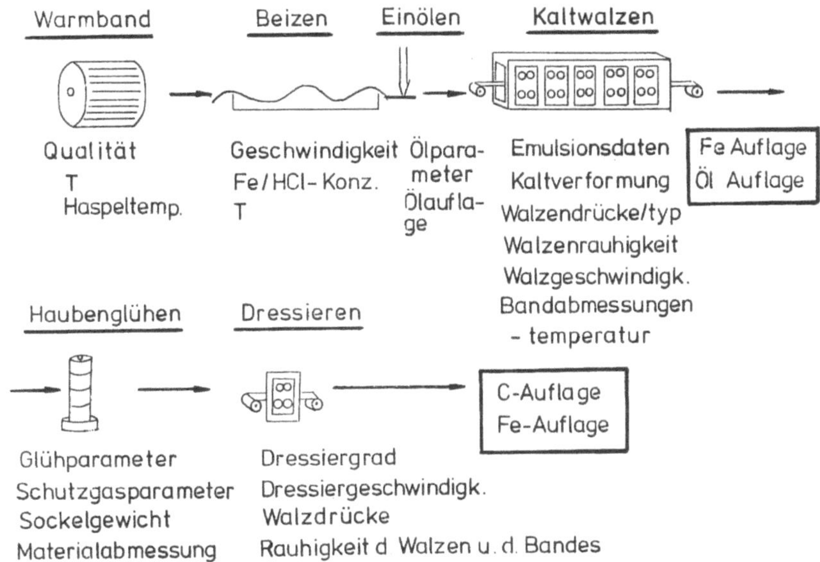

Abb. 6.21. Analytische Überwachung des Kaltwalzprozesses

chen besitzen naturgemäß die Verformungseigenschaften besonderes Interesse. Als zuzuordnende physikalische Kenngröße kann die kristallographische Feinstruktur der Bleche (Textur) angesehen werden.

Die Orientierung von Kristalliten innerhalb eines makroskopischen Festkörpers kann sich zwischen zwei Extremfällen bewegen, einer regellosen Verteilung und einer strengen Ordnung. Die Gesamtheit der Orientierungsverteilung der Kristallite bezeichnet man als Textur. Röntgenographisch gemessene Texturen können z.B. mit Hilfe einer „Polfigur", wie sie aus der Kristallographie bekannt ist, dargestellt werden. Die Textur des kubisch-raumzentrierten α-Eisens, die hier besonders interessiert, wird im Verlauf des Produktionsprozesses vom Warmwalzen und Kaltwalzen bis zum Glühen und Nachdressieren durch eine Reihe von ineinandergreifenden Einflüssen in komplizierter Weise bestimmt. Unterschiedliche Aufheizparameter führen zu unterschiedlichen Texturen und damit zu unterschiedlichen technologischen Eigenschaften.

Zum Prozeß- und Qualitätsüberwachungssystem einer modernen Glühanlage gehört ferner ein automatisiertes Laboratorium zur Werkstoffprüfung. Hierzu werden aus der laufenden Produktion regelmäßig Proben dem Band entnommen. Nach automatischer Herstellung genormter Prüfkörper wird die Rauheit, die Härte (nach Vickers) und die Zugfestigkeit (Zerreißprüfung) ermittelt.

Die *chemische* Prozeßanalytik (Abb. 6.21) der Kaltwalz- und Glühverfahren zeigt eine andere Charakteristik als bei den metallurgischen Verfahren in flüssiger Phase. Alle Prüfungen erfolgen diskontinuierlich und dienen 3 verschiedenen Zielrichtungen:

1. Als Prozeßanalytik im Sinne einer Prozeßüberwachung,
2. Zur „Analyse" des Prozesses im Hinblick auf ein besseres Verständnis der Prozeßschritte und ihres Einflusses auf die Werkstoffeigenschaften und
3. Zur Klärung der Ursachen in Störungsfällen.

In den letzten Jahren sind die Anforderungen an Kaltbandstraßen erheblich angestiegen. So haben die stärkere Gesamtverformung des Feinbandes bei gleichzeitiger Erweiterung des Programmspektrums hin zu härteren Qualitäten und größeren Durchsatzleistungen der Kaltbandstraßen zu wesentlich größerer Belastung der Walzhilfsstoffe geführt. Das wichtigste Walzhilfsmittel beim Kaltwalzen ist die Walzölemulsion, die mehrere Aufgaben zu erfüllen hat (s. 3.2.1.3). Ihre Eigenschaften haben einen erheblichen Einfluß auf die „Sauberkeit" des Produktes Feinblech. Um bei den gestiegenen Anforderungen an die Kaltbandstraßen zu guten Bandsauberkeiten zu kommen, die die nachgeschalteten Veredelungsprozesse nicht behindern, war in der jüngsten Vergangenheit neben einer ständigen Anpassung der Walzölemulsionen auch deren verstärkte analytische Kontrolle gefordert. Wie bereits früher in Tabelle 3.5 gezeigt, bestehen Walzöle aus einer Vielzahl von funktionellen Ingredienzien, deren Gegenwart und Wirksamkeit in der Emulsion ständig kontrolliert werden. Aus der Tabelle 3.6 wird deutlich, daß durch Kontrolle des Ölgehaltes, des pH- Wertes, der Leitfähigkeit und der Verseifungszahl die Schmierleistung einer Emulsion ebenso sichergestellt wird, wie Fremdöleinbrüche, Bakterienbefall und Eindringen fremder Ionen analytisch erkannt werden. Der Einsatz eines Laborroboters bietet die bereits erläuterte Möglichkeit, den steigenden Anforderungen an die Analytik rationell (ohne zusätzlichen Personalaufwand) gerecht werden zu können.

Neben dem Zustand der Walzölemulsion wird der Wirkungsgrad der Bandreinigungs- Beiz- und Einölanlagen ständig analytisch überwacht.

Von besonderem Interesse sind natürlich alle Fragen, die mit den Oberflächeneigenschaften, die von unmittelbarem Einfluß auf die Verfahren der Oberflächenveredlung ist, zusammenhängen. Zur schnellen Charakterisierung von Feinblechoberflächen und ihrer Veränderungen im Prozeßablauf hat sich die Glimmentladungsspektrometrie (GDOES) als sehr nutzbringend erwiesen. Die Bestimmung der z.B. beim Glühen unter Schutzgas auftretenden Oberflächenanreicherungen ist wichtig, um Hinweise über mögliche Beeinträchtigungen sich anschließender Verfahrensschritte zu erhalten (Näheres s. später unter 6.7.3).

Durch Einsatz der IR- und Massenspektrometrie konnte u. a. gezeigt werden, daß während des Walzvorganges aus Komponenten der Walzölemulsion gebildete Eisenseifen nach dem Glühprozeß zu nicht entfernbaren Restkohlenstoffbelägen führen können. Abbildung 6.22 zeigt ein IR-Spektrum der Glührückstände von Eisencarboxylaten, das noch bis 650 °C organische Bestandteile wie Ester und Carbonsäuren erkennen läßt, während die GDOES-Tiefenprofile in Abbildung 6.23 die Zunahme des Oberflächenkohlenstoffes durch das Glühen von carboxylatbelasteten Blechproben belegen.

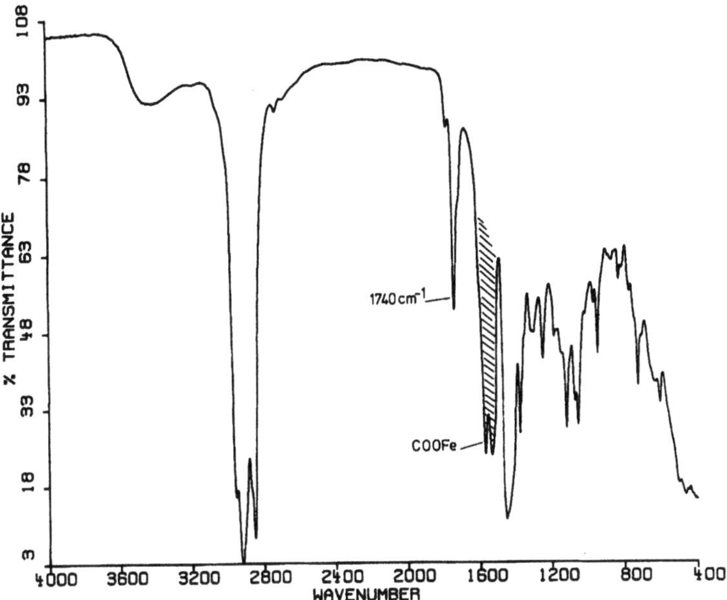

Abb. 6.22. IR-Spektrum von Glührückständen auf Feinblech

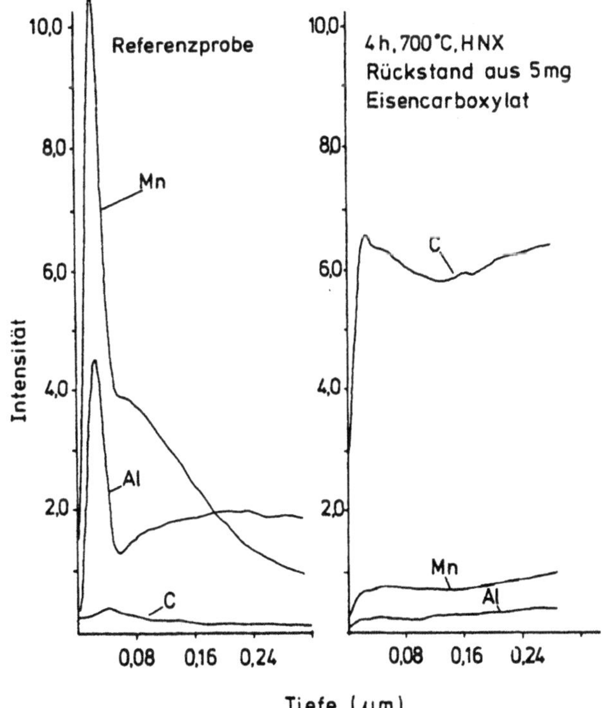

Abb. 6.23. Beim Glühen entstandener Oberflächenkohlenstoff (GDOES-Tiefenprofil)

6.6
Überwachung der Prozesse zur Oberflächenbeschichtung von Stahlfeinblech

Das Beschichten von Werkstoffen und die Erzeugung von Schichten auf Werkstoffen haben eine herausragende technische und wirtschaftliche Bedeutung erlangt. Es gibt eine Vielfalt von Verfahren zum Beschichten von Werkstoffen mit Metallen (Zn, Sn, Pb, Al) und mit organischen Stoffen in Form von Folien und Plastisolen. Beispiele für keramische oder oxidische Beschichtungsverfahren sind das Emaillieren, das Aufbringen von Keramikschichten auf Turbinenschaufeln oder von Rutheniumoxid auf Titananoden für die Chloralkalielektrolyse zur Verlängerung ihrer Lebensdauer. Ferner ist in diesem Zusammenhang das Eloxieren von Aluminium zu nennen.

Die Oberflächen der aus Eisen und Stahl hergestellten Gegenstände unterliegen neben mechanischen (Erosion) häufig starken chemischen und elektrochemischen Einflüssen (Korrosion) und müssen in solchen Fällen geschützt werden. Eine Ausnahme bilden nur einige hochlegierte korrosionsbeständige Stahlsorten.

Fein- und Feinstblech wird in hohen Anteilen zum Schutz vor Korrosion und u. U. zur Verbesserung der Verarbeitbarkeit bei nachfolgenden Verfahrensschritten durch Aufbringen metallischer Schichten oberflächenveredelt. Hierbei handelt es sich um die Verarbeitung von Stahlband in kontinuierlichen Prozessen, die stets mehrere Prozeßschritte umfassen und in verschiedenen verfahrenstechnischen Varianten existieren. Die einzelnen Verfahren und ihre physikalisch-chemischen und metallkundlichen Grundlagen sollen hier nicht näher beschrieben werden, es gilt vielmehr, nur die prozeßanalytischen Aspekte zu betrachten.

Das für den Verpackungssektor bestimmte *Feinstblech* (Dicke < 0,5 mm) wird zur Vermeidung von Korrosionserscheinungen elektrolytisch verzinnt (Weißblech) oder verchromt. Die kontinuierliche Überwachung der Zinnschichtdicke während des Prozesses [84] stellt ein wesentliches Mittel zur Gewährleistung einer hohen Produktqualität und zur Kostenminimierung durch Einsparung von Zinn dar. Das Meßprinzip besteht in der Schwächung der durch eine primäre Röntgenstrahlung angeregte Fe-Kα-Fluoreszenzstrahlung durch die darüberliegende Sn-Schicht. Unterschiedliche Fe-Sn$_2$-Zwischenschichten beeinflussen das Meßergebnis nicht.

Zur Oberflächenveredlung von *Feinblech* gibt es verschiedene Möglichkeiten:

- das Feuerverzinken und Legierverzinken,
- das elektrolytische Abscheiden von Zink-, Zink-Kobalt-, Zink-Nickel- und Zink-Eisen-Schichten und das Mischverbleien.

Zu den wichtigsten Abnehmern dieser bandveredelten Feinblecherzeugnisse gehören die Fahrzeug-, die Bau- und die Geräteindustrie.

Im Gegensatz zu den Schmelztauchverfahren zur Beschichtung von Feinblech mit Zink oder Zink-Aluminium-Legierungen („Galfan": 95 % Zn, 5 % Al, Zusatz von Mischmetall; „Galvalume": 55 % Al, 43,5 % Zn, 1,5 % Si), bei denen im wesentlichen technologische Werte gemessen und off-line-Prüfungen des Schmelzbades und der Rohstoffe vorgenommen werden, erfordern die elektrolytischen Prozesse eine umfangreichere Prozeßkontrolle und Maßnahmen zur Prozeßanalytik.

Die prozeßanalytischen Aufgaben beginnen mit der Untersuchung der Entfettungs- und Beizbäder, umfassen dann die des Elektrolyten und der nachgeschalteten Spül-, Phosphatier- und Passivierungsbäder. Die Analysen werden off-line, hauptsächlich titrimetrisch durchgeführt. Es gibt verschiedene on-line-Konzepte auf diesem Gebiet unter Nutzung spektroskopischer [85] und chromatographischer Prinzipien [86].

In der Literatur gibt es bereits Lösungsvorschläge unter Einsatz der RFA [87] und der ICP-Spektrometrie [88], die zumindest einen beachtlichen Anteil der zur Prozeßführung benötigten Informationen innerhalb weniger Minuten bereitzustellen gestatten. Eine umfassende Problemlösung ist damit nicht in allen Fällen gegeben.

Für Untersuchungen der metallischen Schichten haben sich die GDOES und die SNMS als vielfältig einsetzbare Analysenmethoden erwiesen (s. 6.7.3).

Der Vollständigkeit halber sollten auch die nichtmetallischen anorganischen Überzüge erwähnt werden. Hier hat vor allem das Email besondere Bedeutung erlangt. Dabei handelt es sich meist um glasartige Alkaliborosilicatschichten, die in einem Schritt oder mehreren Arbeitsgängen auf die Stahloberfläche aufgetragen und „eingebrannt" werden (je nach Art zwischen 700 und 1000 °C; „Emaillieren"). Daneben kennt man Schutzschichten aus Zement (z. B. für die Innenauskleidung von Rohren) und reinem SiO_2. Auch diese technischen Verfahren sind mit zahlreichen analytischen Aufgaben verknüpft. Die Optimierung dieser Technik gelang erst durch systematische prozeßanalytische Untersuchungen.

Ein weites Feld ist der Oberflächenschutz durch Anstriche mit Farben, Lacken, Bitumen und Kunststoffen. In neuerer Zeit (seit etwa 1960) hat kunststoffbeschichteter Stahl steigende Bedeutung erlangt. Bei diesem Werkstoff vereinigen sich die guten mechanischen Eigenschaften des Stahls mit der Korrosionsbeständigkeit und mit anderen wünschenswerten Eigenschaften der Kunststoffe. Diese organischen Schutzschichten werden in kontinuierlich arbeitenden Anlagen entweder als Flüssigkeit (Plastisol), die in der Wärme „gehärtet" wird, oder als Folie auf das Stahlband gebracht. Als Kunststoffe für die Bandbeschichtung (Coil coating) werden Polyester, Acrylate, Epoxide, Melamine, Siliconpolyester, aber auch Polyvinylchlorid und Polyvinylfluorid verwendet. Um eine gute Haftung zwischen Stahl und Kunststoff zu gewährleisten, ist in der Regel von der Beschichtung eine besondere Behandlung der Metalloberfläche (z. B. Phosphatieren oder/und Verzinken) erforderlich. Ferner gibt es das Verfahren der Zinkstaublackierung (Zincrometal; Zincal Duplex) von kaltgewalztem Stahlband.

Die erwähnte Bandbeschichtung zählt seit mehr als 25 Jahren zu den wichtigsten Oberflächenveredlungsverfahren der Stahlindustrie [89]. Bandbeschichtete Stahl-Flacherzeugnisse lassen sich vorteilhaft in den Fällen einsetzen, in denen Korrosionsbeständigkeit und dekoratives Aussehen von auschlaggebender Bedeutung sind, z.B. im Bauwesen, in der Automobil-, EBM- und Verpackungsindustrie.

Die Verfahren der Bandbeschichtung verdeutlichen noch einmal eindrucksvoll, daß beginnend mit dem kontinuierlichen Glühen von Stahlbändern eine Prozeßkette von kontinuierlichen Verfahren der Stahlverarbeitung und -veredlung abläuft, die eine nach den Anforderungen an Aussehen, Haltbarkeit und Umformbarkeit fast unbegrenzte Produktvielfalt ermöglicht.

Der mehrschichtige Aufbau solcher Produkte bringt es mit sich, daß dadurch eine Reihe von Problemen an den Phasengrenzflächen, z. B. im Zusammenhang mit Fragen der Haftung, auftreten können. Wenn sich auch die Prozeßüberwachung in erster Linie auf die Messung physikalischer Größen stützt, so sind analytische Untersuchungen notwendig, um Grundlagen für die Verbesserung der Produkte, sowie für die Optimierung des Prozesses und damit Unterlagen für betriebliche Kontrollmaßnahmen zu schaffen. Die Produktpalette wird ergänzt durch dreischichtige schalldämpfende Verbundbleche Stahl/Kunststoff/Stahl (Bondal®), für die hinsichtlich der analytischen Produktkontrolle das gleiche wie für die übrigen mehrschichtigen Erzeugnisse gilt.

6.7
Analytik metallischer Werkstoffe

6.7.1
Werkstoffeigenschaften und Spurenanalytik von Stahlwerkstoffen

Mehrfach wurde auf den Zusammenhang zwischen der Entwicklung marktgerechter Werkstoffe und den damit zwangsläufig verknüpften Aufgaben der Werkstoffprüfung und der chemischen Analytik, die häufig mit der Ausarbeitung einer verfahrensgerechten Prozeßanalytik abgeschlossen werden, hingewiesen. Dabei ist es Aufgabe der „zerstörenden" und der „zerstörungsfreien" Werkstoffprüfung, die Eigenschaften der erzeugten Werkstoffe im Hinblick auf ihre praktische Verwendbarkeit zu bestimmen. Unter der zerstörenden Werkstoffprüfung sind z. B. Festigkeits- und Härteprüfungen an besonderen von dem Werkstoff entnommenen Probekörpern zu verstehen. Ferner die Untersuchung der Gefügeausbildung (Metallographie) unter Einsatz der Licht- und der Elektronenmikroskopie. Die zerstörungsfreie Prüfung dient z. B. der Feststellung von inneren Fehlstellen in Werkstücken durch Einsatz von Ultraschall- oder von Durchstrahlungsverfahren, bei denen als Strahlungsquelle Röntgenröhren oder radioaktive Präparate und bei großen Dicken Betatron oder Linearbeschleuniger verwendet werden.

Spurenanalytische Untersuchungen sind notwendig aufgrund der Erkenntnis, daß geringe Anteile bestimmter Elemente im Stahl (Bereich 10^{-3} bis $10^{-4}\%$) die Werkstoffeigenschaften entscheidend beeinflussen können [90, 91]. Auch hier sei auf die Beispielhaftigkeit dieser Ausführungen hingewiesen. Als mögliche Spuren kommen in Stählen folgende Elemente in Betracht: *Al*, As, *B*, Bi, Ca, *Ce*, Co, Cr, Cu, Mg, *Nb*, Ni, Pb, Sb, Se, Si, Sn, *Ta*, Te, *Ti*, *V*, Zn, *Zr* (kursiv bedeutet:

Verwendung als Mikrolegierungselement). Die Anteilsbereiche der erwünschten bzw. unerwünschten Elemente zeigt Tabelle 6.9.

Dabei kann das metallurgische und werkstoffkundliche Verhalten der Spurenelemente verschiedene Ursachen und Folgen haben (Tabelle 6.10). Es ist zu unterscheiden zwischen der Unmischbarkeit der Komponenten im festen Zustand (Pb, Bi, Te, Ca), einer Mischkristallbildung (Mn, B, Cu) und der Bildung

Tabelle 6.9.
Größenordnung der Anteile einiger Spurenelemente im Stahl

Element	Anteil in Gew.-%
As	0,005
B	0,0005
Bi	0,0005
Co	0,004
Cu	0,08
H	0,0003
Mo	0,01
Ni	0,04
P	0,015
Pb	0,002
S	0,015
Sb	0,002
Sn	0,008

Tabelle 6.10. Wirkung einiger Spurenelemente auf typische Stahleigenschaften

Element	Negative Wirkung als Begleitelement	Einfluß als Legierungselement auf
Kohlenstoff		Härte, Zugfestigkeit, Zähigkeit
Schwefel	Rotbrüchigkeit, Heißbrüchigkeit	Zerspanbarkeit
Phosphor	Sprödbrüchigkeit Anlaßsprödigkeit	
Stickstoff	Versprödung (Alterung) Blaubrüchigkeit	
Sauerstoff	Verschlechterung der Zähigkeit und Dauerfestigkeit	
Wasserstoff	Rißanfälligkeit, Materialtrennungen (Flocken) Sprödbrüchigkeit	
Bor		Härtbarkeit, Alterungsbeständigkeit
Blei Zinn Antimon	Zugfestigkeit, Kerbschlagzähigkeit, Warmverformbarkeit	Zerspanbarkeit
Wismut	Zugfestigkeit, Warmverformbarkeit, Härtbarkeit	

intermediärer Phasen (As, Sb, Sn). Die beobachteten Wirkungen lassen sich unter folgenden Begriffen zusammenfassen und daraus gleichzeitig die Bedeutung der Spurenanalytik für die Herstellung von Stahlwerkstoffen ableiten:

- Beeinflussung von Diffussionsvorgängen,
- Einfluß auf die Keimbildung in der flüssigen Phase,
- Bildung von niedrigschmelzenden Korngrenzeneutektika,
- strukturelle und energetische Beeinflussung von Korngrenzen.

Die unerwünschten Spurenanteile gelangen aus Roh-, Hilfs- und Legierungsstoffen währen der verschiedenen Prozeßstufen in den Stahl, so daß diesen bereits bei der Auswahl der eingesetzten Stoffe (z. B. Eisenerze, Ferrolegierungen) analytische Aufmerksamkeit geschenkt werden muß. Aus dem oben Gesagten ist leicht zu folgern, daß die Verringerung der Begleit- und Spurenelemente ein permanentes Ziel der Metallurgen bleiben wird [92]. Immerhin sind durch metallurgische Sonderbehandlungsverfahren – wie bereits erwähnt – Anteile von 10 bis 20 mg/kg bei den Nichtmetallen erreichbar. Auch bei den „Superlegierungen“ spielen die Spurenanteile eine bedeutsame Rolle. Hier liegen die Grenzgehalte schädlicher „Spurenelemente“ im Bereich von 0,5 (Bi) bis 50 mg/kg (Sn, Zn, Cd), deren Erreichung und Einhaltung u. U. bereits eine Begrenzung der schädlichen Elemente in Ausgangsmaterialien in der Größenordnung von 1 mg/kg und darunter voraussetzt.

Auf die verschiedenen Methoden der Spurenanalytik kann an dieser Stelle nicht näher eingegangen werden. Es sei lediglich erwähnt, daß für diese Aufgabenstellungen im Bereich Eisen und Stahl im wesentlichen die Emissionsspektrometrie mit Funken- und Plasmaanregungsquellen [93], die Röntgenfluoreszenzspektrometrie [94], dann die Atomabsorptionsspektrometrie in Verbindung mit flammenlosen Anregungstechniken [95] und neuerlich die ICP- und die GD-Massenspektrometrie (Inductively coupled plasma-/glow discharge mass spectrometry) [96] eingesetzt werden. Bestimmungsgrenzen von 1 bis 0,1 mg/kg werden damit durch entsprechende Verfahrenswahl erreichbar. Allerdings stellen sich hier die Probleme der Eichung und der Verfügbarkeit von Referenzmaterialien mit entsprechender Schärfe. Elektrochemische Methoden haben sich in diesem Bereich der Analytik interessanterweise nicht mit bleibendem Erfolg eingeführt. Wesentlich schärfer stellt sich diese Problematik bei der Spuren- und Ultraspurenanalyse in der keramischen und der mikroelektronischen Industrie [97–100] wie bei der Untersuchung beispielweise von hochreinem Aluminium [101].

6.7.2
Phasen- und Mikrobereichsanalytik

Wie die Spurenanalytik besitzt die Phasenanalytik eine prozeßanalytische Komponente. Durch die wärmetechnische und thermomechanische Behandlung von Stählen werden im letzten Schritt die gewünschten Werkstoffeigenschaften erzielt. Hierbei werden Effekte genutzt, die durch gelöste oder in Form feindisperser Nitride, Carbide oder Carbonitride ausgeschiedene Legierungselemente bewirkt werden [102]. Die Aufklärung bestehender Zusammenhänge zwischen den Prozeßparametern und den werkstoffkundlichen Veränderungen ermöglicht die Aufstellung von Steuermodellen und von Verfahrensrichtlinien.

Eine weitere interessante analytische Aufgabe besteht darin, innere Grenzflächen bezüglich ihrer Fremdatombelegung zu charakterisieren und deren Einfluß auf die Werkstoffeigenschaften zu ermitteln. Bei den zu untersuchenden Grenzflächenschichten handelt es sich um Beläge von etwa 1 bis 1,5 Atomlagen (0,5 nm). In polykristallinen Werkstoffen lassen sich die inneren Grenzflächen durch kristallographische und chemische Kriterien beschreiben. An den Verbindungsebenen zwischen den Kristallen treten gehäuft Gitterfehlstellen auf. Zur Untersuchung dieser Grenzflächen werden die Raster-Elektronenmikroskopie (SEM) [103], Auger-Elektronenspektroskopie (AES) [104], Transmissionselektronenmikroskopie (TEM) [105], in anderen Bereichen der instrumentellen Mikrobereichsanalyse verbreitet die Elektronenstrahlmikroanalyse (ESMA) [106] eingesetzt.

Unter dem Aspekt einer Schnellinformation über werkstoffkundliche Veränderungen bei Glühbehandlungen erleben die Untersuchungen zur Phasen- und Mikrobereichsanalyse des Stickstoffs im Stahl z.Z. eine Renaissance. Der Stickstoff tritt im Stahl in sehr verschiedenen Zuständen auf (107) (Abb. 6.24).

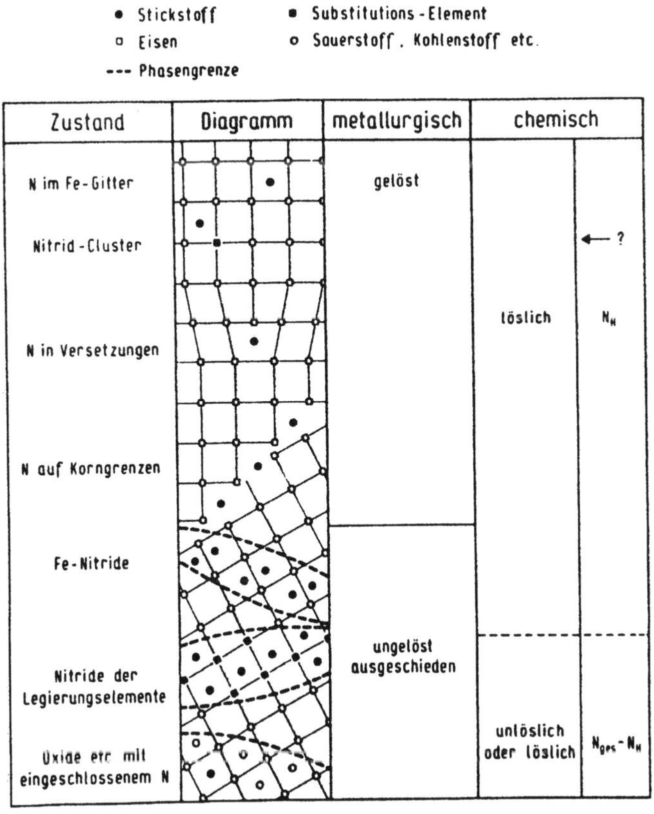

Abb. 6.24. Stickstoff-Phasen im Stahl nach Swinburn [107]

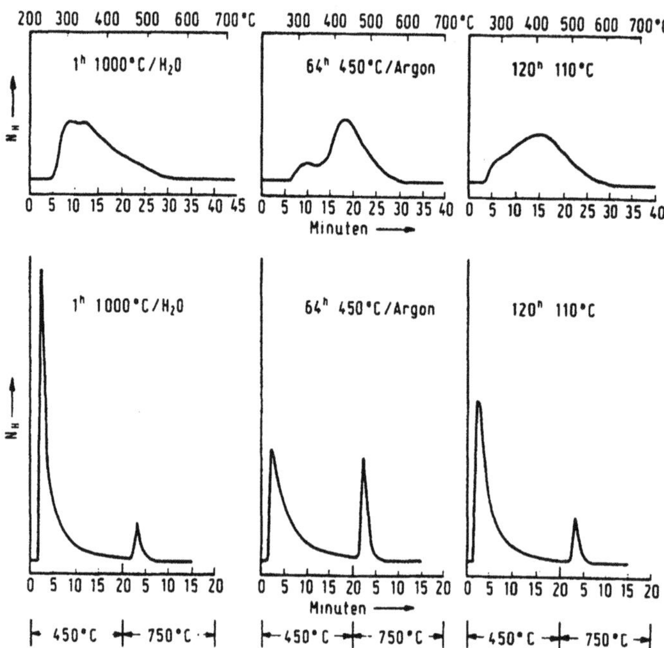

Abb. 6.25. Extraktionskurven N_H 200–700 °C und N_H 450/750 °C einer Fe-Mn-N-Legierung mit 1 % Mn und 50 mg/kg N nach verschiedenen Wärmebehandlungen

Entsprechend aufwendig gestaltet sich seine phasenanalytische Bestimmung. Neben den elektronenspektroskopischen Methoden ist hinsichtlich einer Schnellinformation der Vorschlag interessant, durch Aufnahme und Interpretation von Evologrammen [108] Aufschluß über die N-Abbindung zu bekommen. Die bisher durchgeführten Arbeiten sind noch zu lückenhaft, um zu einem eindeutigen, analytischen Verfahren und zu einer Abgrenzung gegenüber dem „N_H-Verfahren" [109] gelangen zu können. Wahrscheinlich wird die Methode auf die Bestimmung eines Nitrides oder weniger nebeneinander in gleicher Größenordnung vorliegender Nitride beschränkt bleiben. Bei der letztgenannten Methode werden Stahlspäne im H_2-Strom erhitzt und das entstehende NH_3 in Abhängigkeit von der Zeit registriert (Abb. 6.25). Aus der Interpretation der Extraktionskurve lassen sich Angaben über den Grad der Nitridbildung ableiten.

Als letztes Beispiel für das Zusammenspiel von Werkstoffentwicklung und Werkstoffanalytik sei auf Untersuchungen von „Galfan", einem legierverzinkten Feinblech, das bereits weiter oben erwähnt wurde, verwiesen [110]. Hier bildeten Untersuchungen über den Einfluß von Zusammensetzung und Abkühlgeschwindigkeit auf die Mikrostruktur und über den Zusammenhang zwischen Oberflächenstruktur und Primärkristallanteil die Voraussetzung für die sichere Erzeugung dieses neuen oberflächenveredelten Werkstoffes.

6.7.3
Oberflächentechnik und Oberflächenanalytik

6.7.3.1
Bedeutung oberflächenanalytischer Methoden

Der erste und unmittelbare Eindruck von einem Produkt bzw. einem Werkstoff wird durch seine Oberfläche hervorgerufen. Sie bewirkt bei dem Betrachter ein spontanes, zwangsläufig subjektives Urteil über die Eigenschaften dieses Erzeugnisses, zum Beispiel hinsichtlich der Gleichmäßigkeit der Oberfläche. Die Wahrnehmungen des unbewaffneten Auges (Flecken, Streifen, Verfärbungen) dienen zur qualitativen, nicht immer unbeeinflußten Urteilsbildung. Dieser Eindruck ist natürlich keine ausreichende Charakterisierung, wenn man daran denkt, daß die betrachtete Werkstoffoberfläche weiteren Verfahrensschritten unterworfen wird und deswegen hinsichtlich ihrer Einsetzbarkeit für den beabsichtigten technischen Prozeß beurteilt werden soll. Es müssen daher objektive (nachprüfbare) Maßstäbe gefunden werden, um die Oberfläche eines Produktes beschreiben zu können. Damit wird unmittelbar die Bedeutung der Oberflächenanalytik für die Werkstoffentwicklung und -erzeugung erkennbar. Das Interesse an dieser Problemstellung ist natürlich nicht auf den Werkstoffproduzenten beschränkt, sondern auch der Verarbeiter und der Verbraucher haben die gleichen Wünsche, wenn es um die Gleichmäßigkeit der Eigenschaften und des Aussehens von Produkten, hier der Oberflächeneigenschaften von Werkstoffen geht.

Die Oberflächenanalytik hat daher seit einigen Jahren Eingang in die produktionsbegleitende Werkstoffanalytik, z.B. der Stähle und insbesondere von beschichteten Werkstoffen gefunden. Das *wissenschaftliche* Interesse ist dabei auf die Aufklärung von Verfahrensabläufen und Reaktionsmechanismen mit dem *wirtschaftlichen* Ziel der Verfahrens- und Produktoptimierung sowie die Ursachenfindung bei Qualitätsbeanstandungen gerichtet. Zum Schutz vor Korrosion und gegebenenfalls zur Verbesserung der Verarbeitbarkeit werden Fein- und Feinstblech in hohen Anteilen und steigendem Maße – wie bereits erwähnt – durch Aufbringen metallischer Schichten, oder durch organische Beschichtungsmittel oberflächenveredelt.

Die Verschiedenartigkeit der Beschichtungsstoffe bedingt den Einsatz unterschiedlicher Analysenmethoden zur Kennzeichnung der Auflagen und grenzflächennahen Schichten [111].

Durch Kombination verschiedener Analysenmethoden ist eine analytische Gesamtaussage möglich, die Rückschlüsse auf betriebliche Zustände und Betriebsabläufe oder in einem Reklamationsfall auf ungewöhnliche Belastungen der Oberfläche zulassen. Außerdem unterstützt die Oberflächenanalytik häufig die technische Lösung chemischer Problemstellungen, wie z.B. die Optimierung von Galvanikbädern.

Auf die verschiedenen elektronenspektroskopischen und massenspektrometrischen Methoden der Oberflächenanalytik und ihre Anwendungsbereiche kann an dieser Stelle nicht eingegangen werden. Hier wird auf die zahlreich

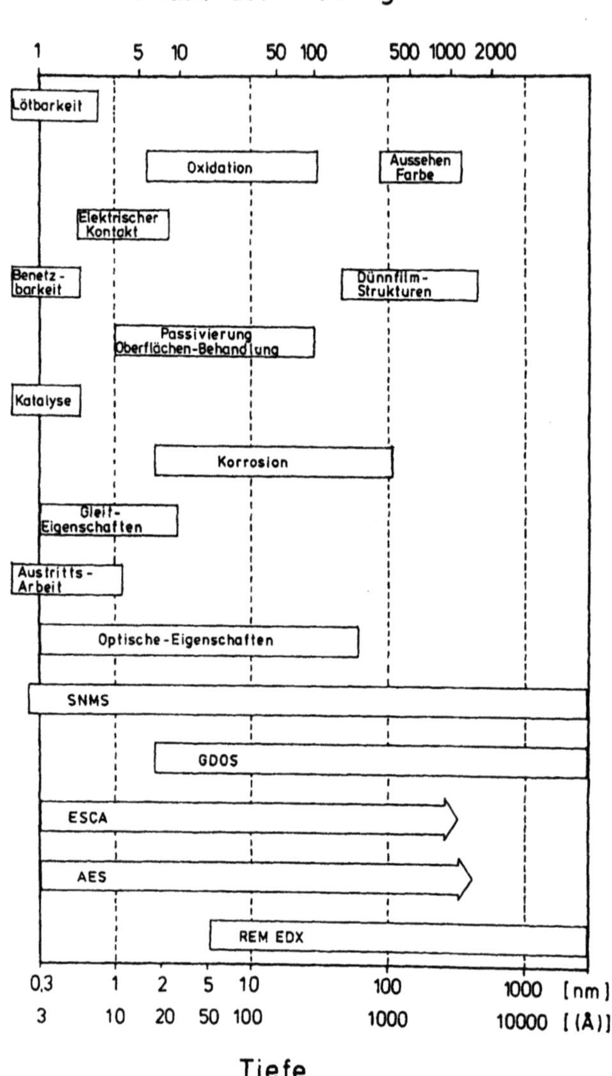

Abb. 6.26. Anwendungsbereiche verschiedener Methoden der Oberflächenanalytik

erschienene Literatur verwiesen [112–116], die neben den physikalischen Grundlagen umfangreiche Angaben zu der Aussagefähigkeit und der Anwendbarkeit auf technische Problemstellungen enthält.

Als besonderes „Schnellverfahren" zur Charakterisierung von Oberflächen metallischer Werkstoffe und zur Aufnahme von Tiefenprofilen [117] hat sich die Glimmentladungsemissionsspektrometrie (GDOES) [118], die innerhalb weniger Minuten Multielementanalysen ermöglicht als äußerst erfolgreich einsetzbar erwiesen [119]. Es hat sich aber auch gezeigt, daß verstärkt Multimethoden-

konzepte notwendig sind, um in der industriellen Praxis anstehende Probleme
zu lösen. Aus den zur Verfügung stehenden Methoden [115, 116] sollen im weiteren Verlauf zwei Verfahren, die sich bei einer Vielzahl von Problemlösungen
im Bereich der Stahlverarbeitung bewährt haben, herausgegriffen und näher
betrachtet werden.

Die optische Emissionsspektrometrie mit Glimmlampenanregung (GDOES)
und die Sekundär-Neutralteilchen-Massenspektrometrie (SNMS), die durch
gute Nachweisgrenzen, hohe Sputterraten (Probenabtrag) und ein sehr gutes
Zeitverhalten bei der Erstellung von Tiefenprofilen gekennzeichnet sind,
haben sich als geeignete Untersuchungsverfahren in der industriellen Praxis
eingeführt. Bei den Methoden werden relativ niedrige Anregungsenergien
für den Sputterprozeß (< 500 eV) angewendet, so daß sputterinduzierte Effekte,
die eine Änderung der Zusammensetzung der Proben durch das Ionen-
bombardment bewirken, eine untergeordnete Rolle spielen. Die praktische
Tiefenauflösung für die GDOES liegt bei 5 nm, die für die SNMS bei 0,5 nm.
Entsprechend den heute angewendeten Beschichtungsverfahren liegen die
z.B. in der Stahlindustrie vorrangig zu bearbeitenden Oberflächenfragen
in Tiefenbereichen von 1 bis 500 nm (Abb. 6.26), wie z.B. bei Oxidations-
und Passivierungsschichten, bei Fragen der Oberflächenbehandlung oder bei
Korrosionserscheinungen. Hinzu kommen metallische Schichten, wie z.B.
bei feuerverzinkten Material, die den 10-µm-Bereich deutlich überschreiten
können.

Insbesondere die SNMS erlaubt die Ermittlung der Zusammensetzung dünn-
ster Schichten mit Nachweisempfindlichkeiten bis in den µg/g-Bereich [120].
Durch Aufnahme von Tiefenprofilen, Messung des Konzentrationsverlaufes
eines oder mehrerer Elemente als Funktion des Abstandes von der Oberfläche,
können quantitative Aussagen über Elementanreicherungen in oberflächennahen Bereichen und in Interfaceschichten, dem Übergang zwischen Beschichtung
und dem Grundmaterial, gemacht werden [121].

6.7.3.2
Anwendung der Glimmentladungsspektrometrie

Die als Kathode geschaltete Probe schließt die evakuierte Glimmlampe
(Abb. 6.27), die als spektrochemische Anregungsquelle dient, gegen die Atmosphäre ab. Nach Erreichen eines geeigneten Argon-Druckes von wenigen mbar
wird durch Anlegen einer Spannung von z.B. 1000 V eine Glimmentladung aufgebaut. Der nun ablaufende Analysenzyklus beginnt mit der Erosion einer Kreis-
fläche von 8 mm Durchmesser durch Argonionen. Durch Wahl der elektrischen
Lampenparameter können z.B. bei Stahl Erosionsgeschwindigkeiten von 5 nm/s
bis ca. 100 nm/s realisiert werden.

Die erodierten Atome der Probe diffundieren in die Entladung und werden
durch Stöße mit Elektronen und Argonionen zur Strahlung angeregt und emit-
tieren die für sie charakteristische UV-Strahlung [122]. Das Glimmlicht beleuchtet den Eintrittsspalt eines optischen Spektrometers, mit dessen Hilfe mehrere
Analysenlinien des Analyten simultan gemessen werden.

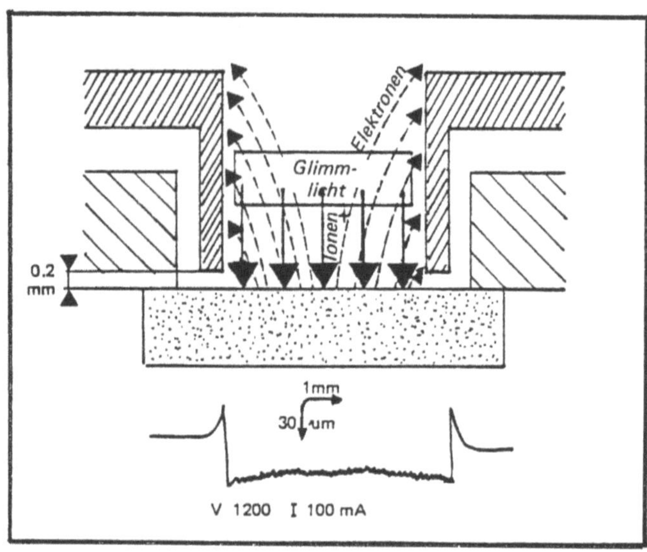

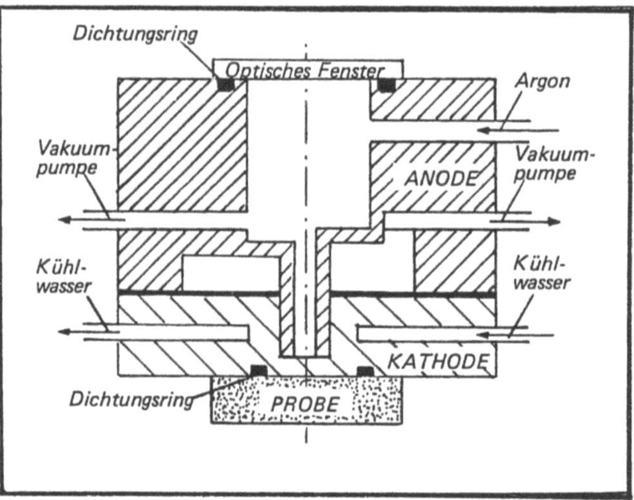

Abb. 6.27. Die Glimmentladungslampe nach Grimm als spektroskopische Anregungsquelle (schematisch)

Die Vorteile der Methode sind der mögliche Nachweis aller (technisch relevanten) Elemente, die schnelle und einfache Analyse selbst dicker Schichten (µm-Bereich) und das Arbeiten ohne Ultrahochvakuum. Die laterale Auflösung liegt bei < 5 mm.

Ein für die Tiefenprofilanalyse geeignetes Analysensystem enthält als Kernstück ein Hochvakuumspektrometer für den Wellenlängenbereich 110 – 450 nm, das damit auch die Messung der Elemente H, N, O ermöglicht. Die als Anregungsquelle dienende Glimmlampe kann stromkonstant und spannungskonstant, aber auch leistungskonstant bei verschiedenen Argondrucken betrieben werden. Die Meßsignale für z.B. 32 Elemente können in Abständen von 1 ms abgefragt, in realtime dargestellt und gespeichert werden. Hiermit sind Korrekturmöglichkeiten für die Meßbedingungen oder Auswahlkriterien für Nachfolgeschritte sofort ablesbar. Auf diese Weise gelingt es, von der Matrixzusammensetzung abweichende Oberflächenschichten und die unter dem Einfluß verfahrenstechnischer Einflüsse interessierenden Veränderungen im oberflächennahen Raum innerhalb weniger Minuten zu messen.

Ein derartiges Analysensystem erlaubt mit seiner hochzeitaufgelösten Signalverarbeitung das Registrieren von Zeit-Intensität-Kurven, die als Tiefenprofile interpretiert werden (Abbildung 6.28). Anreicherungen werden als Maxima, Verarmungen als Minima der Intensität erkannt. Durch die Kathodenzerstäubung bildet sich ein Krater mit einem annähernd senkrechten Kraterrand aus. Der Übergang zum Boden ist durch eine kleine Mulde gekennzeichnet. Der Kraterboden ist makroskopisch weitgehend planparallel zur ursprünglichen Oberfläche (s. Abb. 6.27).

Die in Form von Zeit-Intensitätsfunktionen erhaltenen Informationen bedürfen der Interpretation. Das Verhältnis von Kraterdurchmesser (z.B. 8 mm) zur Erosionstiefe pro ms (= 0,1 nm) sowie die makroskopische Ausbildung des Kraters (beeinflußbar durch die Untersuchungsparameter) erlauben es, von geometrischen Schichtfolgen zu sprechen. Die Änderung in der Dichte der ersten Atomlagen ermöglichen allerdings nicht eine exakte Differenzierung dieser obersten Schichten vorzunehmen. Die qualitative Bewertung von GDOES-

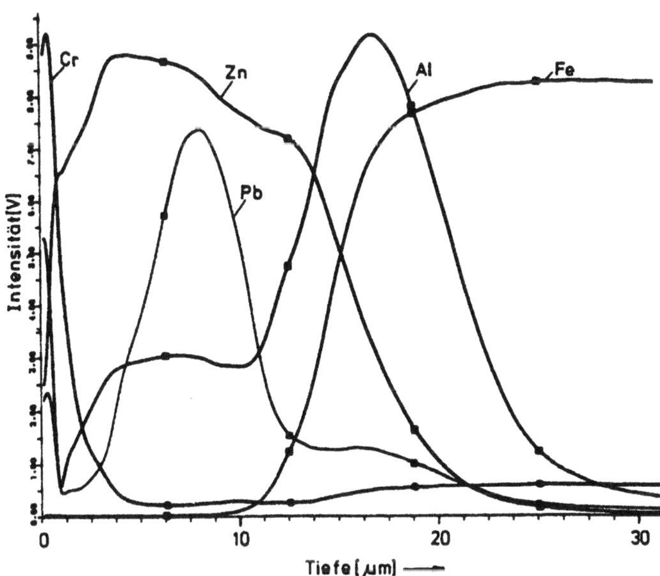

Abb. 6.28. Beispiel für eine GDOES-Tiefenprofilanalyse: Verchromtes und unbehandeltes feuerverzinktes Feinblech *(Mit Genehmigung der Fried. Krupp AG Hoesch-Krupp, Essen)*

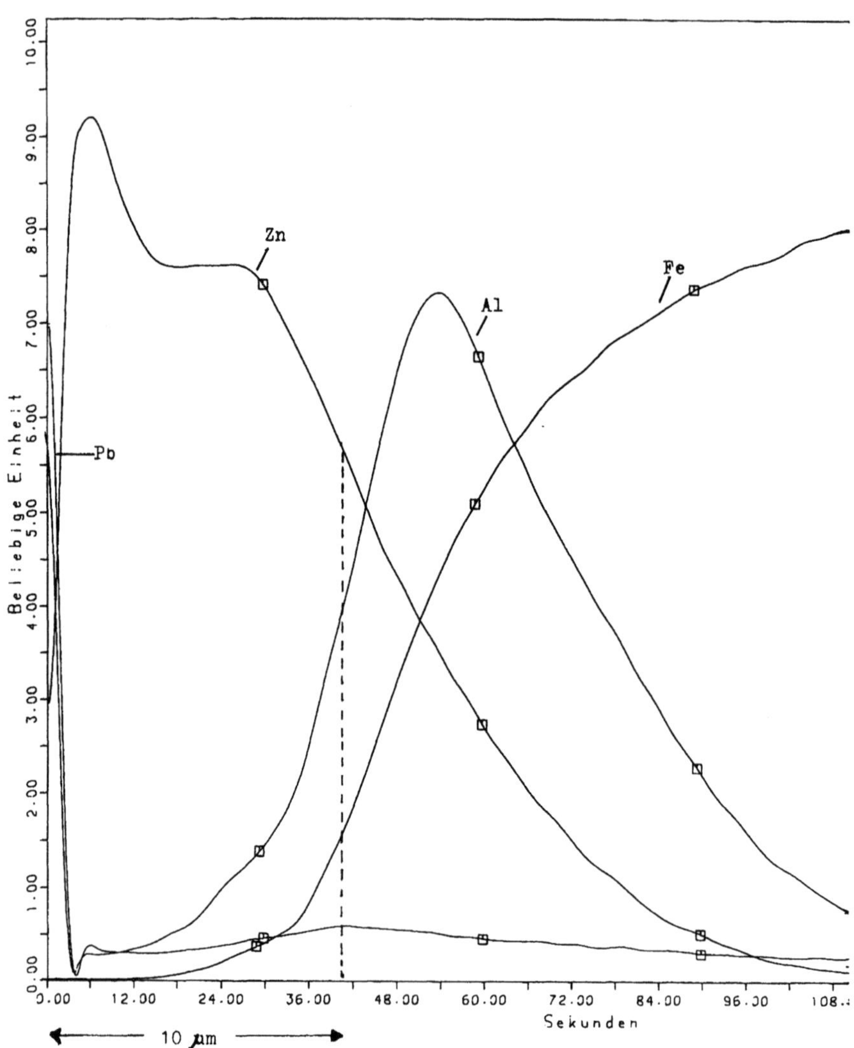

Abb. 6.28. (Fortsetzung)

Tiefenprofilen ist vergleichsweise einfach unter Berücksichtigung der spektrometrischen Parameter.

Die Quantifizierung dünner Schichten wird wesentlich durch Adsorptionseffekte und das Sputterverhalten der Oberflächenzusammensetzung beeinflußt. Voraussetzung für die quantitative Beurteilung realer Proben ist die Entfettung z. B. mit Toluol und Lagerung der Proben bei Temperaturen von 50 °C zur Vermeidung von Kondensationen. Da die Grenzflächen realer Proben Wasser und adsorbierte Gase wie Kohlendioxid und Kohlenwasserstoffe enthalten, müssen diese Stoffe vor der Analyse entfernt werden, da sonst falsche Tiefenprofile resultieren würden. Für quantitative Aussagen, z. B. über die Schichtdicke, ist die

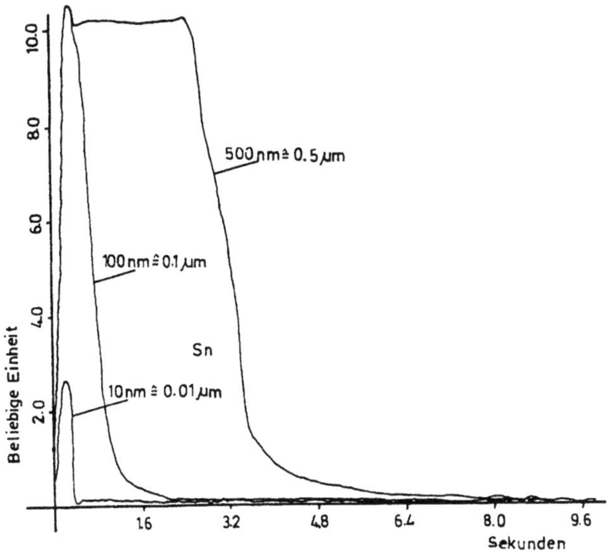

Abb. 6.29. Bestimmung der Schichtdicke von Zinn auf einer Stahlprobe *(Mit Genehmigung der Fried. Krupp AG Hoesch-Krupp, Essen)*

Kenntnis des Sputterverhaltens zwingende Voraussetzung. Für Schichtsysteme, wie z.B. galvanisierte Feinbleche, Zunder- und Schutzschichten, sind quantitative Auswertungen möglich [123–126]. Zur Beurteilung derartiger Schichten sind Kenntnisse der Abtragraten der verschiedenen Elemente notwendig. Das setzt die Untersuchung entsprechend beschichteter Proben voraus, von denen die aufgebrachten Schichten chemisch abgelöst und mittels ICP-Spektrometrie quantitativ bestimmt werden. Unter Berücksichtigung der Dichte läßt sich dann die Schichtdicke errechnen (Abb. 6.29), während sich aus dem Verlauf der GDOES-Kurven die Abtragraten ermitteln lassen.

Die so erhaltenen Tiefenprofile lassen Rückschlüsse auf Prozeßabläufe und gegebenenfalls für die Beeinflussung der Oberflächeneigenschaften industriell erzeugter Produkte zu. In der galvanischen Beschichtungstechnik spielt die kontinuierliche Schichtdickenmessung für die Prozeßregelung eine wichtige Rolle, die sich gegebenenfalls in eine rechnergestützte Qualitätssicherung integrieren läßt [127]. Hier finden röntgenfluoreszenzspektrometrische in-line-Verfahren Anwendung.

Anwendungsbeispiele aus der Praxis eines analytischen Laboratoriums in der Stahlindustrie:

Mit Hilfe des beschriebenen Analysensystems lassen sich zahlreiche Fragestellungen aus der Oberflächentechnik und der Werkstoffkunde in kurzer Zeit bearbeiten („schnelle Produktinformation"). Dazu einige Beispiele:

Beim Glühen von Stahlblechen entstehen in Abhängigkeit von der Glühtemperatur und der Schutzgaszusammensetzung charakteristische Oberflächenanreicherungen. Diese Veränderungen im oberflächennahen Bereich entstehen durch Reaktion der Stahloberfläche mit Bestandteilen der Gasphase und durch Diffusion von Elementen aus der Matrix. Dabei erfolgt neben der Oxidation des Eisens die Bildung von Oxiden des Al, Si, Mn, Cr und P in Abhängigkeit vom Taupunkt des Gases. Diese Anreicherungen können z. B. bei Blechen für Emaillierzwecke den Beizabtrag und die *Emailhaftung* beeinflussen. Sauerstoffaffine Elemente wie Mn und Al erfahren in Abhängigkeit von der Temperatur starke An- und Abreicherungen im Bereich von 20 bis 100 nm, die Einfluß auf die nachfolgenden Verfahrensschritte haben. Daher werden GDOES-Untersuchungen zur Optimierung des Prozesses herangezogen.

Das *Mischverbleien* (Ternal®) stellt eines der Verfahren zum Korrosionsschutz von Stahloberflächen dar. Im Zusammenhang mit der Untersuchung der Korrosionsschutzwirkung der aufgebrachten Pb-Sn-Schicht sollte die Frage nach der Verteilung der Legierungselemente in der Beschichtung beantwortet werden. Die GDOES-Tiefenprofilanalyse ergab, daß das Zinn – wie im Hinblick auf den sicheren Korrosionsschutz (Vermeidung der Lokalelementbildung) gefordert - homogen im Pb verteilt ist.

Unter den Beschichtungsverfahren von Stahlblechen nimmt das *Feuerverzinken* eine besondere Stellung ein. Der dadurch beabsichtigte Korrosionsschutz ist natürlich nur bei einer ausreichenden Haftung der Zinkschicht, die durch die Ausbildung einer Fe_2Al_5-Schicht an der Grenzfläche Stahl/Zink beeinflußt wird, gegeben. Zur Erzielung einer guten Zinkhaftung müssen die Verzinkungsbedingungen so gestaltet werden, daß das Al, dessen Anteil im Zinkbad beispielweise 0,2 % Al und mehr betragen kann, in der Auflage an die Phasengrenze Stahl-Zink diffundiert, um dort eine flächenhomogene Fe_2Al_5-Schicht zu bilden. Diese Fe_2Al_5-Schicht behindert die Bildung einer zu dicken Fe-Zn-Legierungsschicht und verbessert damit die Haftung. Die GDOES wurde in diesem Fall herangezogen, um Aufschluß über die Al-Verteilung zu liefern. Die aufgenommenen Tiefenprofile lieferten entscheidende Hinweise für die Optimierung des Verfahrens und die Verbesserung des Produktes, z. B. durch ein nachgeschaltetes Glühen.

6.7.3.3
Untersuchungen mit der Sekundär-Neutralteilchen-Massenspektrometrie an beschichteten Werkstoffen

Da die GDOES im wesentlichen nur metallische Oberflächen zu analysieren gestattet, wird bei einer breiten industriellen Produktpalette bald die Forderung nach der Untersuchung z. B. von Oxidschichten (Korrosionsprobleme; Zunderbildung), der Feststellung der chemischen Bindungsverhältnisse in Oberflächenschichten und von kunststoffbeschichteten Werkstoffen gestellt. Derartige Aufgaben können im allgemeinen nur in einem engen Methodenverbund bearbeitet und gelöst werden. Diesem Zwang zur Anwendung von Multimethodenkonzepten kommt die moderne Geräteentwicklung durch Schaffung von Kombinationsgeräten [128] entgegen. Für die angedeutete Problematik kann z. B. ein Analysator eingesetzt werden, der sowohl SNMS-(Sekundär-Neutralteilchen-Massenspektrometrie) als auch SIMS-(Sekundär-Ionen-Massenspektrometrie)Untersuchungen erlaubt.

Bei der SNMS erfolgt der Abbau des Probenmaterials durch Beschuß mit Argonionen, die entweder in einem HF-Plasma erzeugt oder durch eine externe Ionenquelle eingebracht werden (Abb. 6.30). Diese Primärionen (Energie 0,1 bis 10 keV) erzeugen eine Stoßkaskade im oberflächennahen Bereich des Festkörpers, in deren Verlauf atomare und molekulare Bruchstücke von der Oberfläche emittiert werden. Nach Abtrennung der Sekundärionen werden die Neutralteilchen durch Elektronenstoß nachionisiert und mit einem Massenspektrometer nachgewiesen. Die Verteilung der Bruchstücke ist charakteristisch für die chemische Zusammensetzung der Probenoberfläche [129].

Als Vorteile der SNMS sind zu nennen:

- Nachweis aller Elemente einschließlich Wasserstoff,
- hohe Tiefenauflösung durch niederenergetischen Ionenbeschuß,
- direkter Zusammenhang zwischen den Intensitäten der SNMS-Signale und der chemischen Zusammensetzung der Probe,
- quantitative Tiefenprofile,
- geringe Matrixeffekte,
- Möglichkeiten zur Untersuchung von dünnsten Proben und Folien sowie von kleinen, nichtebenen Proben,
- Untersuchung von Halb- und Nichtleitern.

Die Intensität eines SNMS-Signals hängt ab vom Primärionenstrom, der partiellen Zerstäubungsausbeute, der Nachionisierungswahrscheinlichkeit, einem Geometriefaktor und der Sekundärionenbildungswahrscheinlichkeit einer emittierten Spezies. Die Nachionisierungswahrscheinlichkeit ist bei reproduzierenden Bedingungen eine spezifische Konstante der Apparatur.

Eine quantitative Auswertung wird letztlich möglich über eine Beziehung, bei der das Verhältnis der Konzentrationen zweier verschiedener Komponenten in einer Probe dem Verhältnis der entsprechenden gemessenen Intensitäten und relativen „Empfindlichkeitsfaktoren" (spezifische Konstante der Meßapparatur) entspricht:

$$\frac{C_x}{C_{ref}} = \frac{I_x}{I_{ref}} \cdot \frac{D_{ref}}{D_x}$$

C_x und C_{ref} sind die Gehalte des zu bestimmenden und des Referenz-Elementes, I_x und I_{ref} die entsprechenden Intensitäten bzw. D_x und D_{ref} die dazugehörigen Empfindlichkeitsfaktoren. Das Verhältnis D_{ref}/D_x wird üblicherweise als relativer Elementempfindlichkeitsfaktor bezeichnet. Durch Untersuchungen von Proben bekannter Zusammensetzung lassen sich die Empfindlichkeitsfaktoren ermitteln, so daß Proben unbekannter Zusammensetzung quantitativ analysierbar werden [130].

Zur Charakterisierung industrieller Aufgabenstellungen seien einige Beispiele genannt.

Im ersten Fall war neben einer qualitativen Tiefenprofilanalyse auch die Angabe der quantitativen Zusammensetzung einer auf einen Stahlwerkstoff auf-

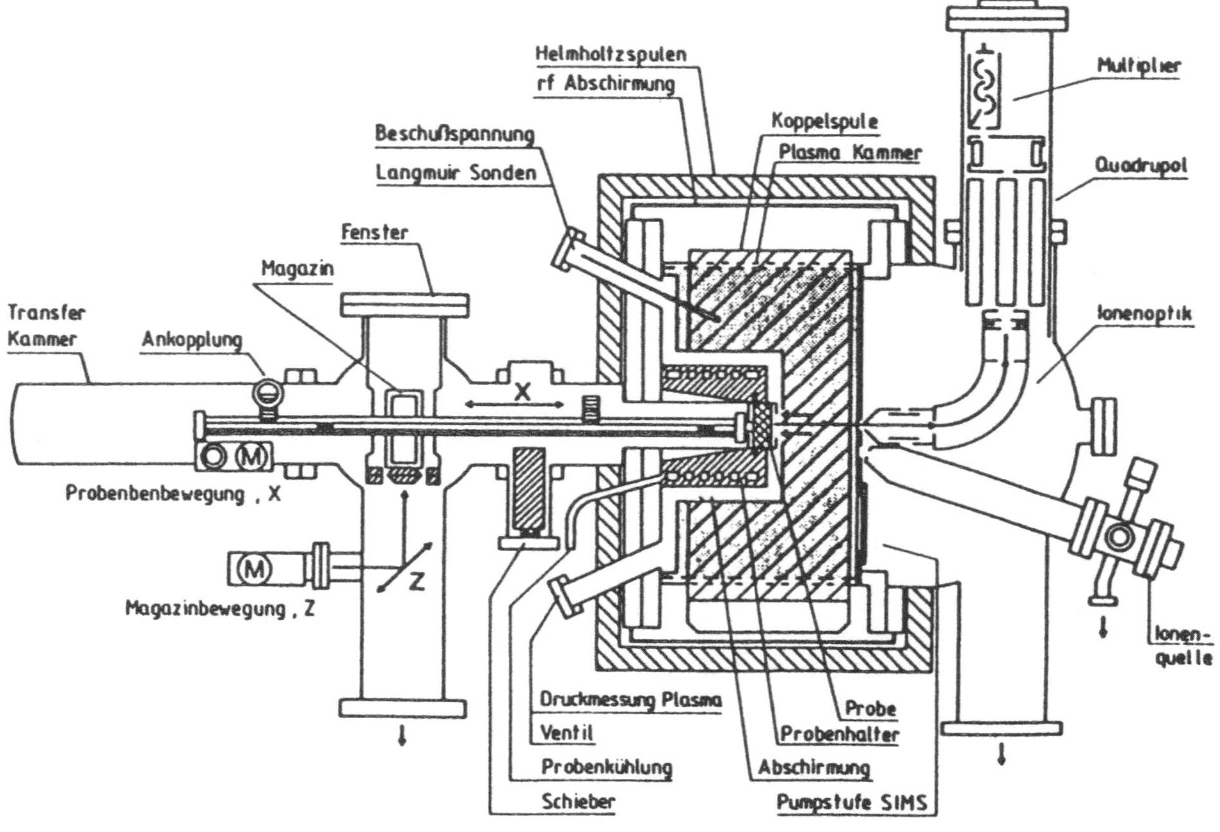

Abb. 6.30. Schema eines SNMS-Analysators *(Mit Genehmigung der Fried. Krupp AG Hoesch-Krupp, Essen)*

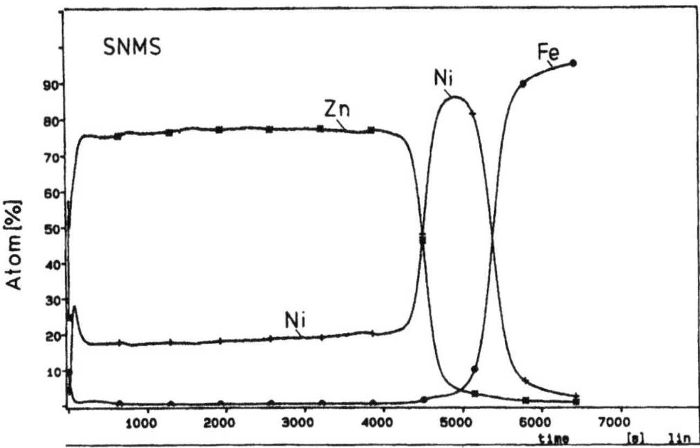

Abb. 6.31. Quantitative SNMS-Tiefenprofilanalyse einer Zn-Ni-Legierungsschicht *(Mit Genehmigung der Fried. Krupp AG Hoesch-Krupp, Essen)*

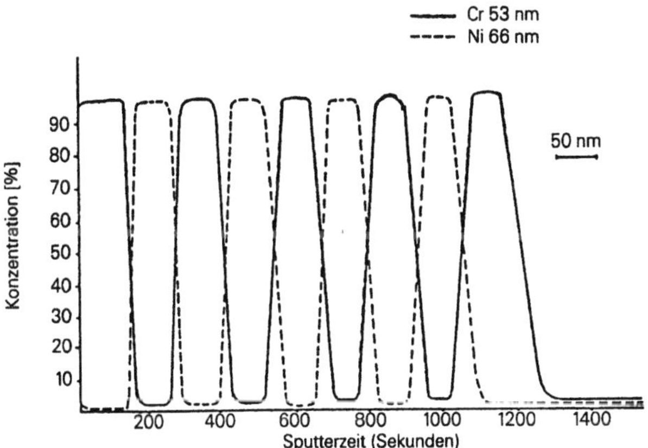

Abb. 6.32. SNMS-Tiefenprofil eines Mehrschichtsystems *(Mit Genehmigung der Fried. Krupp AG Hoesch-Krupp, Essen)*

gebrachten *Zn-Ni-Schicht* gefordert. Auf diesen Werkstoff war zunächst eine Ni-Schicht abgeschieden worden, auf die dann die Zn-Ni-Legierungsschicht aufgebracht wurde. Die GDOES führte zunächst zu dem qualitativen Befund über den Schichtaufbau, während die SNMS (Abb. 6.31) zum einen das GDOES-Ergebnis bestätigte (Beispiel für die Sicherung eines Befundes durch eine zweite unabhängige Methode!) und zum anderen die chemische Zusammensetzung der Legierungsschicht lieferte.

Ein weiteres Gebiet ist die Untersuchung von *Mehrschichtsystemen* mittels der SNMS-Tiefenprofilanalytik. Aufgrund der niedrigen Sputterenergie kommt es zu keinerlei Vermischungen in den verschiedenen Schichten (Abb. 6.32).

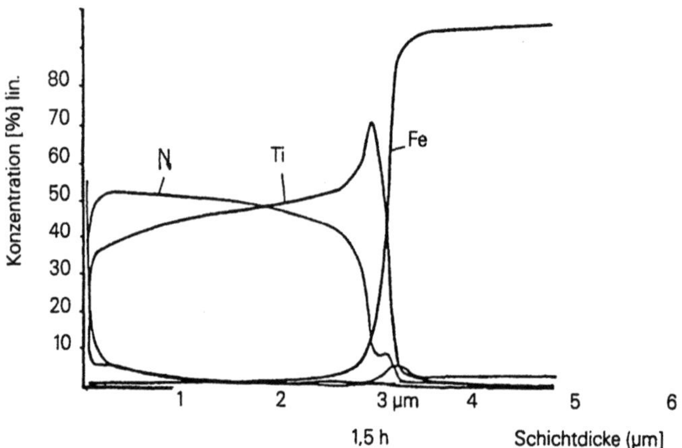

Abb. 6.33. SNMS-Tiefenprofil einer Titannitrid-Schicht auf Stahl (*Mit Genehmigung der Fried. Krupp AG Hoesch-Krupp, Essen*)

In der industriellen Praxis werden aufgebrachte *Nitrierschichten* durch SNMS-Tiefenprofilanalysen beurteilt (Abb. 6.33). Sowohl die Nitrierschichtdicke als auch die Veränderungen der quantitativen Zusammensetzung innerhalb der Schichten können bestimmt werden und geben so interessante metallkundliche Aufschlüsse und werkstofftechnische Hinweise.

Abschließend bleibt festzustellen, daß das Gebiet der Oberflächenanalytik eine ständige Ausweitung erfährt. Dazu zählt beispielsweise die hochauflösende Tiefen-Verteilungsanalyse von Spurenelementen, die quantitative Verteilungsanalyse in dünnsten Mehrschichtsystemen, die quantitative Spurenanalyse in Monolagen oder die dreidimensionale stereometrische Analyse [131] sowie die Mikroanalyse an Festkörperoberflächen [132].

6.8
Lieferfirmen für Probenahme-, Probenvorbereitungs-, Analyse- und Automationssysteme

Probenentnahmesonden

Heraeus Electro-Nite GmbH, Im Stift 6–8, Hagen
Mincon-Sampler-Technik GmbH, Heinrich-Hertz-Str. 30, Erkrath
Soled Meßgeräte GmbH, Sympherstr. 101, 47138 Duisburg

Rohrpostanlagen für den Probentransport

Maschinenfabrik Herzog GmbH & Co, Auf dem Gehren 1, 49086 Osnabrück
Krupp Polysius AG, Graf Galen-Str. 17, 59269 Beckum
Pfaff AQS GmbH, Postfach 240228, 42232 Wuppertal

Automaten zur Probenvorbereitung durch Fräsen, Schleifen bezw. Mahlen und Pressen

Maschinenfabrik Herzog GmbH & Co (s. o.)
Pfaff GmbH (s. o.)
Spectro Analytical Instruments GmbH, Boschstr. 10, 47533 Kleve

Laborautomation

Fisons Instruments Vertriebs-GmbH, Peter-Sander-Str. 43, 55252 Mainz
Maschinenfabrik Herzog GmbH & Co (s. o.)
Hewlett-Packard GmbH, Hewlett-Packard-Str. 8, 76337 Waldbronn
Krupp Polysius AG (s. o.)
Pfaff GmbH (s. o.)
Polycon Gesellschaft für Laborautomation mbH, Bahnhofstr. 15,
    47559 Kranenburg
Spectro Analytical Instruments GmbH (s. o.)

Kalibrationsproben/Referenzmaterial

BAM Bundesanstalt für Materialforschung und -prüfung, Unter den Eichen 87,
    12205 Berlin
BAS Bureau of Analytical Samples Ltd., Newham Hall, Newby, Middlesborough,
    Cleveland, England TS 8 9 EA
Breitländer-Eichproben und Labormaterial GmbH, Postfach 8046,
    Hans-Sachs-Str. 12, 59077 Hamm
H. R. T. Labortechnik GmbH, Klausnerring 17, 85551 Kirchheim
U. S. Department of Commerce, National Bureau of Standards (NBS),
    Office of Standard Reference Materials, Rm. B 311 Chemistry Bldg.,
    Gaithersburg, MD 20899
Spektrometerhersteller (s. u.)

Optische Emissionsspektrometer

Baird Europe B.V., Produktieweg 30, NL-2382 PC Zoeterwoude
Belec GmbH, Hamburger Str. 12, 49124 Georgsmarienhütte
Fisons Instruments Vertriebs-GmbH (s. o.)
OBLF GmbH für Elektrotechnik und Feinwerktechnik, Salinger Feld 44,
    58454 Witten
Shimadzu Europa GmbH, Postfach 290260, 47262 Duisburg
Spectro Analytical Instruments GmbH (s. o.)
Carl Zeiss Jena GmbH, Tatzendpromenade 1 a, 07745 Jena

Röntgenfluoreszenzspektrometer

Atomika Instruments GmbH, Brukmannring 6, 85764 Oberschleißheim
Fisons Instruments Vertriebs-GmbH (s. o.)

Philips Industrial Electronics Deutschland GmbH, Miramstr. 87, 34123 Kassel
Oxford Instruments Deutschland GmbH, Kreuzberger Ring 38,
   65205 Wiesbaden
Siemens AG, Röntgenanalytik, Postfach, 76181 Karlsruhe
Spectro Analytical Instruments GmbH (s. o.)
UNICAM Analytische Systeme GmbH, Korbacher Str. 75–77, 34132 Kassel

Analysatoren zur Bestimmung von Kohlenstoff, Schwefel, Stickstoff, Sauerstoff und Wasserstoff in Metallen

Fisher-Rosemount GmbH & Co, Wilhelm-Rohn-Str. 51, 63450 Hanau
LECO Instrumente GmbH, Benzstr. 5 b, 85551 Kirchheim
Ströhlein GmbH & Co, Girmeskreuzstr. 55, 41564 Kaarst

Container-/Kabinenlaboratorien

Baird Europe B.V. (s. o.)
Fisons Instruments Vertriebs-GmbH (s.o.)
Maschinenfabrik Herzog GmbH & Co (s.o.)
Spectro Analytical Instruments GmbH (s.o.)

Mobile Spektrometer

Baird Europe B.V. (s. o.)
Belec GmbH (s. o.)
Fisons Instruments Vertriebs-GmbH (s. o.)
Metorex GmbH, Königsteiner Str.98, 65812 Bad Soden/Ts.
Leeman-Labs Analysegeräte GmbH, Postfach 1326, Freudenberg
Outokumpu KM-Analytik GmbH, Königsteiner Str. 98, 65812 Bad Soden
Oxford Instruments GmbH, Postfach 4509, 65035 Wiesbaden
Polycon Gesellschaft für Laborautomation mbH (s.o.)
Spectro Analytical Instruments GmbH (s.o.)

Anmerkung: Die vorstehende Zusammenstellung erhebt keinen Anspruch auf Vollständigkeit. Für ergänzende Firmennachweise wird auf das Fachschrifttum und die in den „Nachrichten für Chemie, Technik und Laboratorium" der GDCh erscheinenden Marktübersichten verwiesen.
Weitere Angaben finden sich unter 3.4 und 4.5.

6.9
Literatur

1. Dettmering W (1975) Stahl u. Eisen 95:1–222
2. Bünnagel H-L (1984) Stahl u. Eisen 104:1–185
3. Randak A (1986) Stahl u. Eisen 106:1 037
4. Engell H-J, Hartwig J (1986) Stahl u. Eisen 106:269
5. Hoff H-G (1988) Stahl u. Eisen 108:813
6. Johannsen O (1953) „Geschichte des Eisens", 3. Aufl., Verlag Stahleisen, Düsseldorf

7. Schauwinhold D (1985) Stahl u. Eisen 105:1–275
8. Koch KH (1987) Mikrochim. Acta (Wien) I:151
9. Bunsen R (1839) Ann. Phys. Chem. 46:193
10. Wiegand H (1977) „Eisenwerkstoffe – Metallkundliche und technologische Grundlagen", Physik Verlag-Verlag Chemie, Taschentext 55, Weinheim
11. „Stahlschlüssel", 16. Aufl., Verlag Stahleisen, Düsseldorf, 1992
12. Peters KH, Gerstenberg B (1986) Stahl u. Eisen 106:946
13. Kreutzer H-W, Lüngen H-B, Meißner F (1986) Stahl u. Eisen 106:933
14. Gmelin-Durrer, „Metallurgie des Eisens", Hrsg. G. Trömel, 4. Aufl., Verlag Chemie, Weinheim 1968
15. Kemp N (1968) Fresenius' Z. Anal. Chem. 240:303
16. Flock J, Koch KH, Ohls K (1991) Stahl u. Eisen 111: Nr. 8, 103
17. Ono A, Chiba K, Saeki M, Ninbe H, Kasai S (1985) Trans ISIJ 25:B39
18. Nomomura E, Kotani N, Tokuda T, Yoshida Y, Yabata T, Narita K (1985) Trans. ISIJ 25:B37
19. Tsunoyama K, Tanimoto W, Hisada H, Asakawa H (1985) Trans. ISIJ 25:B41
20. Ichihara K, Janke D, Engell H-J (1986) Steel Research 57:166
21. Küppers A (1986) Steel Research 57:295
22. Koch K, Janke D (Hrsg.) (1984) „Schlacken in der Metallurgie", Verlag Stahleisen, Düsseldorf
23. Leithe W (1960) Österreich. Chem. Ztg. 61:289
24. Lange KW (1982) Stahl u. Eisen 102:515
25. Koch KH (1985) Stahl u. Eisen 105:1–176
26. Koch KH (1984) Spectrochim. Acta 39B:1–067
27. Koch KH, Wünsch H (1982) Stahl u. Eisen 102:497
28. Bardenheuer F, Ansmann W, Pfeiffer A (1982) Stahl u. Eisen 102:917
29. Fiege L, Kaiser H-P, Delhey H-M, Schäfer H (1985) Stahl u. Eisen 105:1443
30. Primas K, Kostersitz F, Patuzzi A, Coessens C (1985) Stahl u. Eisen 105:1081
31. Baker R (1985) Proc. 38th BSC/BISPA-Chemists' Conf., BSC, Research and Development Department, Scarborough, S. 9
32. Petesch P, Böhm G (1993) Stahl u. Eisen 113:Nr. 10, 77
33. Fujino N, Matsumoto Y, Yoshihara M, Tarui M (1982) Tetsu-to-Hagane 68:2585
34. Pluschkell W (1979) Stahl u. Eisen 99:398
35. Janke D, Hagen K, Hammerschmid P, Dittert D, Lindenberg H-U, Weber L (1987) Stahl u. Eisen 107:537
36. Engell H-J, Köhler M, Fleischer H-J, Thielmann R, Schürmann E (1984) Stahl u. Eisen 104:443
37. Haumann W, Koch F, Recknagel W (1984) Stahl u. Eisen 104:1–357
38. Scheel R, Pluschkell W, Heinke R, Steffen R (1985) Stahl u. Eisen 105:607
39. Schwerdtfeger K (Hrsg.) (1992) „Metallurgie des Stanggießens", Verlag Stahleisen, Düsseldorf
40. Koch KH (1989) in: Schriftenreihe der GDMB, H. 55, S. 1
41. Koch KH, Ohls K, Flock J (1989) Proc. 42nd BCS/BISPA-Chemists' Conf. Scarborough, S. 79
42. Sugihara T, Saiton K, Gouda A, Koishi S, Hata T (1988) Kawasaki Steel Techn. Rep. Nr. 19:87
43. Verspohl Th, Kamphoff R (1988) Stahl u. Eisen 108:1–211
44. Thierig D, Unger H, Dehrendorf H, Theiß H-J (1984) Fresenius' Z. Anal. Chem. 319:10
45. Schmitz L, Loose W, Koch KH (1975) Fresenius' Z. Anal. Chem. 276:111
46. DIN 51418, Teil 1: Röntgenspektralanalyse, Röntgenemissions- und Röntgenfluoreszenz-Analyse (RFA), Allgemeine Begriffe und Grundlagen; DIN 51418, Teil 2: Röntgenspektralanalyse, Röntgenemissions- und Röntgenfluoreszenz-Analyse (RFA), Begriffe und Grundlagen zur Messung, Kalibrierung und Auswertung
47. Koch KH, Ohls K, Becker G (1970) Arch. Eisenhüttenwes. 41:25
48. Schrön W, Rost L (1969) „Atom-Spektralanalyse", VEB Deutscher Verlag für Grundstoffindustrie, Leipzig
49. Laqua K (1980) in: Ullmanns Encyklopädie der technischen Chemie, 4. Aufl., Verlag Chemie, Weinheim Bd. 5:441
50. Matsumoto Y (1990) ISIJ Int. 30:991
51. Habel K, Schlothmann B-J, Staats G, Thiemann E, Thierig D (1990) Stahl u. Eisen 110: Nr. 5, 53
52. Koch KH (1981) Arch. Eisenhüttenwes. 52:479
53. Koch KH (1981) In: G. Kraft (Hrsg.): „Analysis of Non-Metals in Metals" W. de Gruyter Co, Berlin, S. 3

54. Flock J, Koch KH, Ohls K (1989) Stahl u. Eisen 109:1–223
55. Bewerunge J, Brauner J, Heinen M, Kremer K-J (1988) Stahl u. Eisen 108:505
56. Kollin G, Ziemens F (1972) Neue Hütte 17:556
57. Kipsch D (1972) Neue Hütte 17:111
58. Pfeiffer A, Reski HD, Thiemann E (1991) Stahl u. Eisen 111:Nr. 5, 103
59. Scheufler R, Brauner A (1989) Steel Technology Int., Sterling Publ., London, S.361.
60. Slickers KA, Schmitten G, Beer E, Klein N, Veit I (1988) Giesserei 75:H. 15/16, 469
61. Summerhill BD, Murdoch TD (1992) in: „Progress of analytical chemistry in the iron and steel industry", Edit. R. Nauche, Publ. Commission of the European Communities, EUR 14 113 EN, Luxemburg, S. 333
62. Slickers KA (1993) Stahl u. Eisen 113:Nr. 7, 103
63. Dimitrov S, Ranganathan S, Weyl A, Janke D (1993) steel research, 64:Nr. 1, 63
64. Whiteside IRC, Jowitt R (1992) in: „Progress of analytical chemistry in the iron and steel industry", Edit. R. Nauche, Publ. Commission of the European Communities, EUR 14 113 EN, Luxemburg, S. 135
65. Carlhoff C, Kirchhoff S (1992) in: „Progress of analytical chemistry in the iron and steel industry", Edit. R. Nauche, Publ. Commission of the European Communities, EUR 14 113 EN, Luxemburg, S. 150
66. Koch KH, Kopineck H-J, Meininghaus F, Tappe W (1986) DE-Patent 37 68 345
67. Kudermann G, Lührs C (1989) Erzmetall 42:163
68. Cornelius G (1989) in: „Analytische Schnellverfahren im Betrieb", Schriftenreihe der GDMB Gesellschaft der Metallhütten- und Bergleute, H. 55, Clausthal-Zellerfeld, S. 187
69. Järvinen A (1989) in: „Analytische Schnellverfahren im Betrieb", Schriftenreihe der GDMB Gesellschaft der Metallhütten- und Bergleute, H. 55, Clausthal-Zellerfeld, S. 83
70. Hirschfeld D, Ortner HM (1981) in: „Analysis of Non-Metals in Metals", Ed. G. Kraft, Verlag Walter de Gruyter, Berlin, S. 343
71. Koch KH (1980) Arch. Eisenhüttenwes. 51:371
72. Förster F (1954) Z. Metallkde 45:206
73. Kopineck H-J (1976) Stahl u. Eisen 96:5
74. Kopineck H-J (1993) Stahl u. Eisen 113:Nr. 11, 73
75. Ambrose AD, Hobson JD (1976) Analyst 101:356
76. Koerfer E, Berstermann W, Schäfke R (1986) Stahl u. Eisen 106:167
77. Thoma Chr, Brost K (1976) Stahl u. Eisen 96:1–027
78. Schmitz K-H, Thiemann E, Jaensch P, Buchner HW (1980) Stahl u. Eisen 100:1–399
79. Brauner J, Glaubitz K-D, Kremer K-J (1980) Stahl u. Eisen 100:1–323
80. Koch KH, Loose W, Auksel H (1982) Arch. Eisenhüttenwes. 53:475
81. Koch KH, Flock J (1991) Hoesch-Ber. Forsch. Entw. H. 1:19
82. Berstermann W (1992) Stahl u. Eisen 112:Nr. 8, 95
83. Kopineck H-J, Tappe W (1989) Stahl u. Eisen 109:1–151
84. Kopineck H-J, Tappe W (1970) Mikrochim. Acta Wien Suppl. IV:48
85. Burek J, Gantner E, Ache HJ (1993) Fresenius' J. Anal. Chem. 346:671
86. Paatsch W (1990) Galvanotechn. 81:3–852
87. Abe T, Yasui N, Yamato K, Takatoku Y, Toumori T, Kurozumi S (1985) Transactions ISIJ 25:B 49
88. Kondo K, Shibazaki T, Iwanuma K, Kimura T, Mashino Y, Saizu M, Sekigushi H (1985) Transactions ISIJ 25:B 47
89. Meuthen B (1984) Stahl u. Eisen 104:1–327
90. „Spurenelemente in Stählen", Hrsg. Eisenhütte Österreich, Verlag Stahleisen, Düsseldorf, 1985
91. Degenkolbe J, Kalwa G, Kaup K (1988) Stahl u. Eisen 108:527
92. Straßburger C (1987) Stahl u. Eisen 107:143
93. Broekaert JAC, Tölg G (1987) Fresenius' Z. Anal. Chem. 326:495
94. Klockenkämper R (1980) in: Ullmanns Enzyklopädie der technischen Chemie, 4. Aufl., Bd. 5, Verlag Chemie, Weinheim, S. 501
95. Welz B (1986) in: „Untersuchungsmethoden in der Chemie – Einführung in die moderne Analytik", Hrsg. H. Naumer u. W. Heller, G. Thieme Verlag, Stuttgart, S. 222
96a. Broekaert JAC (1990) Analytiker-Taschenbuch, Bd. 9, Springer-Verlag, Heidelberg-Berlin, S. 127
96b. Kuß H-M (1995) Nachr. Chem. Tech. Lab. 43:804

97. Grasserbauer M, Wer HW (1991) „Analysis of Microelectronic Materials and Devices", John Wiley Sons Ltd., Chichester
98. Stingeder G (1992) Fresenius' J. Anal. Chem. 343:771
99. Ortner HM (1992) Fresenius' J. Anal. Chem. 342:695
100. Blödorn W, Lück J (1992) Fresenius' J. Anal. Chem. 343:705
101. Kudermann G, Blaufuß KH, Lührs C, Vielhaber W, Collisi U (1992) Fresenius' J. Anal. Chem. 343:734
102. Kunze J, Güth A (1985) Neue Hütte 30:367
103. Lange, Blödorn W (1981) „Das Elektronenmikroskop – TEM und REM", G. Thieme Verlag, Stuttgart
104. Grabke HJ, Erhart H, Möller R (1983) Mikrochim. Acta 10:119
105. Pohl M, Oppolzer H, Schild S (1983) Mikrochim. Acta. Suppl. 10:281
106. Grasserbauer M (1985) Fresenius' J. Anal. Chem. 322:105
107. Swinburn DG (1974) „The Separation and Determination of Nitride Phases present in Steel", BSC Open, CDL/CAC/48/74
108. Flock J, Koch KH, Ohls K (1988) steel research 59:1
109. Kretschmer M, Koch KH (1977) Radex-Rundsch., S. 301
110. Fuchs A, Häussler E (1987) Fortschritte Metallographie 18:613
111. Meuthen B (1984) Stahl u. Eisen 104:1–327
112. Hofmann S (1980) Analytiker-Taschenbuch, Bd. 1, Springer-Verlag, Heidelberg-Berlin, S. 287
113. Grasserbauer M, Dudek HJ, Ebel MF (1986) „Angewandte Oberflächenanalyse", Springer-Verlag, Berlin-Heidelberg
114. Hantsche H (1993) Jahrb. Oberflächentechn., Bd. 49, Metall-Verlag, Berlin/Heidelberg, S. 381
115. Rivière JC (1990) „Surface Analytical Techniques", Clarendon Press, Oxford
116. Briggs D, Seals M (1990/1992) „Practical Surface Analysis", 2. Aufl., 2 Bde., John Wiley & Sons Ltd., Chichester
117. Berneron R, Charbonnier JC (1981) Surf. Interface Anal. 3:134
118. Kretschmer M, Koch KH, Grunenberg D (1983) Fresenius' Z. Anal. Chem. 314:226
119. Koch KH, Sommer D, Grunenberg D (1984) Radex-Rdsch. H. 3/4:437
120. Müller KH, Oechsner H (1983) Mikrochim. Acta, Suppl. 10:51
121a. Oechsner H (1984) „Thin Film and Depth Profile Analysis" Hrsg. H. Oechsner, Springer-Verlag, Berlin/Heidelberg, S. 63
121b. Leis F (1995) Nachr. Chem. Tech. Lab. 43:967
122. Laqua K (1991) Analytiker Taschenbuch, Bd. 10, Springer-Verlag Berlin/Heidelberg, S. 297
123. Bengtson A (1985) Spektrochim. Acta 40 B:631
124. Rose E, Mayr P (1989) Mikrochim. Acta I:197
125. Angeli J, Kaltenbrunner T, Androsch FM (1991) Fresenius' Z. Anal. Chem. 341:140
126. Dessenne O, Quentmeier A, Bubert H (1993) Fresenius' J. Anal. Chem. 340:345
127. Staib W (1989) Metalloberfläche 43:467
128. Berresheim K (1984) Fresenius' Z. Anal. Chem. 318:661
129 Oechsner H, Stumpe E (1977) Appl. Phys. 14:43
130. Wucher A, Oechsner H (1989) Fresenius' Z. Anal. Chem. 33:470
131. Grasserbauer M, Friedbacher G, Hutter H, Stingeder G (1993) Fresenius' J. Anal. Chem. 346:594
132. Wucher A (1993) Fresenius' J. Anal. Chem. 346:3

7 Prozeßanalytik in der Halbleiterindustrie

7.1
Einleitung

7.1.1
Mikroelektronik

Die Fortschritte in der Mikroelektronik, insbesondere in der Silicium-Technik, verlaufen weiterhin rasant, da die fortschreitende Miniaturisierung der Bauelemente eine ständige Kostensenkung – ausgedrückt in Kosten pro bit eines Halbleiterspeichers [1] – ermöglicht. Diese Entwicklung ist allerdings mit einer drastisch angewachsenen Prozeßvielfalt verknüpft. Hochreine Silicium-Wafer stellen das Ausgangsmaterial bei der Mikrochip-Herstellung dar, wobei im Falle der 4 M DRAM-Generation (M DRAM = megabit dynamic random access memory) bis zu 400 Prozeßschritte notwendig sind, um aus einem Si-Wafer einen mikroelektronischen Baustein mit integrierten Schaltkreisen herzustellen [2]. Neben der großen Zahl metallischer, halbleitender und isolierender Dünnschichten, die die Wirkungsweise des Chips bedingen, sind eine Vielzahl von Hilfsschichten aufzubringen, die nach Erfüllung ihres Zweckes entfernt werden müssen. Um die Ausbeute dieser verzweigten Prozeßabläufe ökonomisch zu gestalten, sind ausgereifte Prozesse mit hoher Zuverlässigkeit eine zwingende Voraussetzung. Dieser Anspruch kann nur durch vollständig charakterisierte Ausgangsstoffe und eine umfassende Prozeßüberwachung erfüllt werden. Sowohl während der Entwicklung einer völlig neuen Generation von Halbleitersystemen wie für die spätere Massenproduktion müssen prozeßgerechte und erprobte Analysenverfahren bereitgestellt und problemgerecht angewendet werden.

Bereits Kontaminationen im Ultraspurenbereich, wie die Rückstände, die von den Konstruktionswerkstoffen der Bearbeitungswerkzeuge stammen, und die Umweltverschmutzung in und auf dem Wafer können das Ausbringen entscheidend herabsetzen oder das Produkt nach einem mehrmonatigen, kostenintensiven Produktionszyklus wertlos machen. Die ständige Verminderung von Fehlerursachen besitzt daher höchstes Interesse, um Produktionszeit zu gewinnen und damit die Kapazität der Anlagen ohne zusätzliche Inverstitionsmittel zu erhöhen sowie das Ausmaß und die Kosten für aufwendige Prüfvorgänge zu erniedrigen. Die notwendigen Untersuchungen müssen neben den Ausgangsmaterialien die benötigten Verbrauchs- und Hilfsstoffe umfassen [3], wobei u. a.

die Analytik ein vorherrschendes Mittel zur ständigen Verbesserung der Prozesse und Produkte darstellt [4]. Internationale Richtlinien [5] und Expertensysteme [6] regeln ihre zielorientierte Anwendung.

In dem hier behandelten Zusammenhang muß allerdings bedacht werden, daß die gemessenen analytischen Parameter nur als Indikator für einen Prozeß- oder Produktzustand zu betrachten sind, aber noch nicht das eigentliche Qualitätsmerkmal darstellen. Ferner ist darauf zu verweisen, daß wie in allen Bereichen der Analytik, umsomehr aber im Ultraspurenbereich nur die Überprüfung der Ergebnisse mit Hilfe verschiedener Analysenverfahren [7] und durch Ringuntersuchungen [8] eine annehmbare Richtigkeit sicherstellen kann.

Von dem Prozeßanalytiker wird auch hier erwartet, daß er aussagefähige Ergebnisse in real-time und mit einem hohen Grad an Vertrauenswürdigkeit zur Verfügung stellt (s. auch 1.1, 5.1 und 6.3.1). Diese hohen Anforderungen an die analytische Prozeßüberwachung und Ursachenforschung lassen sich nur durch die Anwendung physikalischer und physikalisch-chemischer Methoden erfüllen. Die klassische chemische Analytik beschränkt sich auf diesem Gebiet auf die Probenvorbereitung, Löse-, Trennungs- und Anreicherungsschritte sowie die Kontrolle der Probenbearbeitung und der Umwelteinflüsse.

7.1.2
Halbleitertechnik

Die Herstellung des Halbleiters Silicium beginnt mit der chemischen Abtrennung des Siliciumdioxids aus dem Rohstoff Quarzsand, das anschließend in Silan oder Chlorosilan umgesetzt wird. Nach einem destillativen Reinigungsschritt folgt die thermische Zerstzung des Gases bei 1100°C. Es resultiert polykristallines Si, das nach verschiedenen Verfahren in monokristallines Si umgewandelt werden kann. Trotz des erzielbaren hohen Grades an kristalliner Ordnung können Fehlordnungen im Kristallgitter und Verunreinigungen auftreten [9].

Die erhaltenen monokristallinen Si-Barren werden mit Hilfe von diamantbeschichteten Sägen in Scheiben zerteilt („wafering"), chemisch geätzt, chemomechanisch poliert und chemisch gereinigt. Das Ziel dieser Prozeßschritte ist die Entfernung mechanisch beschädigter und kontaminierter Oberflächenschichten und die Erhöhung der Festigkeit, Flachheit und Reinheit der Si-Wafer.

Der Halbleiter Silicium stellt für den Analytiker in vielerlei Hinsicht eine Herausforderung dar. Metallische Kontaminationen, mechanische Mikrodefekte und eine Verknüpfung ihres Zusammenwirkens können die Chipausbeute erheblich herabsetzen oder die hergestellten Wafer wertlos machen [10]. Daher bedarf eine sinnvolle Si-Halbleiterproduktion eines geschlossenen Überwachungssystems, das in einem hohen Ausmaß zur Produktions- und Qualitätssicherung sowie zur ständigen Verbesserung des Prozeßgeschehens beitragen kann. Der größte Teil der Aktivitäten richtet sich dabei auf die Reinheit des Ausgangsmaterials, die Prozeßmittel, die Umweltbedingungen und schließlich das Endprodukt. Um in diesem Rahmen bei der Ursachenfindung und den

Problemlösungen erfolgreich sein zu können, muß der Analytiker – wie auch aus anderen Bereichen der Prozeßanalytik bekannt – ein breites theoretisches Wissen und gute praktische Kenntnisse von den eingesetzten Stoffen und den technischen Prozessen besitzen [11].

7.1.3
Solartechnik

Der direkten Umwandlung von Sonnenlicht in elektrischen Strom mit Hilfe von Solarzellen (Photovoltaik) wird bei der Nutzung erneuerbarer Energieformen eine bedeutende Rolle zugewiesen. Solarzellen auf Siliciumbasis besitzen heute bereits einen hohen technischen Stand und können schon in besonderen Fällen wirtschaftlich zur Stromerzeugung genutzt werden. Die Erkenntnis, daß die fossilen Energieträger nur für eine begrenzte Zeit zur Verfügung stehen und daher nach erneuerbaren Energieformen Ausschau gehalten werden muß, hat weite Verbreitung gefunden.

Die Photovoltaik, d.h. die direkte Umwandlung von Licht in elektrischen Strom mit Hilfe von Halbleitermaterialien hat in den letzten Jahren einen festen Platz im Markt eingenommen [12]. Die Stromerzeugung über Solarzellen ist dort noch unwirtschaftlich, wo beispielsweise Haushalte direkt an das öffentliche Stromversorgungsnetz angeschlossen sind. Besondere Chancen für die Photovoltaik bestehen in Regionen mit langdauernder und intensiver Sonneneinstrahlung. Dadurch eröffnet sich die Möglichkeit, Elektrizität auch in entlegene Gebiete der Schwellen- und Entwicklungsländer zu bringen. Bei den heutigen Einsatzgebieten herrschen die Haus- und Dorfstromversorgung sowie die Nachrichtentechnik (z.B. Stromerzeugung in entlegenen Fernmelde- und Signaleinrichtungen) vor.

Den Anforderungen hinsichtlich Leistung und Langzeitstabilität genügen derzeit nur Solarzellen aus mono- oder multikristallinem Silicium [12]. Das als Ausgangsmaterial in hochreiner Form benötigte Silicium wird in einem Wirbelbettreaktor entweder durch Zersetzen von Silan oder durch Reduktion von Trichlorsilan als Zwischenprodukt gewonnen (s. 7.1.2). Das polykristallin anfallende Material wird anschließend – wie bereits oben beschrieben – durch verschiedene Verfahren (z B. Zonenziehen oder kostengünstige Gießprozesse) in Einkristalle überführt. Die erhaltenen Si-Säulen werden durch ein Drahtsägeverfahren in dünne Scheiben zerteilt, die nach der Reinigung und Qualitätsprüfung zu Solarzellen verarbeitet werden. Auf dem Wege zu einer Massenproduktion sind weitere umfangreiche Forschungs- und Entwicklungsarbeiten dringend geboten, die auch dank öffentlicher Fördermittel an universitären und industriellen Forschungseinrichtungen intensiv betrieben werden.

Die Prozeßüberwachung und die Qualitätsprüfung gestaltet sich in der Solartechnik weniger aufwendig als in der Mikroelektronik. Multikristallines Silicium besteht aus Kristalliten unterschiedlicher Orientierung (s. auch 6.5 und 6.7.1). Die Korngrenzen und Kristalldefekte können den Wirkungsgrad von Solarzellen aus multikristallinem Silicium beeinträchtigen. Daher gilt es, Kristallfehler frühzeitig sichtbar zu machen. Eine effektive Qualitätsprüfung setzt direkt *nach* der Scheibenherstellung und *vor* den aufwendigen Prozeßschritten der Solarzellenherstellung ein und folgt damit den Regeln eines kostenbewußten Qualitätsmanagements (s. auch 9.1).

Durch lokale Beleuchtung mittels Laserdioden und Messung der Abklingzeit von photogenerierten Ladungsträgern an den für die Fertigung durch Sägen vorbereiteten Siliciumscheiben kann bereits die Qualität gemessen werden [12]. Zur Charakterisierung von *fertigen* Solarzellen auf der Basis multikristallinen Siliciums dienen ortsauflösende, topographische Meßverfahren, die der lateralen Inhomogenität des Materials Rechnung tragen. Die wichtigsten Parameter, die den Wirkungsgrad von Solarzellen bestimmen, sind Kurzschlußstrom und Leerlaufspannung der Zelle. Durch selektives Beleuchten sehr kleiner Regionen einer Solarzelle mit Laserlicht werden beispielsweise Kurzschlußstrom-Topographien mit einer Auflösung im Mikrometerbereich erhalten. Topographische Darstellungen der wichtigsten Kenngrößen von Solarzellen aus multikristallinem Silicium lassen die Bereiche verminderter Effizienz erkennen und bieten damit die Grundlage zu einer gezielten Produktverbesserung.

7.2
Untersuchung von Siliciumsubstraten

In der Einleitung wurde aufgezeigt, daß die Aufgaben der Analytik in der Halbleiterindustrie auf folgenden Gebieten liegen: Charakterisierung der Siliciumsubstrate, Analytik dünner Schichten, analytische Kontrolle von Reinstchemikalien und chemischen Prozessen sowie der Kontaminationskontrolle von Prozessen und Produktionseinrichtungen. Einen bedeutenden, die Ausbeute begrenzenden Faktor und zugleich ein Zuverlässigkeitsrisiko stellte von Beginn der Si-Chiptechnik an die Kontamination durch metallische Verunreinigungen während des gesamten Produktionsablaufes dar [13]. Insbesondere die Elemente der 3d-Gruppe, wie Fe, Ni, Co und Cu, üben in dieser Beziehung einen äußerst schädlichen Einfluß aus. Auf die durch diese chemischen Elemente bei der Herstellung mikroelektronischer Schaltungen im einzelnen bewirkten Mängel und Fehler beispielsweise infolge von Diffusion oder Bildung von Siliciden wie auch auf die Vielzahl möglicher Defekte durch andere Einflüsse, wie durch Ionenimplantation und Ätzverfahren, sowie deren Vermeidung oder auf die Reaktionsmechanismen kann an dieser Stelle nicht eingegangen werden. Hier muß auf die weiterführende Literatur verwiesen werden [10, 14, 15]. Allgemein sei in diesem Zusammenhang bemerkt, daß sich zum Erkennen und Nachweis dieser Defekte an Memory-Bausteinen die Rasterelektronenmikroskopie (REM) und die Transmissionselektronenmikroskopie (TEM) (s. auch 6.7.2) als unerläßliche Untersuchungsmethoden erwiesen haben [16].

Der schädliche Einfluß der Kontamination durch Metalle hat zwei Ursachen: Zum einen bilden die metallischen Verunreinigungen Verbindugen (ausgeschiedene Phasen), die als Ausgangspunkt für ausgedehnte Fehlstellen im Siliciumsubstrat wirken können [17]. Zum anderen lagern sich die Verunreinigungen an bestehenden kristallographischen Fehlstellen an und verändern deren elektrische Eigenschaften. Als Quellen für die Kontamination durch Metalle während der Herstellungsprozesse sind erkannt worden [13]:

- Öfen und epitaktische Reaktoren,
- Ionenimplantierer, Plasma- und Ätzanlagen,
- Wafer-Bearbeitungsgeräte und -Werkzeuge,
- Chemikalien für die Reinigung und die Ätzung.

Die Überwachung der Kontamination beginnt mit dem Bemühen um ihre weitestgehende Vermeidung, z. B. durch wiederholte Anwendung von als geeignet erkannter Reinigungsverfahren und ausgewählte Bearbeitungswerkzeuge sowie die Verwendung von Wasser, Gasen und Chemikalien entsprechender Qualität. Doch alle Vorsichtsmaßnahmen können Ausfälle während des Herstellungszyklus nie völlig ausschließen. Hier können Getterverfahren dazu dienen, die schädliche Metallkontamination von den aktiven Bereichen der Chips fernzuhalten oder zu entfernen [18].

Für Zwecke der Prozeßüberwachung werden einfach anwendbare Methoden benötigt, die schnell, vorzugsweise zerstörungsfrei und automatisierbar sind und möglichst ohne Probenvorbereitungsschritt in einer Reinraumumgebung eingesetzt werden können [19]. Im Hinblick auf die verschiedenen Quellen einer möglichen Metallkontamination werden oberflächen- und bulkanalytische Methoden benötigt. Einen Überblick über die wichtigsten analytischen Prinzipien vermittelt Tabelle 7.1. Dabei wurde wie auch im Folgenden auf die Darstellung der abbildenden Verfahren [20], die zum Teil für die schnelle Charakterisierung von Siliciumsubstraten sowohl für die Bulk- wie für die Oberflächenanalyse Bedeutung besitzen, bewußt verzichtet.

Die Oberflächenanalytik ist bei der Überwachung aller Prozeßschritte, bei denen die Gefahr einer Kontamination auf den beiden Waferoberflächen besteht, gefragt. Daher soll sie an dieser Stelle besonders herausgestellt werden. Zur Problemlösung hat sich insbesondere die Totalreflexions-Röntgenfluoreszenzanalyse (TXRF) [21] in die tägliche Routine eingeführt [22]. Diese Methode beruht auf der Totalreflexion von Röntgenstrahlen an ebenen, polierten Waferoberflächen, wobei die charakteristische Fluoreszenzstrahlung der verunreinigenden Metalle (und die der Si-Matrix) bis zu einer Eindringtiefe von etwa 3 nm

Tabelle 7.1. Analysenmethoden zur Kontaminationsuntersuchung (Auswahl) [10, 20]

Methode*)	Nachweisgrenze [Atome/cm^2]	Analysierte Fläche	Probendurchsatz [Wafer/h]
TXRF	10^{10}–10^{11}	1 cm^2	1
VPD/TXRF	10^8	Wafer	4
VPD/GF-AAS	10^9–10^{10}	Wafer	4
VPD/ICP-MS	10^8	Wafer	4
ETV-ICP	10^7	Wafer	n.b.
NAA	10^9–10^{13}	Wafer	n.b.

*) Erklärung der Akronyme im Text; n.b. = nicht bekannt

angeregt wird [23]. Die Methode bietet die Möglichkeit zur automatisierten Serienanalyse mit rechnergestützter Datenerfassung und -reduktion. Die Kalibration erfolgt mit einem Wafer, der mit einer definierten Anzahl von Ni-Atomen kontaminiert wurde. Dazu wird von einer zertifizierten Referenzlösung, wie sie in der Atomabsorptionsspektrometrie (AAS) verwendet werden, soviel auf die Mitte des Wafers, wie 1 ng Ni entspricht, pipettiert und anschließend eingetrocknet. In der Routinepraxis lassen sich mit der TXRF ohne Anreicherungsschritt Kontaminationen bis hinab zu etwa 10^{10} Atome/cm^2 quantitativ bestimmen.

Um diese Grenze zu erniedrigen, müssen die Metallkontaminationen auf der Siliciumoberfläche angereichert werden. Das kann durch einen Flußsäure-Aufschluß in einem geschlossenen Reaktionsgefäß unter Reinraumbedingungen (VPD = Vapor Phase Decomposition) erfolgen [24]. Die anfallenden Reaktionsprodukte werden von der gesamten Waferoberfläche in einem Tropfen ultrareinen Lösemittels von 100 mL gesammelt und können nach dem Eintrocknen direkt mit der TXRF analysiert werden. Auf diese Weise können Nachweisgrenzen von 10^7 Atome/cm^2 erreicht werden. Für die Bestimmung mit Hilfe der Graphitrohr-AAS wird die nach der VPD-Technik gewonnene Probe zu einem definierten Volumen verdünnt und ein aliquoter Teil analysiert. Eine Kombination der VPD mit der Massenspektrometrie und dem induktiv gekoppelten Plasma als Anregungsquelle (ICP-MS) eröffnet die Möglichkeit einer weiteren Senkung der Nachweisgrenzen. Die ICP-Spektrometrie mit elektrothermischer Verdampfung der Probe (ETV-ICP) stellt ein weiteres Verfahren in der spektroskopischen Oberflächenanalytik von Schwermetallkontaminationen dar, das Nachweisgrenzen von 10^7 Atome/cm^2 erreichen läßt [25]. Die aufwendige und zeitraubende Neutronenaktivierungsanalyse (NAA) findet für die Untersuchung von Kontaminationen keine Verwendung mehr und wird heute als unabhängige Referenz- und Kalibrationsmethode eingesetzt.

7.3
Oberflächen- und Dünnschichtanalytik in der Silicium-Technik

Wie im vorstehenden Abschnitt dargestellt werden konnte, stellt die Oberflächenanalytik bereits bei der Untersuchung der Siliciumsubstrate ein unentbehrliches Hilfsmittel für die Prozeßtechnik dar. Im Nachfolgenden wird gezeigt werden, daß bei den heute insgesamt in der Halbleitertechnik angewendeten analytischen Verfahren die oberflächenanalytischen Methoden eine Schlüsselrolle spielen [26]. Sie werden zur Charakterisierung der Eigenschaften und zur Überwachung der Qualität vielgestaltiger Dünnschichten, wie Halbleiteroberflächen mikroeletronischer Bausteine, Zwischenschichten und dünner Diffusionsschichten, herangezogen. Insbesondere stellt die Charakterisierung von Oberflächen sowie ihre prozeßanalytische Kontrolle auch hier eine Hauptaufgabe dieses analytischen Teilgebietes dar, da die Art und Qualität einer auf einer Substratoberfläche aufgebrachten dünnen Schicht sehr oft die Eigenschaften und gegebenenfalls die Zuverlässigkeit eines mikroelektronischen Systems ent-

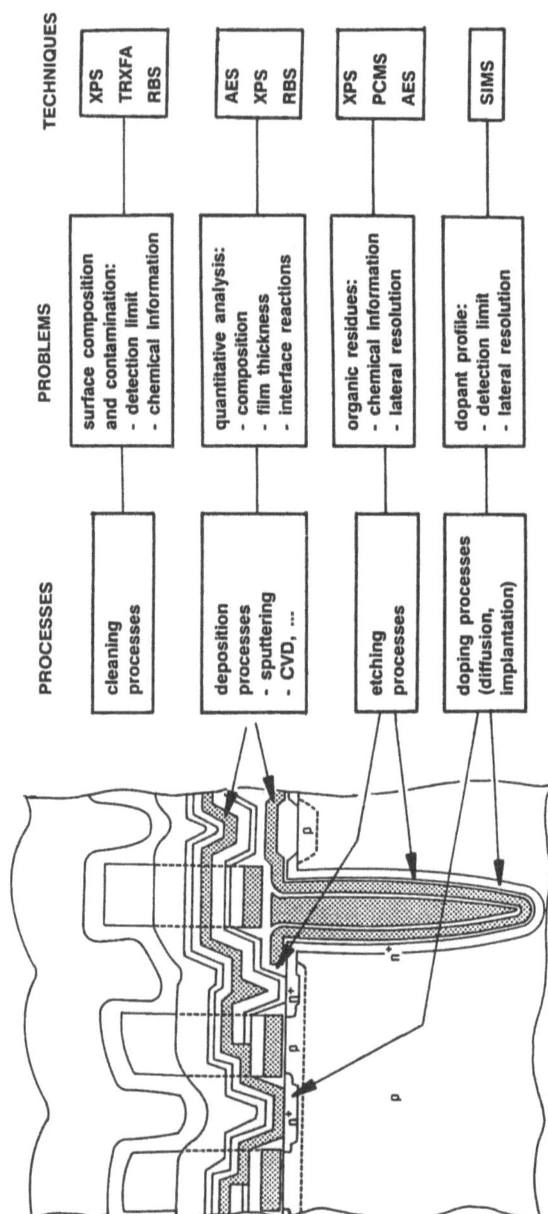

Abb. 7.1. Anwendung oberflächenanalytischer Methoden bei typischen Prozessen der Mikroelektronik [26]. *(Mit Genehmigung der Springer-Verlag GmbH & Co KG, Berlin-Heidelberg)*

scheidend beeinflußt. Daher muß der Oberflächenanalyse *vor* und *nach* den verschiedenen Prozessen, wie Abscheiden von Schichten, Ätz- und Reinigungsvorgängen, große Bedeutung beigemessen werden. Das gleiche gilt für die dauerhaft oder temporär aufzubringenden Zwischenschichten.

Zur Lösung der vielfältigen oberflächenanalytischen Aufgaben werden heute folgende Methoden herangezogen:

- Auger-Elektronenspektroskopie (AES) [27],
- Röntgen-Photoelektronenspektroskopie (XPS) [27],
- Sekundärionenmassenspektrometrie (SIMS) [27],
- Plasma-Chromatographie-Massenspektrometrie (PCMS) [28],
- Totalreflexions-Röntgenfluoreszenzanalyse (TXRF) [27],
und in besonderen Fällen:
- Rutherford-Rückstreuungs-Spektroskopie (RBS) [27].

Der Anwendungsschwerpunkt liegt auf den drei erstgenannten klassischen Oberflächenmethoden, die alle eine hohe Tiefenauflösung ermöglichen. Weitere wichtige Aspekte bei der Materialuntersuchung während der mikroelektronischen Fertigung sind: Die laterale Auflösung, das Nachweisvermögen für Verunreinigungen und dotierte Elemente sowie die chemische Information über die ablaufenden komplizierten chemischen Reaktionen und Prozesse. Jede der genannten Methoden besitzt ihre besonderen Vorteile mit Blick auf die angedeuteten Erfordernisse [26]. Abbildung 7.1 vermittelt einen Eindruck von der Problemvielfalt und der Anwendung oberflächenanalytischer Methoden bei typischen Prozessen der mikroelektronischen Produktion (4 M DRAM).

Im Verlauf der Herstellung von Memory-Bausteinen werden eine große Anzahl von dünnen anorganischen und organischen Schichten abgeschieden, geätzt und vollständig oder örtlich wieder entfernt. Vor jedem Abscheidungsvorgang und nach jedem Ätzen muß die Oberfläche gereinigt werden, um Kontaminationen zu entfernen oder den gewünschten Oberflächenzustand zu erzeugen. Unter den Oberflächenkontaminationen spielen die metallischen Verunreinigungen, insbesondere die Übergangsmetalle wie Fe, Ni, Cu und ähnliche, häufig eine schädliche Rolle, weil sie im weiteren Verlauf in das Silicium diffundieren und Anlaß dafür sein könnten, die elektrischen Eigenschaften des Systems negativ zu verändern [29]. Daher stellt die Bestimmung von Metallkontaminationen auf Waferoberflächen eine wichtige Möglichkeit dar, um die durch die verschiedenen Prozeßschritte verursachten Kontaminationen zu untersuchen und den Wirkungsgrad der Reinigungsverfahren zu überprüfen. Die TXRF scheint für diese Aufgabe die geeignetste Methode zu sein, da sie sehr empfindlich, schnell und einfach anwendbar ist und zerstörungsfrei arbeitet [30].

Das Entfernen organischer Kontaminationen von Silicium- oder Dünnschichtoberflächen stellt eine weitere wichtige Aufgabe im Verlauf der Waferverarbeitung dar. Organische Kontaminationen können verschiedenen Quellen und Prozessen entstammen: Rückstände photolithographischer Materialien, Polymerreste aus Trockenätzprozessen, organische Stoffe von Lagerbehältern und Verpackungsmaterialien, Crackprodukte von Vakuumpumpenölen u. ä. Die Reinigungsverfahren zur Entfernung organischer Materialien basieren auf der Verwendung stark oxidierender Mittel, wie NH_3/H_2O_2, H_2SO_4/H_2O_2, HNO_3 usw., oder organischer Lösemittel sowie in der Anwendung des Plasmaätzens. Neben der XPS [31], die hier wegen der Möglichkeit zur Speciationanalyse eine wesentliche Rolle spielt [32], findet neuerlich die PCMS in diesem Bereich Anwendung [28].

Die auf Siliciumwafern abgeschiedenen Schichten dienen der Isolation sowie für elektrische Verbindungen oder als Hilfsmittel, die in späteren Prozeßschritten wieder entfernt werden müssen. Die Abscheidung kann durch verschiedene Techniken, wie z. B. durch chemische Abscheidung aus der Dampfphase (CVD) oder durch Sputtern, erfolgen. Von technologischer Bedeutung sind dabei die Schichtdicken, ihre Zusammensetzung oder Interface-Reaktionen. Als Analysenmethoden für diesen Problembereich haben sich die RBS und die AES bewährt. Die XPS wiederum findet ihr Anwendungsfeld bei der Untersuchung von Ätzprozessen [33] und Prüfung ihrer Selektivität [34]. So kann damit beispielsweise die Dicke einer Passivierungsschicht von wenigen nm bestimmt werden [35]. Die Aufnahme von Tiefenprofilen zur Untersuchung und Optimierung der Dotierungsverfahren stellt eine klassische Aufgabe der SIMS dar [36]. Aber auch bei der Schadensanalyse im Hinblick auf die Steigerung des Ausbringens, bei der die fertigen Mikrochips Gegenstand der Untersuchung sind, hat die Oberflächenanalytik verbreitet Anwendung gefunden.

7.4
Analytische Kontrolle von Reinstchemikalien und chemischen Prozessen

Ultrareine Chemikalien werden bei verschiedenen Prozeßschritten in der Halbleiterindustrie eingesetzt, wobei ihr Einfluß auf den Erfolg der Reinigungsverfahren mit dem Ziel der Vermeidung von Kontaminationen besonders bedeutsam für die weiteren Schritte der Chipfertigung ist (s. 7.1.1 und 7.2) [37]. Um Kontaminationen zu vermeiden, die von den Chemikalien herrühren, müssen zum einen ihre Eigenschaften und ihr Einfluß auf das Substrat bekannt sein sowie ihre Abscheidungsmechanismen gedeutet werden [38]. Hierbei sind oberflächenanalytische Daten von großem Nutzen (s. 7.3). Anorganische Säuren, Ammoniumhydroxidlösung und Wasserstoffperoxid werden bei Ätz- und Spülverfahren verwendet, während für die Entfernung der photolithographischen Schichten von der Waferoberfläche organische Lösemittel genutzt werden. In gleichem Maße wie die Komplexität und Miniaturisierung der IC-Mikrochips (IC = Integrated circuits) fortschritt, wurde die Chipausbeute bei den verschiedenen Fertigungsprozessen umsomehr durch extrem niedrige Spurenanteile in den Prozeßchemikalien begrenzt. Daraus folgten ungeheure Forderungen an die Chemikalienhersteller nach ultrareinen Produkten. Während beispielsweise in den 70er Jahren ein Höchstgehalt von 500 ng/g Eisen als verbindlich galt, müssen die Lieferanten heute einen Höchstgehalt an Spurenelementen im unteren ng/g-Bereich garantieren. Präzise und richtige Analysenverfahren sind daher für die Qualitätsprüfung, für die Weiterentwicklung der Reinigungsverfahren zur weitgehenden Vermeidung von Kontaminationen und für die Auswahl geeigneter Materialien zur Umhüllung der Mikrochips zwingend notwendig [39]. Bei fortschreitender Entwicklung werden zukünftige Nachweisgrenzen im pg/g-Bereich liegen müssen.

Da bis zu 40 verschiedene Elemente zu bestimmen sind, werden vorzugsweise analytische Kopplungstechniken angewendet. Eine der nachweisstärksten Methoden für die Multielementanalyse von Prozeßchemikalien und Bädern ist die ICP-Massenspektrometrie (ICP-MS) [40]. Einige Elemente, wie Eisen, Calcium, Kalium und Silicium werden wegen der besseren Bestimmungsgrenzen mittels der Graphitofen-Atomabsorptionsspektrometrie (GF-AAS) analysiert [39]. Die erreichten Nachweisgrenzen z. B. für Silicium in den für die Ätzung eingesetzten Säuren liegt bei 1 bis 2 ng/g.

7.5
Kontaminationskontrolle von Prozessen und Produktionseinrichtungen

Nach einer Darstellung der Untersuchung der Siliciumsubtrate, der Oberflächen- und Dünnschichtanalytik sowie der Notwendigkeit einer analytischen Kontrolle der Reinstchemikalien und chemischen Prozesse in der Halbleitertechnik (Abscheiden, Ätzen, Reinigen), bei der in allen Fällen das Problem der Kontamination und ihre Vermeidung im Vordergrund der Betrachtung stand, soll abschließend die Kontaminationskontrolle von Prozessen und Produktionseinrichtungen und -geräten in der Erkenntnis behandelt werden, daß stets Messungen der Schlüssel zum Verständnis der Beziehungen zwischen Prozessen und den daraus resultierenden Produkten sind [41, 42].

Die systematische Ermittlung von Daten über die eingesetzten Materialien, der Prozeßabläufe, der Fertigungsbedingungen und der Erzeugnisse durch ständige Überwachung und Analyse der Kontaminationen ist die Grundvoraussetzung für die Qualitätssicherung (QS) und ein Totales Qualitätsmanagement (TQM) [43] (s. 9.1). Die systematische analytische Kontaminationskontrolle stellt dabei ein Hauptinstrument der Statistischen Prozeßkontrolle (SPC) sowie der Fehlermöglichkeits- und -einflußanalyse (FMEA = Failure mode and effects analysis) [44] dar und schafft so die Voraussetzung für eine stetige Produktverbesserung [41]. Der Analytiker muß also immer neue Techniken entwickeln und anwenden, um Kontaminationsspuren und ihre Schwankungsbreite in den sich ständig weiterentwickelnden Prozeßmedien und Produkten zu bestimmen. Die analytische Aufgabe beginnt in allen Fällen mit der Bewertung und Festlegung der problemgerechten Probenahme sowie mit der Beurteilung der analytischen Durchführbarkeit, der Feststellung der Kosten und einer Abschätzung der technologischen Relevanz der erwarteten Ergebnisse.

Um Halbleiter-Silicium anforderungsgerecht herstellen zu können, müssen alle Prozeßmittel, Prozeßschritte und Zwischenproduktphasen bei der Waferfertigung mit Hilfe wirksamer Analysenverfahren überwacht werden. Wünschenswert sind dabei in-line-Verfahren, da diese eine unmittelbare Rückkopp-

Tabelle 7.2. Prozeß- und produktanalytische Methoden in der mikroelektronischen Industrie

Analysenmethode		AAS	ICP	ICP-MS	IC	CE	TXRF	NAA	DTDA	GFA	FT-IR
Betriebsstoffe	Reinstwasser	X	X	X	X	X	X				
	Reinstchemikalien	X	X	X	X	X					
	Prozeßbäder	X	X	X	X	X					
Prozeß	Hilfs-/Verbrauchsstoffe	X	X								X
Produkte	Polykrist. Silicium	X		X	X			X	X		
	Si-Scheiben	X		X				X			
	Wafer n. Ätzung	X		X	X	X		X	X	X	X
	Wafer pol./epit.	X		X	X	X	X	X	X		X
Materialien	Umhüllungsmaterial			X	X			X			

AAS   = Atomabsorptinsspektrometrie
ICP-OES = Emissionsspektrometrie mit induktiv gekoppelter Plasmaanregungsquelle
ICP-MS = ICP-Massenspektrometrie
IC   = Ionenchromatographie
CE   = Kapillarelektrophorese
TXRF   = Totalreflexions-Röntgenfluoreszenzanalyse
NAA   = Neutronenaktivierungsanalyse
DTDA   = Differentialthermodesorptionsanalyse
GFA   = Heißextraktionsgasanalyse
FT-IR   = Fourier-Transform-Infrarotspektrometrie

lung zum Prozeßgeschehen ermöglichen. Diese Forderung wird aber nur von wenigen Methoden erfüllt. Einen Überblick über die bei der Prozeßüberwachung angewendeten Analysenmethoden und einige ihrer Charakteristika vermitteln die Tabellen 7.2 und 7.3. Über die analytischen Einzelheiten und Kenndaten liegt hierzu eine breite Literatur vor [41, 42, 45]. Die atomspektroskopischen Analysentechniken, wie AAS, ICP-OES und ICP-MS sind im allgemeinen nicht für die Direktanalyse von Prozeßmitteln geeignet. Als seltene Ausnahmefälle können einige verdünnte Säuren und Reinstwasser gelten. Über die Anwendung der genannten Methoden und auch der in-line einsetzbaren TXRF in der Oberflächenanalytik und bei der Charakterisierung der Siliciumsubstrate wurde bereits unter 7.2 und 7.3 berichtet.

Tabelle 7.3. Charakteristika der spurenanalytischen Methoden zur Qualitätsüberwachung der Si-Waferherstellung

Analysen-methode	Prozeß-/Produkt-merkmal	Nachweisgrenze 10^{10} Atome/cm^3	Nachweisgrenze 10^{10} Atome/cm^2	Multielement-methode
AAS	Betriebsstoffe Hilfsmittel Wafer		0,2–3	nicht als Routineverfahren
ICP-OES	Betriebsstoffe Hilfsmittel		geringer als bei AAS	ja
ICP-MS	Betriebsstoffe Hilfsmittel	10^2	direkt: 1 nach VPD: <0,1	ja weniger empfindlich für Fe, Ca, K, Ni
IC	Betriebsstoffe Hilfsmittel		<0,2	ja
CE			<0,1	ja
TXRF	Metalle		polierte Ober-fläche: 2–30 nach VPD: < 0,1	ja
NAA	Verunreinigungen	<1 Fe, Cu: 10^{11}/cm^3		ja
DTDA	organische Beläge		10^3	–
GFA	Sauerstoff	10^6		nein

Für die schnelle Prozeßüberwachung haben sich insbesondere eine Reihe physikalischer Methoden in die Praxis eingeführt [41], auf die an dieser Stelle verwiesen werden soll [46].

Bisher wurde hauptsächlich die anorganische Analytik bei der Waferfertigung betrachtet. Die organischen Kontaminationen gewinnen für die Halbleiterindustrie aber zunehmend an Bedeutung, da die Größenordnung an metallischen Kontaminationen inzwischen systematisch bis unter 10^{10} at/cm^2 abgesenkt werden konnte. Im Gegensatz zur Überwachung metallischer Verunreinigungen, bei der - wie oben beschrieben – Methoden wie AAS, TXRF, ICP-MS u. a. in die tägliche Praxis Eingang gefunden haben, gibt es für die routinemäßige Überwachung organischer Kontaminationen auf Waferoberflächen keine vergleichbare Vielfalt an analytischen Prinzipien und apparativen Vorschlägen. Für die Lösung von Einzelfragen wurden z. B. die FT-IR-Spektrometrie [47], SIMS [48], XPS [49] und GC-MS (Kopplung von Gaschromatographie und Massenspektrometrie) [50] genutzt.

Für die Routineanalyse wird aber eine einfache Methode benötigt, die es gestattet, unterschiedlichste Stoffe, wie adsorbierte Gase, Lösemittel, Polymerrückstände, Graphit, Ölreste u. ä. zu analysieren. Hier hat sich als Methode zur Überwachung der Reinigungs-, Ätz-, Implantierungs-, Metallabscheidungs- und der lithographischen Verfahren die Differentialthermoanalyse (DTDA) als geeignet erwiesen [45]. Die DTDA erlaubt außerdem, das Desorptionsverhalten flüchtiger Stoffe (Lösemittel, Monomere, Feuchtigkeit, Wasserstoff) bei erhöhten Temperaturen (bis zu 1100 °C) zu untersuchen. Sie kann ferner zur quantitativen Wasserstoffbestimmung in Siliciumnitrid- und Siliciumoxidschichten dienen.

Das DTDA-Verfahren ist vergleichsweise einfach: Die Probe wird in einem offenen Quarzrohr programmgesteuert von 120 °C bis zu 1100 °C in einem konstanten Gasstrom aus gereinigtem Sauerstoff erhitzt. Die desorbierten organischen Stoffe werden an einem erhitzten Katalysator vollständig zu CO_2 und H_2O, die anschließend IR-spektrometrisch bestimmt werden, oxidiert. Die Intensität der gemessenen Signale wird in Abhängigkeit von der Zeit aufgezeichnet, wobei man diese Art der Darstellung dann üblicherweise als „Spektrum" bezeichnet, obwohl es sich dabei nicht um Intensitäten wellenlängenabhängiger Signale handelt. Kohlenwasserstoffe zeigen hierbei übereinstimmende CO_2- und H_2O-Peaktemperaturen. Wasserstoff kann in der oxidierenden Atmosphäre ebenfalls analysiert werden. Mit Stickstoff als Trägergas gelingt die Bestimmung von Feuchtigkeit und Karbonaten. Aus der gemeinsamen Betrachtung der in oxidierender und nicht-oxidierender Atmosphäre erhaltenen Analysenergebnisse kann man auf drei verschiedene H_2O-Quellen schließen: Feuchtigkeit aus der Probe, Oxidation von Kohlenwasserstoffen oder Oxidation anderer wasserstoffhaltiger Verbindungen (z. B. Si-H). Eine Identifizierung bestimmter organischer Verbindungen ist auf diese Weise natürlich nicht möglich. Es hat sich aber gezeigt, daß viele kontaminierende Stoffe charakteristische „Spektren" ergeben, die sich qualitativ bewerten lassen, insbesondere dann, wenn die Wafervorgeschichte bekannt ist. In diesen Fällen eignet sich die DTDA für die Routineüberwachung der genannten Prozesse. Aufgrund der einfachen Struktur der Spektren kann leicht zwischen einer „guten" und einer „schlechten" Probe unterschieden werden.

7.6
Literatur

1. Widmann D, Mader H, Friedrich H (1988) In: Heywang W, Müller R (Hrsg) Technologie hochintegrierter Schaltungen. Halbleiter-Elektronik, Vol. 19. Springer-Verlag, Berlin Heidelberg
2. Beinvogl W (1987) ITG-Fachberichte 98:5
3. McMahon R (1991) SEMATECH Stand 3:3
4. Spanos CJ (1992) Proc IEEE 80:819
5. ISO 9000 (1987) bis ISO 9004 (1987) Quality management and quality assurance standards. Internat Organisation for Standardization
6. Passoja DE, Casper LA, Scharman AJ (1986) ACS Symp Ser Vol 295 (Microelectron Process Inorg Mater Characterization), S. 1
7. Tölg G (1987) Analyst 112:365
8. ISO 5725 (1986) Precision of test methods. Internat Organisation for Standardization
9. Zulehner W (1989) In: Schulz M (Hrsg) Landolt-Börnstein, Vol 22, Springer-Verlag, Berlin Heidelberg New York, S. 391
10. Kolbesen BO (1992) In: Coffa S et al. (Hrsg) Crucial Issues in Semiconductor Materials and Processing Technologies, Kluwer Academic Publishers, S. 3
11. Tölg G (1976) Naturwissenschaften 63:99

12. Woditsch P, Häßler C (1995) Nachr Chem Tech Lab 43:949
13. Bergholz B, Zoth G, Gelsdorf F, Kolbesen BO (1991) In: Bullis WM, Shimura F, Gösele U (Hrsg) Defects in Silicon-II, The Electrochem Soc, Pennington NJ, S. 21
14. Kolbesen BO, Cerva H, Gelsdorf F, Zoth G, Bergholz W (1991) In: [13] S. 371
15. Küsters KH, Mühlhoff HM, Cerva H (1991) Nucl Instr Methods Phys Res B 55:9
16. Tanner BK, Bowen DK (Hrsg) (1979) Characterization of Crystal Growth Defects by X-ray Methods, Plenum Press, New York
17. Hourai M, Murakami K, Shigematsu T, Fujino N, Shiraiwa T (1989) Jap J Appl Phys 28:2413
18. Shimura F (1989) In: Semiconductor Silicon Crystal Technology, Academic Press, New York, S. 359
19. Kolbesen BO, McCaughan DV, Vandervorst W (1990) Analytical Techniques for Semiconductor Materials and Process Characterization, The Electrochem Soc, Pennington NJ
20. Eichinger P, Hage J, Huber D, Falster R (1993) In: Kolbesen BO, Claeys C, Stallhofer P, Tardif F (Hrsg) Crystalline Defects and Contamination: Their Impact and Control in Device Manufacturing. The Electrochem Soc, Electronics Div, Proc Vol 93-15:240
21. Prange A (1989) Spectrochim Acta 44 B:437
22. Fabry L, Pahlke S, Kotz L, Schemmel E, Berneike W (1993) In: Kolbesen BO, Claeys C, Stallhofer P, Tardif F (Hrsg) Crystalline Defects and Contamination: Their Impact and Control in Device Manufacturing. The Electrochem Soc, Electronics Div, Proc Vol 93-15:232
23. Penka V, Hub W (1989) Spectrochim Acta 44 B:483
24. Neumann C, Eichinger P (1991) Spectrochim Acta 46 B:1369
25. Okui Y, Yoshida M (1992) Ultraclean Technology 4:15
26. Kolbesen BO, Pamler W (1989) Fresenius' J Anal Chem 333:561
27. Riviere JC (1994) In: Ullmann's Encyclopedia of Industrial Chemistry, Vol B 6, VCH Publishers Inc, Weinheim, S. 23
28. Carr TW (1984) Plasma Chromatography, Plenum Press, New York
29. Kolbesen BO, Strunk H (1985) In: Huff HR, Einspruch NG (Hrsg) VLSI-electronics: microstructure science, Vol 12: Silicon materials. Academic Press, New York, S. 143
30. Schwenke H, Knoth J (1982) Nucl Instrum Methods 193:239
31. Pignataro S (1995) Fresenius' J Anal Chem 353:227
32. Briggs D, Riviere JC (1983) In: Briggs D, Seah MP (Hrsg) Practical surface analysis by Auger and X-ray photoelectron spectroscopy. Wiley, Chichester, S. 87
33. Ebel M F (1978) J Electron Spectrosc Relat Phenom 14:287
34. Oehrlein GS (1986) Phys Today 39:26
35. Segner J, Mohr EG (1985) Proc 3e Symposium Internationale sur la Gravure Seche et le Depot Plasma en Microelectronique, Cachan/Paris, S. 85
36. Magee CW, Amberiadis KG (1986) In: Benninghoven A, Colton RJ, Simons DS, Werner HW (Hrsg) Secondary ion mass spectrometry SIMS V. Springer-Verlag, Berlin-Heidelberg-New York, S. 279
37. Mertens, PW, Meuris M, Schmidt HF, Verhaverbeke S, Heyns MM, Carr P, Gräf D, Schnegg A, Kubota M, Dillenbeck K, de Blank R (1993) In: s. [20], S. 87
38. Rieger W (1993) In: s. [20], S. 103
39. Fuchs-Pohl GR, Solinska K, Feig H (1992) Fresenius' J Anal Chem 343:714
40. Tardif F, Joly JP, Lardin T, Tonti A, Patruno P, Levy D, Sievert W (1993) In: s. [20], S. 114
41. Fabry L, Köster L, Pahlke S, Kotz L, Hage J (1993) In: s. [20], S. 193
42. Fabry L, Pahlke S, Kotz L, Tölg G (1994) Fresenius' J Anal Chem 349:260
43. Koch KH (1994) In: Günzler H (Hrsg) Akkreditierung und Qualitätssicherung in der Analytischen Chemie. Springer-Verlag, Berlin-Heidelberg-New York, S. 33
44. Masing W (1994) Handbuch Qualitätsmanagement. 3. Aufl., Carl Hanser Verlag, München
45. Hub W (1993) In: s. [20], S. 262
46. Bergholz W, Landsmann D, Schauberger P, Schoepperl B (1993) In: s. [20], S. 69
47. Maillot P, Gondran C, Gordon M (1992) Proc Microcontamination Conf, S. 681
48. de Carios J, Krusell W, McKean D, Smolinsky G, Bhat S, Doris B, Gordon M (1992) Proc Mikrocontamination Conf, S. 706
49. Göbel U, Wesemann M, Bensch W, Schlögl R (1992) Fresenius' J Anal Chem 343:582
50. Budde KJ, Holzapfel WJ, Beyer MM (1993) Proc 39th Annual Meeting IES, Las Vegas

8 Prozeßtechnik und Umwelt

8.1
Umweltschutz und Gesellschaft

Der Begriff Umweltschutz ist erst wenige Jahre alt und trotzdem fast allen Menschen in den Industrieländern bekannt und geläufig. Das liegt nicht zuletzt daran, daß kaum ein Tag vergeht, an dem nicht durch die Tagespresse, den Rundfunk oder das Fernsehen Probleme des Umweltschutzes angesprochen werden. Dabei scheint der Anlaß für diese Mitteilungen nicht immer nur im Bedürfnis nach echter Information, sondern in der „Modernität" des Themas zu liegen. Es sollte aber nicht übersehen werden, daß die Problematik bereits weit vor dieser Begriffsprägung in großen Zügen erkannt wurde und daß es davor bereits vielfältige Aktivitäten auf diesem Gebiet gab.

Historisch gesehen ist der Umweltschutz ein recht „altes" Thema, denn schon Hippokrates (460 bis 377 v. Chr.) befaßte sich mit den Beziehungen zwischen Luft, Wasser und Umwelt. Der Begriff „Immissionen" (von immittere, lat. = hineinschicken, einleiten) taucht erstmals im antiken Rom, in der Zeit des Kaisers Diokletian (284 bis 305 n. Chr.) auf, als es nämlich darum ging, üble Gerüche auf ein erträgliches Maß zu beschränken. Die jüngsten Jahre der Neuzeit erweisen dann die exponentiell steigende, für die weitere Existenz des Menschen wesentliche Bedeutung dieses komplexen Sachgebietes.

Besondere Impulse – nicht nur im amerikanischen Raum – gingen 1970 von der Rede des US-Präsidenten Nixon zur Umweltverbesserung aus, in der er u. a. ausführte: „Nicht wie die Natur gehandhabt werden kann, sondern wie wir uns selbst meistern können, ist das Problem der Zeit." Er begründete damit seine Forderung nach einer durchgreifenden Reform des Umweltschutzes. Hier sollte angemerkt werden, daß es im Gegensatz zur Bundesrepublik Deutschland zu dem Zeitpunkt in den USA weder ein Detergentiengesetz noch Vorschriften zur Altölbeseitigung gab.

Wer sich heute mit industriellen Prozessen und ihrer Überwachung oder Regelung beschäftigt, kann das nicht tun, ohne auf die Beziehungen zwischen Industrie und Umwelt einzugehen. In diesem Zusammenhang ist die Umweltanalytik als spezieller Teil der Prozeßanalytik zu betrachten. Die zunehmende Industrialisierung hat in vielen Ländern Ballungsräume geschaffen, in denen sich für eine auf Konsum ausgerichtete Gesellschaft im Hinblick auf ihre Zukunft ernstzunehmende Probleme ergeben. Es gilt, die sich stellenden Aufgaben hinsichtlich der Reinhaltung der Luft und des Wassers, der Einschränkung von Lärmbelästigungen und der Beseitigung des Abfalls zu lösen. Diese Aufzählung zeigt schon bei näherer Betrachtung, daß es für die „Verschmutzung" der Umwelt keinen ausschließlich Schuldigen geben kann. Jeder weiß, daß die ungeheure technische Expansion das moderne Wohlleben eines großen Teiles der Bevölkerung unserer Erde erst ermöglicht hat. Zur gültigen Beantwortung der sich ergebenden Fragen ist eine „ganzheitliche" Betrachtung der Umweltprobleme notwendig, das bedeutet das Zusammenwirken aller Lebensbereiche und aller wissenschaftlichen und technischen Disziplinen.

Im Rahmen der ganzheitlichen Behandlung der Umweltfragen kommt der Ökologie besondere Bedeutung zu. Sie hat die Beziehungen aller Lebewesen zueinander und zu ihrer Umwelt, und damit auch die Zusammenhänge zwischen den menschlichen Lebensbedingungen und der Umwelt, zu untersuchen. Die Ergebnisse dieser Arbeit sind dann in Zusammenarbeit mit anderen Wissenschaften zur Verbesserung der Umweltbedingungen anzuwenden. Da sicher nicht alle Probleme gleichzeitig behandelt werden können, muß im Bewußtsein einer kollektiven Verantwortung eine Koordinierung der Aufgaben und Vorhaben erfolgen, wobei sich die zu setzenden Prioritäten nach ökologischen Gesichtspunkten zu richten haben.

Dabei muß die Finanzierung der notwendig werdenden Maßnahmen stets in die Betrachtung mit einbezogen werden. Es genügt sicher nicht, Wunschvorstellungen zu entwickeln, ohne sich über die Möglichkeit der Realisierung und der damit verbundenen Kosten im klaren zu sein. Wir müssen frühzeitig erkennen, daß *wir alle* diese notwendig werdenden Leistungen mitfinanzieren müssen, eine Tatsache, die nur allzu leicht übersehen wird. Die Kosten der Maßnahmen zur Verbesserung des Umweltschutzes, die volkswirtschaftlich von uns allen zu tragen sind, können nur über die Haushalte der Gemeinden, der Länder und des Bundes und über die Preise, die wir für die von uns benötigten Produkte zu zahlen haben, gedeckt werden. Hier zeigt sich der politische Aspekt des Problems, denn die Durchsetzung von Maßnahmen zum Wohl der Allgemeinheit erfordert parlamentarische Maßnahmen und eine ständige Anpassung der Rechtsgrundlagen.

Mit inzwischen erlassenen Gesetzen und Verordnungen wurde eine grundlegende Neuordnung des Schutzrechts im Sinne eines Schutzes vor schädlichen Umwelteinwirkungen und der zwingenden Vermeidung des Entstehens schädlicher Einwirkungen angestrebt bzw. erreicht.

Die Beschäftigung mit Fragen des Umweltschutzes und des Verhältnisses von Industrie und Umwelt ist weltweit feststellbar. Der erste Schritt besteht in der Regel in einer Aufnahme des jeweiligen Istzustandes.

Da zuverlässige Aussagen über bestehende Umweltbedingungen exakte Meßergebnisse zur Voraussetzung haben, kommt der chemischen Analytik bei der Untersuchung von Umweltfragen eine besonders verantwortungsvolle Rolle [1] zu, denn sie muß als Entscheidungsträger die substantielle Voraussetzung schaffen, um einen gegebenen Zustand charakterisieren oder die Notwendigkeit von Maßnahmen ableiten zu können. Ihre Methoden dienen weiter dazu, die Wirksamkeit aller technischen Prozesse und Einrichtungen zur Beseitigung oder Vermeidung von als gefährlich erkannten Schadstoffmengen, die als Nebenprodukte eines technischen Prozesses entstehen, zu beurteilen und zu überwachen. Ferner besteht eine Wechselwirkung zwischen gesetzlichen Beschränkungen und der „Leistungsfähigkeit" analytischer Verfahren.

Der Vielfalt der analytischen Probleme entspricht die Vielfalt der heute praktizierten Techniken. Eine Aufzählung aus dem Bereich der Luftuntersuchung mag als Beispiel dienen. Neben chromatographischen Trennoperationen und rein chemischen Prinzipien werden hier die Spektralphotometrie in verschiedenen Wellenlängenbereichen, die Emissionsspektrometrie, die Röntgenfluoreszenzspektralanalyse, die Röntgenbeugungsanalyse sowie elektronenoptische, elektrochemische und kernphysikalische Methoden herangezogen. Hohe Anforderungen sind an die Bestimmungsgrenzen vieler Verfahren gestellt, die u. U. bei Bruchteilen von mg/kg oder gar ng/kg liegen und damit die Bestimmung von Bruchteilen eines $\mu g/m^3$ oder ng/m^3 ermöglichen müssen. Von großem Interesse sind die Methoden, die kontinuierliche Messungen erlauben. Auf manchen Gebieten beträgt der Anteil automatisierter Verfahren, die wegen der nahezu unbeschränkten Meßmöglichkeiten und für die Unterstützung der Großzahlforschung besondere Bedeutung haben, mehr als 50 %.

Wie bei allen analytischen Aufgaben, so beginnen auch hier die Probleme mit der Probenahme. Muß z. B. eine größere Luftprobe genommen werden, um sehr geringe Konzentrationen eines Stoffes darin feststellen zu können, wird bereits die Zuordnung dieser Probe fragwürdig. Beispiel: Eine Luftprobenahme bei einer Windgeschwindigkeit von 5 m/s über 1/2 h bedeutet, daß man Teile, die von einem 9 km vom Probenahmeort entfernt liegenden Emittenten herrühren können, in die Probe bekommt! Ferner ist in strömenden Systemen die Kenntnis einer Reihe von Parametern wichtig: Neben Diffusions- und Konvektionsvorgängen sind Verteilungsgleichgewichte zu berücksichtigen, weil sowohl Luft als auch Wasser unter den Bedingungen der Probenahme als Mehrphasensysteme zu betrachten sind. Dazu kommt der Einfluß der Gefäßmaterialien im Sinne von Absorption, Lösung und chemischer Veränderung durch Abgabe oder Aufnahme von Spuren. Ferner sind Entmischungsvorgänge auszuschließen.

Die Forderungen des Umweltschutzes stellen also die Analytik stets vor umfangreiche Aufgaben. Zur Lösung jeder Aufgabe bedarf es einer entsprechenden analytischen Management-Strategie [2]. Da anfänglich ungefährliche, d. h. niedrige Konzentrationen durch Anreicherung im pflanzlichen oder tierischen Organismus vervielfacht werden und damit u. U. die zulässige Grenze überschreiten können, müssen Schadstoffe häufig in einem Konzentrationsbereich von mehreren Zehnerpotenzen bestimmbar sein. Häufig ist eine substanzspezifische, quantitative Analyse notwendig, deren Durchführung ein Verfahren hoher Trennleistung, wie z. B. die Gaschromatographie, voraussetzt. Als Fragestellung dieser Art ist die Bestimmung von a-Benzopyren und e-Benzopyren anzusehen, die ein Toxizitätsverhältnis von 1:1000 aufweisen. Ferner können Probleme bei der Trennung von festen und gasförmigen Verbindungen, wie im Falle des Fluors, auftreten, deren Lösung unmittelbar von Bedeutung bei der Festlegung von Immissionsgrenzwerten sind.

In allen Fällen sind Probenpräparation und Analysentechnik (einschließlich der Eichung) optimal auf ein gegebenes Problem auszurichten [3]. Das gilt natürlich im besonderen für Bestimmungen im Spurenbereich. Wie Ringversuche erwiesen haben, können unzureichende Problem- oder Verfahrenskenntnis leicht zu fehlerhaften Ergebnissen (Abweichungen um mehr als eine Zehnerpotenz) führen, so daß sich daraus die Notwendigkeit zur Schaffung geeigneter Referenzmaterialien ergibt. Aus den wenigen genannten Beispielen folgt, daß die Forderungen des Umweltschutzes zu einer Aktualisierung von Teilgebieten der Analytik geführt haben. Die Ergebnisse dieser Disziplin haben und werden weiter wesentlich dazu beitragen, die natürlichen ökologischen Systeme vollständig kennenzulernen [4]. Für die Erreichung dieser Ziele müssen auf einer Reihe von Fachgebieten noch umfangreiche Forschungs- und Entwicklungsarbeiten geleistet werden.

Es ist erfreulicherweise festzustellen, daß Wissenschaft, Technik und Wirtschaft dem Umweltschutz die gleiche Bedeutung wie der Produktion einräumen. Um aber Maßnahmen zum Umweltschutz wirksam werden zu lassen, müssen neben der technischen Lösung der Probleme auch die notwendigen organisatorischen und wirtschaftlichen Voraussetzungen geschaffen werden. Denn Umweltschutz ist nicht Sache eines Unternehmens oder Industriezweiges, einer Stadt oder eines Landes, sondern inzwischen eine überstaatliche, eine internationale Aufgabe. Für den industriellen Bereich kann die weltweite Regelung von Umweltfragen lebenswichtig sein, um z.B. Wettbewerbsverzerrungen auf dem internationalen Markt zu vermeiden. Denn unterschiedliche Anforderungen bei der Gestaltung von Industrieanlagen ergeben unterschiedliche finanzielle Belastungen, die sich dann als Hemmnisse im Handel zwischen den Ländern auswirken. Die Aufwendungen in der Industrie für die umweltschutzbedingten Betriebskosten sind gewaltig. Sie lagen beispielsweise in der Stahlindustrie im Jahr 1987 bereits bei 50 DM/t Rohstahl und bei den deutschen Mineralölraffinerien stiegen sie bis 1993 auf rd. 40 DM/t Rohöl. Die Umweltschutzkosten in der Chemischen Industrie entsprachen 1992 rd. 17 % der Wertschöpfung (BASF AG), wobei der Aufwand für den Umweltschutz in den vergangenen zwei Jahrzehnten um das 18fache stieg, während die Wertschöpfung in dem gleichen Zeitraum nur um das 2,7fache wuchs.

8.2
Die Analyse der Luft und ihrer Verunreinigungen

Fragen der Luftverschmutzung oder der Reinhaltung der Luft werden seit langem in breiter Öffentlichkeit diskutiert, so daß die Problematik als bekannt vorausgesetzt werden kann.

Bei den zu bearbeitenden Aufgaben wird unterschieden zwischen den Immissionen, den in der Luft befindlichen Fremdstoffen, und den Emissionen als den aus den verschiedensten Quellen an die Luft abgegebenen Fremdstoffen. An der Lösung der sich in den verschiedensten Lebensbereichen ergebenden Probleme der Emissionsbegrenzung oder gar -vermeidung wird weltweit gearbeitet.

Der erste Schritt zur Beurteilung einer Umweltbeeinträchtigung besteht in der Regel in einer Feststellung des Istzustandes. So wurden bereits 1970 in der BRD systematische Messungen durchgeführt mit dem Ergebnis, daß die Luftverschmutzung zu 54% durch den Kraftfahrzeugverkehr, zu 30% durch den Hausbrand und die Kraftwerke und zu 16% durch industrielle Anlagen hervorgerufen wird. Ähnliche Untersuchungen und Ergebnisse sind aus den Ballungsräumen der Schweiz und der USA bekannt. Die durch den Autoverkehr bedingten Emissionen an Kohlenmonoxid, Stickoxiden, Kohlenwasserstoffen und Bleiverbindungen sowie die Staub- und SO_2-Emissionen der Heizungsanlagen und der Industrie stehen damit im Vordergrund des öffentlichen Interesses.

Vielfältig sind die Bemühungen zur Begrenzung oder Vermeidung von Staub- und SO_2-Emissionen. So hat sich z.B. in der Hüttenindustrie, sowohl im Hochofen- wie im Stahlwerksbereich, immer mehr das Prinzip der Totalentstaubung durchgesetzt, d.h. die Beseitigung der Staubquellen am Aggregat selbst und an seinen Nebeneinrichtungen. Im Bewußtsein der internationalen Verantwortung und in gleicher Erkenntnis der zwingenden Notwendigkeit wurden auch in anderen Ländern vergleichbare Maßnahmen eingeleitet. Für die Ermittlung und Bewertung bedarf es natürlich allgemein anerkannter Verfahrensweisen. Dieser Aufgabe hat sich auf dem Gebiet der Luftreinhaltung vor allem die seit 1955 arbeitende VDI-Kommission „Reinhaltung der Luft", die eine der zahlreichen Aktivitäten des Vereins Deutscher Ingenieure (VDI) darstellt, angenommen. Der Umweltschutz bedeutet auch für die Technischen Überwachungsvereine (TÜV) eine Erweiterung ihrer Aufgaben. Aus der Vielzahl der Fragestellungen seien aus dem Gebiet der Luftreinhaltung herausgegriffen: Immissionsschutz bei der Genehmigung von Anlagen nach § 4 BImSchG, Emissions- und Immissionsmessungen an Anlagen aller Art, Abnahme- und Leistungsversuche an Gasreinigungsanlagen, Entwicklung und Durchführung großräumiger Meßprogramme zwecks Aufstellung von Katastern oder Kalibrierung von kontinuierlich registrierenden Meßeinrichtungen für Feststoff- und Schwefeldioxidemissionen.

Exakte Meßergebnisse sind die unbedingte Voraussetzung, um zuverlässige Bewertungen abgeben zu können. Das erfordert, daß der Analytiker bereits in die Versuchsplanung eingeschaltet wird, da nur er die richtige Auswahl der Meßverfahren treffen kann. Er zieht dazu als Kriterien funktionale Kenngrößen (Analysenfunktionen, Eichfunktion, Selektivität, Zeitverhalten, Umgebungsbedingungen, Betriebsbedingungen), statistische Kenngrößen (Bestimmungsgrenze, Meßunsicherheit, Richtigkeit) und operative Kenngrößen (Integrationszeit, Meßbereich, Justierung, Erzeugung des Meßsignals, Verfügbarkeit) heran.

Mit dem Gesetz zum Schutz vor schädlichen Umwelteinwirkungen durch Luftverunreinigungen, Geräusche, Erschütterungen und ähnliche Vorgänge (Bundes-Immissionsschutzgesetz-BImSchG) vom 15. März 1974, – in der Folge wiederholt novelliert – hat der Gesetzgeber eine bundesweite Grundlage geschaffen, um Menschen sowie Tiere und Pflanzen, den Boden, das Wasser, die Atmosphäre sowie Kultur- und sonstige Sachgüter vor schädlichen Umwelteinwirkungen und, soweit es sich um genehmigungsbedürftige Anlagen handelt, auch vor Gefahren, erheblichen Nachteilen und erheblichen Belästigungen, die auf andere Weise herbeigeführt werden, zu schützen und dem Entstehen schädlicher Umwelteinwirkungen vorzubeugen (§ 1). Ergänzt wird das Gesetz durch verschiedene Verordnungen und Verwaltungsvorschriften, in denen u.a. die Ermittlung von Luftschadstoffen vorgeschrieben wird. Zur Festlegung und Überwachung von Emissions- und Immissions-Grenzwerten ist eine repräsentative und reproduzierbare Meßtechnik erforderlich.

Die Zuverlässigkeit der Meßergebnisse hängt entscheidend von der problemgerechten Probenahme ab, die vor jeder Messung die Festlegung einer Strategie erfordert [6]. Auf die Vielfalt der möglichen Verfahren zur Probenahme von Luftinhaltstoffen kann an dieser nicht näher eingegangen werden. Hier muß auf die Literatur verwiesen werden [1, 5, 6]. Der Vielzahl der zu bestimmenden Stoffe in Abluft, Abgasen und in der freien Atmosphäre entspricht der Vielzahl der analytischen Methoden.

Die einfachste Form der Gasspürgeräte stellen die Prüfröhrchen dar, die auf der Absorption der zu bestimmenden Luftverunreinigung an festen Oberflächen unter gleichzeitiger Durchführung einer Farbreaktion beruhen [7]. Mit Hilfe einer Handpumpe wird Luft durch das für den betreffenden Stoff spezifische und evtl. dem zu erwartenden Anteil angepaßte Prüfröhrchen gesogen, dessen Verfärbung zur Beurteilung der Luftprobe ausgewertet wird. Es gibt verschiedene Hersteller derartiger Prüfröhrchen (z. B. Auer Gesellschaft, Thiemannstr. 1, 12059 Berlin; Drägerwerk AG, Moislinger Allee 53, 23558 Lübeck), die inzwischen für mehr als 100 Prüfaufgaben herangezogen werden können. Die Reproduzierbarkeit der Messungen (relative Standardabweichung) schwankt abhängig von der analytischen Aufgabe und dem Meßprinzip zwischen 5 und 30 % [8].

Besonders große Bedeutung zur Analyse von Luftverunreinigungen haben kontinuierlich messende, automatische Verfahren erlangt. Die damit verbundenen Vorteile sind unmittelbar einsichtig:

1. Bestimmung und Registrierung der Schadstoffkonzentrationen ohne großen Zeitverzug,
2. Geringer personeller Aufwand,
3. Vermeidung von stofflichen Veränderungen der Probe durch Entfall des Probentransports zum Laboratorium,
4. Möglichkeit der Messung an schwer zugänglichen Meßorten.

Die analytischen Verfahren basieren auf sehr verschiedenen Prinzipien [5]. Hier sind die Kolorimetrie, die Coulometrie, die Messung der elektrischen Leitfähigkeit, aber auch die physikalischen Methoden, die auf der Absorption im UV, IR und sichtbaren Licht beruhen, zu nennen. Hierzu kommen die Potentiometrie, die Galvanometrie, die Gaschromatographie und schließlich die Massenspektrometrie. Die Grundlagen und Anwendungsbereiche dieser Methoden wurden bereits im Kapitel 2 dargestellt, so daß an dieser Stelle darauf verwiesen werden kann. Eine detaillierte Darstellung der vielfältigen Meßaufgaben auf dem Gebiet der Luft- und Abgasanalytik würde den Rahmen dieser Abhandlung sprengen und soll auch nicht Gegenstand dieser Veröffentlichung sein.

8.3
Die Analyse der Inhaltsstoffe von Trink-, Brauch- und Abwässern

8.3.1
Prozeßtechnik und Gesetzgebung

Die Probleme bei der Reinhaltung des Wassers werden im Vergleich zu denen bei der Reinhaltung der Luft häufig als einfacher angesehen. Das liegt einmal daran, daß das Volumen des hier zu bewältigenden Stoffes geringer ist und zum anderen, daß die Aufgaben häufiger regional enger begrenzt sind. Doch auch dabei gibt es überregionale und internationale Aufgaben. Von den zahlreichen Maßnahmen auf dem Gebiet des Gewässerschutzes seien die „Internationale Kommission zum Schutze des Rheines gegen Verunreinigung", die bereits 1963 eingesetzt wurde, und das „Internationale Übereinkommen zur Verhütung der Verschmutzung der See durch Öl" genannt.

Ein weiterer Unterschied gegenüber der Luftreinhaltung besteht darin, daß in der Gesetzgebung der Schutz der Gewässer bereits vor längerer Zeit einen besonderen Platz gefunden hat. Das älteste Gesetz – 120 Jahre alt – ist die britische „River Pollution Prevention Act of 1876". Für das Ruhrgebiet verdient das 1904 von der preußischen Regierung erlassene Gesetz Erwähnung, das die Bildung einer Genossenschaft zur Regelung der Vorflut und Abwasserreinigung im Emschergebiet betraf. Es zeichnete sich durch zwei Besonderheiten aus: 1. Verantwortung für ein fließendes Gewässer in seiner gesamten Ausdehnung wurde erstmals unter eine einheitliche Verwaltung gestellt; 2. Die Verwaltung wurde auf genossenschaftlicher Basis geregelt.

In der Folgezeit wurden eine Reihe von Gesetzen und Verordnungen zum Schutz der Gewässer geschaffen. Die bundeseinheitlichen Regelungen durch Wasserhaushaltsgesetz und Abfallbeseitigungsgesetz seien besonders erwähnt. Die Wassergesetze der einzelnen Bundesländer ergänzen des Wasserhaushaltsgesetz und sind auf die spezifischen Probleme der Länder abgestellt. Daneben sind die Normalanforderungen für Abwasserreinigungsanlagen bzw. die als Normalwerte für Abwasserreinigungsanlagen bezeichneten Richtlinien für Wasserableiter von Bedeutung, da diese Anforderungen die Grundlage für die Festlegung von Auflagen der Behörden bilden.

Allen verantwortlichen Stellen ist also bewußt, daß ein umfassender Gewässerschutz für die Zukunftssicherung unseres Lebensraumes entscheidend ist. Allerdings sieht heute die Praxis und der wasserwirtschaftliche Alltag trotz dieser Erkenntnis häufig noch nicht zufriedenstellend aus. Das liegt nicht zuletzt an den erheblichen Aufwendungen, die besonders auch im öffentlichen Bereich nötig sind und die sich nicht im Laufe weniger Jahre realisieren lassen. Zu diesem Themenkreis gehört natürlich auch die Gewinnung von einwandfreiem Trinkwasser für die Versorgung des Menschen. Über die individuellen Bedürfnisse jedes einzelnen hinaus dient das Trinkwasser als *industrielles Betriebsmittel* sowie zur Beseitigung von Abfallstoffen und Fäkalien, so daß alle mit der Trinkwasserversorgung zusammenhängenden Fragen von existentieller Bedeutung sind.

Im Rahmen der Prozeßtechnik zählen somit das eingesetzte Trinkwasser, die benötigten Brauch- und die anfallenden Abwässer zu den Verfahrensstoffen. Ihre Untersuchung [9–11] ist daher als Teil der Prozeßanalytik zu betrachten. Die verschiedenen Entwicklungen auf den Gebieten der Wasserwirtschaft, der Wasseraufbereitung und -behandlung führten im Laufe der Zeit zu erhöhten Forderungen an die Wasseranalytik.

Im Zuge steigender Wasserkosten und steigender Abwassergebühren ist es zwingend, Wasser mehrfach zu verwenden und den Gesamtverbrauch zu verringern. Optimale Verhältnisse bezüglich der Gesamtkosten lassen sich in dieser Situation nur erreichen, wenn eine ständige analytische Kontrolle der Konzentration von korrosionsinhibierenden und wasserstabilisierenden Zusatzchemikalien wie auch der Eindickung verschiedener Inhaltsstoffe durchgeführt wird. Besonders die durch Einsatz organischer Chemikalien möglichen erhöhten Eindickungen setzen wegen der damit verbundenen risikoreicheren technischen Fahrweise eine besonders sorgfältige analytische Betriebsüberwachung voraus.

Neben diese noch relativ einfach zu bewältigenden analytischen Aufgaben trat in den letzten Jahren in steigendem Maße die Abwasseranalytik. Diese brachte zum Teil wesentlich aufwendigere Arbeiten für den Analytiker mit sich. Die Auflagen bezüglich Abwasser im Zuge eines geschärften Umweltbewußtseins reichen mehr als 25 Jahre zurück mit der Schaffung des ATV-Arbeitsblattes [12] und der LAWA-Richtlinien [13] und mündeten in den Erlaß des bereits erwähnten Abwasserabgabengesetzes (AbwAG) [14], des o.g. Wasserhaushaltgesetzes (WHG) [15], der Landeswassergesetze (LWG) [16] und der in das deutsche Recht übernommenen EG-Gewässerschutzrichtlinie [17].

Aus naheliegenden Gründen resultierte daraus, daß die auch im Sinne einer Qualifizierung zu betrachtende Aufgabenerweiterung zu einem erheblichen Teil durch Optimierung des Probenflusses und durch Automatisierung von Untersuchungsverfahren abzufangen unternommen wurde.

8.3.2
Wasseraufbereitung und Abwasseranalytik

Die Bewertung eines aus einem industriellen Prozeß stammenden Abwassers kann unter verschiedenen Gesichtspunkten erfolgen. Im Zuge der ständig steigenden Forderungen im Umweltbereich unter dem Schlagwort „Vermeidung von Abfall statt Entsorgung" muß auch das Wasser als ein lebenswichtiger Rohstoff unter dieser Prämisse gesehen werden.

Vom Analytiker wird in diesem Zusammenhang eine Aussage darüber verlangt, inwieweit ein spezielles Abwasser an anderer Stelle als Brauchwasser weiter genutzt oder anderweitig, eventuell nach einer speziellen Behandlung, verwendet werden kann. So läßt sich der Verbrauch kostbaren Trinkwassers entsprechend dem jeweiligen Stand der Aufbereitungstechnik minimieren. Als Beispiele sind hier Retenate aus Reversosmoseanlagen zu nennen, die je nach Lage und Anforderungen noch als Kühlwasser zu verwenden sind. Gleiches gilt für Heizungskondensate, die zu Speisewässern für Dampferzeugungsanlagen aufbereitet werden können. Auch in richtiger Kaskade geschaltete

Spülwasser können, da sie durch diese Fahrweise aufkonzentriert werden, effektiver einer Reinigung, Neutralisation oder Fällung unterzogen werden.

Ist eine Aufbereitung nicht mehr wirtschaftlich vertretbar, eine Meßlatte, die mit ständig steigenden Wasserkosten und ständig steigenden Abwassergebühren immer stärker in Richtung Kreislaufführung und Wiederverwendung zeigt, kommt die Entgiftung und Säuberung der oft metallhaltigen Abwässer als letzte Maßnahme in Betracht. Dieser Maßnahme ist die Entfernung organischer Substanzen, z.B. aus Emulsionen gleichzustellen, damit auch in dem Falle ein nach dem Stand der Technik die Umwelt nicht mehr belastendes Abwasser erhalten wird. Fernziel ist es jedoch, möglichst einen Zustand zu erreichen, bei dem aus industriellen Anlagen kein Wasser mehr in öffentliche Gewässer eingeleitet wird.

Für Abwässer, die derzeit nicht unter wirtschaftlich vertretbaren oder technisch möglichen Bedingungen wiederverwertet werden können, enthalten das Wasserhaushaltsgesetz [15] und die nordrhein-westfälische VGS [18] bzw. die der anderen Bundesländer für Einleiter in eine öffentliche Kläranlage die Grenzwerte an Inhaltsstoffen, die maximal abgegeben werden dürfen. Dabei ist vorgesehen, daß diese fortlaufend so festgelegt werden, daß sie dem jeweiligen Stand der Technik bei der Wasserreinigung entsprechen.

Die Aufgabe des Analytikers ist es nun, die Einhaltung dieser Werte nach den zusammen mit den Grenzwerten vorgeschriebenen Verfahren nach DIN zu überprüfen (Tabelle 8.1).

Damit liefert die Analytik einerseits die objektiven Nachweise, daß auf dem Wassersektor die Umweltgesetze und -verordnungen eingehalten werden, andererseits erbringt sie die Entscheidungsgrundlagen für Verwertungsketten verschiedener Wässer und wäßriger Lösungen. Schließlich ermöglicht sie die Beurteilung des ordnungsgemäßen Betriebes und der Einhaltung systemspezifischer Parameter bei Energiebetrieben und Wasseraufbereitungsanlagen.

8.3.3
Abwasserrecht und Abwasseranalytik

Die an die Wasseranalytik gestellten Forderungen können nur dadurch erfüllt werden, daß ein den betrieblichen Bedürfnissen und den gesetzlichen Vorgaben entsprechendes Instrumentarium und aufgabengerecht ausgebildete Mitarbeiter vorhanden sind. Dabei müssen die Untersuchungsverfahren wegen der gesicherten Bestimmbarkeit von Grenzwerten eine hinreichende Empfindlichkeit und Bestimmungsgrenze sowie eine geringe Streuung besitzen.

Die auf dem Abwassersektor derzeit gültigen Grenzwerte für einzelne Elemente und Verbindungen oder für Summenparameter sind im Wasserabgabengesetz in der letzten Novellierung vom 19.12.1986 [14] enthalten. Tabelle 8.2 enthält eine Zusammenstellung dieser Grenzwerte und Tabelle 8.3 die dazugehörenden Bestimmungsverfahren. Sie sind Beispiele für die enge Verknüpfung der Analytik mit rechtlichen Regelungen [19].

Da die Abgabe je Schadeinheit von Jahr zu Jahr steigt und sich zudem bei der Berechnung der Frachten trotz der geringen Konzentrationen abgaben-

Tabelle 8.1. Untersuchungsparameter zur Charakterisierung von Trink-, Brauch- und Abwässern

Parameter/Kennwort	DIN	Teil	DEV	Methode
Sensorische Prüfung				
Geruch	–	–	B $^1\!/_2$	qualitativ
Physikalische und physikalisch-chemische Kenngrößen				
Färbung	3804	1	C 1	visuell; Photometrie
pH-Wert	38404	5	C 5	Potentiometrie
elektr. Leitfähigkeit	38404	8	C 8	Konduktometrie
Anionen				
Chlorid	38405	1	D 1	Argentometrie; Potentiometrie
Bromid	–	–	D 2	Iodometrie
Iodid	–	–	D 3	Iodometrie
Fluorid	38405	4	D 4	Potentiometrie
Sulfat	38405	5	D 5	Komplexometrie
Sulfit	–	–	D 6	als Sulfat
Sulfid	–	–	D 7	Photometrie
Nitrat	38405	9	D 9	Photometrie
Nitrit	38405	10	D 10	Photometrie
Phosphorverbindungen	38405	11	D 11	Photometrie
Cyanid	38405	13	D 13	Volumetrie
Thiosulfat	–	–	D 15	Iodometrie
Thiocyanat	–	–	D 16	Photometrie
Arsen	38405	18	D 18	AAS
Kieselsäure, gelöst	38405	21	D 21	Photometrie
Chromat	38405	24	D 24	Photometrie
Sulfid, gelöst	38405	26	D 26	Photometrie
Sulfid, leicht freisetzbar	E 38405	27	D 27	Photometrie
Kationen				
Eisen	38406	1	E 1	Photometrie
	38406	22	E 22	ICP-OES
Mangan	38406	2	E 2	Photometrie
	38406	22	E 22	ICP-OES
Calcium, Magnesium	38406	3	E 3	AAS
	38406	22	E 22	ICP-OES
Härte: Calcium, Magnesium	38406	3	E 3	AAS, Komplexometrie
Stickstoff (Ammonium)	38406	5	E 5	Photometrie Volumetrie
Blei	38406	6	E 6	AAS
	38406	21	E 21	AAS + Extraktion
	38406	22	E 22	ICP-OES

Tabelle 8.1 (Fortsetzung)

Parameter/Kennwort	DIN	Teil	DEV	Methode
Kationen				
Kupfer	–	–	E 7	Photometrie
	38406	21	E 21	AAS + Extraktion
	38406	22	E 22	ICP-OES
Zink	38406	8	E 8	AAS
	38406	21	E 21	AAS + Extraktion
	38406	22	E 22	ICP-OES
Aluminium	38406	9	E 9	Photometrie
	38406	22	E 22	ICP-OES
Chrom	38406	10	E 10	AAS
	38406	22	E 22	ICP-OES
Nickel	–	–	E 11	Photometrie
				Gravimetrie
	38406	21	E 21	AAS + Extraktion
	38406	22	E 22	ICP-OES
Quecksilber	38406	12	E 12	AAS
Kalium	–	–	E 13	Volumetrie
	38406	22	E 22	ICP-OES
Natrium	–	–	E 14	Flammenspektrometrie
	38406	22	E 22	ICP-OES
Lithium	–	–	E 15	Flammenspektrometrie
	38406	22	E 22	ICP-OES
Silber	38406	18	E 18	AAS (gr)
	38406	21	E 21	AAS + Extraktion
	38406	22	E 22	ICP-OES
Cadmium	38406	19	E 19	AAS
	38406	21	E 21	AAS + Extraktion
	38406	22	E 22	ICP-OES
Vanadin	–	–	E 20	Photometrie
	38406	22	E 22	ICP-OES
Wismut, Kobalt, Thallium	38406	21	E 21	AAS + Extraktion
Bor	38406	22	E 22	ICP-OES
Arsen	38406	22	E 22	ICP-OES
Phosphor	38406	22	E 22	ICP-OES
Zinn	38406	22	E 22	ICP-OES
Gemeinsam erfaßbare Stoffe				
Kieselsäure	–	–	F 1	Gravimetrie
				Kolorimetrie
Leichtfl. Halogenkohlen-wasserstoff (HLKW)	38407	4	F 4	Gaschromatographie
Gasförmige Bestandteile				
Sauerstoff, gel. (Winkler)	38408	21	G 21	Iodometrie
Sauerstoff, gel. (Membran)	38408	22	G 22	Amperometrie
Sauerstoffsättigungsindex	38408	23	G 23	Amperometrie
				Iodometrie
Chlor, frei und gesamt	38408	4	G 4	Photometrie
Schwefelwasserstoff	–	–	G 3	Photometrie

Tabelle 8.1 (Fortsetzung)

Parameter/Kennwort	DIN	Teil	DEV	Methode
Summarische Wirkungs- und Stoffkenngrößen				
Gesamttrockenrückstand, Filtrattrockenrückstand, Glührückstand	38409	1	H 1	Gravimetrie
Abfiltrierbare Stoffe, Glührückstand	38409	2	H 2	Gravimetrie
Org. gebund. Kohlenstoff	38409	3	H 3	naßchem. Oxidation Konduktometrie
Permanganatindex	38409	5	H 5	Volumetrie
Wasserhärte	38409	6	H 6	AAS; Volumetrie
Säure- und Basekapazität	38409	7	H 7	Volumetrie
EOX (org. geb. Halogene)	38409	8	H 8	Coulometrie
Absetzbare Stoffe	38409	9	H 9	Volumetrie
Absetzbare Stoffe	38409	10	H 10	Gravimetrie
Stickstoff, org. gebunden	–	–	H 11	Kjeldahl-Methode
Gesamtstickstoff	–	–	H 12	Berechnung
AOX (adsorb. org. Halogene)	38409	14	H 14	Coulometrie
Wasserstoffperoxid	38409	15	H 15	Photometrie
Phenolindex	38409	16	H 16	Photometrie
schwerflüchtige lipophile Stoffe	38409	17	H 17	Gravimetrie
Kohlenwasserstoffe	38409	18	H 18	Spektralphotometrie
Direkt abscheidbare lipophile Stoffe	38409	19	H 19	Gravimetrie Spektralphotometrie
Organische Säuren (wasserdampfflüchtig)	–	–	H 21	Volumetrie
Ausblasbare org. Halogene	–	–	H 25	Coulometrie
Chemischer Sauerstoffbedarf (CSB) über 15 mg/l	38409	41	H 41 1 + 2	Volumetrie
Chemischer Sauerstoffbedarf (SCB); Kurzzeitverfahren	38409	43	H 43	Volumetrie
Biochem. Sauerstoffbedarf	38409	51	H 51	Amperometrie
Sauerstoffzehrung	38409	52	H 52	Amperometrie

Tabelle 8.2. Bewertung der Schadstoffe und Schadstoffgruppen (Summenparameter) sowie Schwellenwerte nach AbwAG

Nr.	Schadstoff	Schadeinheit	Schwellenwerte
1	CSB	50 kg Sauerstoff	20 mg/l: 250 kg/a
2	AOX	2 kg Halogen ber. als Cl	0,1 mg/l: 10 kg/a
3	Hg	20 g	0,001 mg/l: 100 g/a
	Cd	100 g	0,005 mg/l: 500 g/a
	Cr, Ni, Pd	500 g	0,05 mg/l: 2,5 kg/a
	Cu	1000 g	0,1 mg/l: 5 kg/a
4	Giftigkeit gegen Fischen	3000 m³ Abwasser geteilt durch GF	GF = 2

Tabelle 8.3. Bestimmungsverfahren nach AbwAG

Nr.	Schadstoff	Bestimmung nach
1	CSB	Nr. 2.2.2. der 3. Abwasser VwV vom 17.03.71 (GMBl. S. 138), geändert durch allg. Verw. Vorschrift vom 10.11.86 (GMBl. S. 618)
2	AOX	Nr. 2.2.5. der 20. Abwasser VwV vom 19.05.82 (GMBl. S. 293), geändert durch allg. Verw. Vorschrift vom 10.11.86 (GMBl. S. 618)
3	Hg	Nr. 2.3.4. der 40. Abwasser VwV vom 05.09.84 (GMBl. S. 354)
	Cd, Cr, Ni, Pb, Cu	Nr. 2.3.4., Nr. 2.3.11., Nr. 2.3.17., Nr. 2.3.9., Nr. 2.3.16. der 40. Abwasser VwV vom 05.09.84
4	Fischgiftigkeit	Nr. 2.3.3. der 40. Abwasser VwV vom 05.09.84

Tabelle 8.4. Anforderungen nach dem Stand der Technik gemäß dem Entwurf der 40. VwV vom 01.12.1989 für das Einleiten von Abwasser

Parameter	Anforderung (Stichprobe)	Einheit
Fischgiftigkeit	8	–
Zn, (Sn)	2	–
AOX, Sulfid, Sn	1	mg/l
Pb, Cr, Cu, Ni, freies Chlor	0,5	mg/l
Cd, Cyanid l. fr.,	0,2	mg/l
Cr(VI), LHKW, Ag	0,1	mg/l
(BTX)	(0,05)	mg/l

Tabelle 8.5. Anforderungen nach den allgemein anerkannten Regeln der Technik; Entwurf 40. VwV, Juli 1988

Parameter	Anforderung (Stichprobe)	Einheit
CSB	200	mg 0/l
Fluorid	50	mg/l
Ammoniumstickstoff	30	mg/l
KWST	10	mg/l
(Nitritstickstoff)	5	mg/l
Al, Fe	3	mg/l

relevanter Stoffe wegen der großen Wasservolumina erhebliche Mengen ergeben, ist unmittelbar einsichtig, wie wichtig die genaue Erfassung der Schadstoffe auch aus wirtschaftlicher Sicht ist.

Um aber überhaupt ein Abwasser in ein öffentliches Gewässer einleiten zu dürfen, sind in Abhängigkeit vom Industriezweig im Rahmen des Wasserhaushaltsgesetzes (WHG) [15] Verwaltungsvorschriften mit Ober- und Untergrenzen erlassen worden [20] [21], die die Grundlage für Einleitungsgenehmigungen darstellen. Zur Veranschaulichung dieses Sachverhaltens sind in den Tabellen 8.4 und 8.5 die Parameter und Probenfrequenzen angegeben, die die 40. Verwaltungsvorschrift für Betriebe mit galvanischen Tätigkeiten vorsieht.

8.3.4
Instrumentelle Methoden der Wasseranalytik

Nachdem gezeigt werden konnte, daß der Wasser- und Abwasseranalytik nicht nur eine technische, sondern auch insbesondere eine große wirtschaftliche Bedeutung zukommt, soll auf die Verknüpfung von analysentechnischem Fortschritt und den Möglichkeiten der Rationalisierung mit den Forderungen moderner Umwelttechnik hingewiesen werden. Neben die klassischen chemischen Bestimmungsverfahren sind im Zuge der Rationalisierung der analytischen Arbeiten die instrumentellen Methoden getreten.

Unter diesem Aspekt ist z.B. der Einsatz von Mehrkanalanionenanalysatoren zur Simultanbestimmung von Chlorid-, Sulfat-, Nitrit-, Nitrat-, Phosphat- und Ammoniumionen (s. 3.2.1.3) und der ICP-Spektrometrie zur Bestimmung von Kationen in Wässern zu betrachten. Weitere Fortschritte wurden durch den Einsatz der Ionenchromatographie zur anorganischen Anionenanalyse und der im wesentlichen auf der Potentiometrie beruhenden Analysengeräte zur automatisierten Bestimmung der elektrischen Leitfähigkeit, des pH-Wertes, der Säurekapazitäten bei pH 8,2 und 4,3 sowie des Gesamtanteiles an Calcium und Magnesium (Wasserhärte) erzielt.

Die bisher betrachtete off-line-Analytik findet ihre Ergänzung – insbesondere als Beitrag zur Rationalisierung – dem Einsatz mannlos betriebener Meßstationen, die in-line-Messungen bestimmter Abwasserparameter und eine on-line-Datenübertragung zu den mit Umweltfragen beauftragten Stellen eines

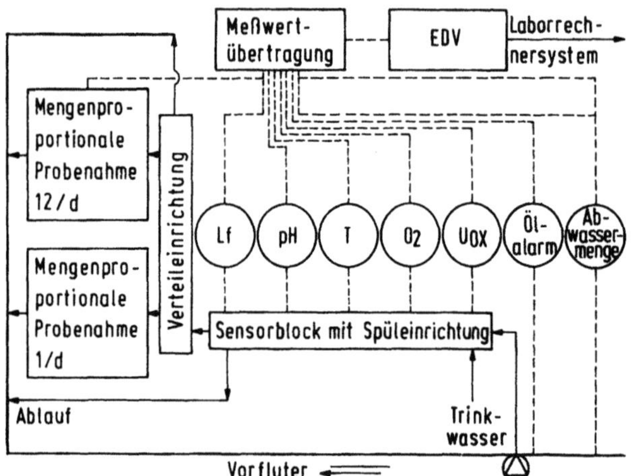

Abb. 8.1. Funktionsschema einer Abwasserprüfstation *(Mit Genehmigung der Fried. Krupp AG Hoesch-Krupp, Essen)*

Unternehmens ermöglichen. Diese ständige Datenerfassung schafft u.U. die Voraussetzung, die mit der Entsorgung von Abwässern verknüpften strengen Forderungen erfüllen zu können. Abbildung 8.1 zeigt beispielhaft das Blockschema einer Abwassermeßstation und verdeutlicht deren Funktion [22].

Die in den Vorfluter einer kommunalen Kläranlage fließenden, von verschiedenen Betriebsanlagen stammenden Abwässer werden mit Hilfe dieser Einrichtung ständig überwacht. Die Gesamteinheit umfaßt ein Ölrückstandsbecken mit einem kontinuierlich arbeitenden Sensor, der bei einem Öleinbruch automatisch und unverzüglich Alarm auslöst. Damit ist ein Öleinbruch bis in den Vorfluter nahezu ausgeschaltet. Die abfließende Gesamtwassermenge wird über ein Wehr vorgegebenen Querschnitts durch Höhenmessung mit Echolot erfaßt. Der damit gekoppelte Schreiber in der Abwassermeßstation registriert kontinuierlich die abgegebene Wassermenge.

Die Charakterisierung des Abwassers erfolgt in diesem Fall kontinuierlich durch Sensoren für die Leitfähigkeit, den pH-Wert, den Sauerstoffanteil, die Temperatur und das Redoxpotential. Parallel dazu werden mengenproportionale Probenaliquote entnommen, die automatisch zu 12 Zwei-Stunden-Proben und zu einer Tagesmischprobe vereinigt werden. Täglich werden im zentralen chemischen Laboratorium in der Tagesmischprobe das Absetzbare, der Ölanteil, die Leitfähigkeit, der pH-Wert, der p-Wert, der m-Wert, die Gesamthärte, der Chloridanteil, der Sulfatanteil, die Anteile an Eisen, Zinn, Chrom, Zink, Blei, der CSB-, der BSB-5- und der TOC-Wert bestimmt. Beim Überschreiten eines Grenzwertes werden zur Überprüfung die in der Zwischenzeit durch Einfrieren stabilisierten Zwei-Stunden-Mischproben analysiert. Auf diese Weise wird ein lückenloser Nachweis über die Abwasserqualität ermöglicht. Die Überwachung der Gesamtanlage geschieht mit einem an die Alarmzentrale gekoppelten Rechner, so daß neben der Ölanzeige auch jeder weitere, kontinuierlich untersuchte Parameter sofort Alarm auslösen kann. Dieser Rechner sichert auch den kontinuierlichen, schnellen Informationsfluß zwischen den beteiligten Stellen und ist so konzipiert, daß die große Zahl der anfallenden Daten bei störungsfreiem Verlauf auf eine überschaubare, aber repräsentative Datenmenge reduziert wird.

Eine weitere Entwicklungsrichtung besteht in dem Einsatz von lichtleitergekoppelten zentralen Analysengeräten und chemischen Sensoren. Hier ist die Forschung und Entwicklung auf zahlreiche Anwendungsfeldern in vollem Gange. Eine Lösungsmöglichkeit kann in der Installation eines UV/VIS/NIR-Spektralphotometers mit Lichtleiterverbund und Lichtweichen bestehen, das in der Lage ist, eine beliebige Zahl von Meßstellen zu überwachen. Veränderungen in den flüssigen Medien können anhand der Veränderungen in den Absorptions- oder Fluoreszenzspektren ermittelt werden. Dieses Prinzip fand z.B. eine Anwendung bei der Bestimmung geringer Konzentrationen von Chlorkohlenwasserstoffen und Pestiziden in Wasser.

Bei chemischen Sensoren findet eine unmittelbare Wechselwirkung zwischen Analyt und Sensor statt, die zu optischen oder elektrischen Eigenschaften führt. Diese Wechselwirkungen müssen schnell und reversibel sein. Weitere Hinweise zur Sensortechnik und allgemein zur Untersuchung flüssiger Stoffe sind in Kap. 3 zu finden, das die Prozeßanalytik flüssiger Systeme zum Inhalt hat.

8.3.5
Bestimmung von summarischen Kenngrößen (Summenparametern) in der Wasseranalytik

Auf dem Gebiet der anorganischen Wasserverunreinigungen hängt die Störung aquatischer oder biologischer Systeme nicht immer nur von einzelnen Ionen ab, sondern vielfach von deren synergistischen Summenwirkung [23].

Somit ist die einfach zu ermittelnde physikalisch-chemische Kenngröße der elektrischen Leitfähigkeit eigentlich auch ein Summenparameter, der eine grobe Aussage über den Gehalt an ionogenen Verbindungen erlaubt. Dazu kommen weitere Bestimmungsgrößen wie: Permanganatindex, Säure- und Base-Kapazitäten, absetzbare und abfiltrierbare Stoffe, Gesamtstickstoff oder Härte. Die Bestimmungsverfahren dieser Summenparameter müssen natürlich streng nach den vorgeschriebenen Verfahren (Gruppe H der Deutschen Einheitsverfahren zur Wasseruntersuchung) [9] durchgeführt werden, um an jeder Untersuchungsstelle zu vergleichbaren Analysenergebnissen zu führen.

Auch die Verunreinigungen mit organischen Stoffen stellt den Analytiker wegen der möglichen Vielzahl vor große Probleme. Andererseits ist der genaue Anteil der einzelnen Komponenten, sofern es sich nicht um spezielle Gifte oder biologisch schlecht abbaubare Produkte handelt, relativ unwichtig. Bedeutsam ist deren Summenverhalten gegenüber dem aquatischen System. Daher ist z.B. wesentlich, wieviel Sauerstoff zum chemischen Abbau notwendig ist. Dafür ist der Summenparameter CSB (Chemischer Sauerstoffbedarf) in die Abwasseranalytik und in das Abwasserabgabengesetz eingeführt worden. Ähnlich verhält es sich mit dem BSB-5, dem biologischen Sauerstoffbedarf innerhalb einer bestimmten Zeitspanne, hier innerhalb von fünf Tagen.

Beide sind wichtige Kenngrößen, zu denen ggf. die Summenparameter TOC (gesamter, organisch gebundener Kohlenstoff), POX (ausblasbare, organisch gebundene Halogene), PAK (polycyclische Aromaten), Phenolindex und Kohlenwasserstoffe bzw. halogenierte Kohlenwasserstoffe (AOX) hinzukommen.

8.4
Die Untersuchung fester industrieller Abfallstoffe

Bei chemischen Prozessen entstehen außer den erwünschten Haupterzeugnissen Nebenprodukte und Abfallstoffe. Nebenprodukte stellen häufig unmittelbar verwendbare Materialien dar (Beispiele s. 6.2.2), während bei den Abfallstoffen verschiedene Verfahrenswege zu unterscheiden sind: das Recycling (z.B. Metallschrotte, Schlämme, Stäube), die chemische Umwandlung (Verbrennung und Energiegewinnung) und das Deponieren. Das Recycling ist in der Industrie ein seit langem genutztes Prinzip. Als Beispiele können die

Tabelle 8.6. Beispiele für umweltanalytische Aufgaben aus dem Bereich der Feststoffe

Matrix	Stoff	Analysenprinzip
Boden	Schwermetalle	AAS/ICP
	PAH	GC/MS
	PCB	GC/ECD
	LHKW	GC/MS
	BTX	GC/MS
	Mineralöl	IR
Staub	Schwermetalle	AAS
	PAH	GC/MS
	PCB	GC/ECD
	CHKW	GC/MS
Müll	Schwermetalle	AAS/ICP
	PCB	GC/ECD
	PAH	GC/MS
	Mineralöl	IR
	LHKW	GC/MS
	BTX	GC/MS

Erklärung der Akronyme:

PAH	=	Polycyclische aromatische Kohlenwasserstoffe
PCB	=	Polychlorierte Biphenyle
BTX	=	Summe Benzol, Toluol, Xylol
LHKW	=	Leicht flüchtige halogenierte Kohlenwasserstoffe
CHKW	=	Chlorierte Kohlenwasserstoffe
AAS	=	Atomabsorptionsspektrometrie
ICP	=	Induktiv gekoppeltes Plasma
GC/MS	=	Kopplung Gaschromatographie/Massenspektrometrie
GC/ECD	=	Kopplung Gaschromatographie/Elektroneneinfangdetektor
IR	=	Infrarot-Spektrometrie

Rückführung der bei der Metallverarbeitung entstehenden Abfälle in den Erzeugungsprozeß, das Recycling von Akkumulatoren oder das Zerkleinern (Schreddern) von Autokarrosserien zur Rohstoffgewinnung gelten [3]. Die neuere Entwicklung der Vor-Ort-Analytik mit Hilfe spektroskopischer Methoden (RFA; OES) schuf die Voraussetzung, nicht nur Produktionsabfälle wieder zu verwenden, sondern verschiedene Metalle eines vermischten Schrottes wiederzugewinnen [24].

Die Untersuchung der Abfallstoffe geschieht im allgemeinen nach den gleichen Methoden wie sie aus der Feststoffanalytik bekannt sind [1], nur wird der Analytiker hier bei der Probenahme oft vor nahezu unlösbare Probleme gestellt [3]. Tabelle 8.6 enthält einige Beispiele für analytische Aufgaben aus dem Bereich der Umweltanalytik von Feststoffen.

Das Deponieren von Abfällen unterliegt strengen gesetzlichen Regelungen, wobei die Analytik die Kriterien für deren Einhaltung zu liefern vermag [25]. Fragen der „Umweltverträglichkeit" haben in diesem Zusammenhang besondere Bedeutung erlangt.

8.5
Literatur

1. Marr IL, Cresser MS, Ottendorfer LJ (1988) „Umweltanalytik – Eine allgemeine Einführung", Georg Thieme Verlag, Stuttgart – New York
2. Hein H (1991) Labor Praxis „Labor 2000–1991", Vogel Verlag und Druck KG, Würzburg, S. 164
3. Leithe W (1975) „Umweltschutz aus der Sicht der Chemie". Wissenschaftl. Verlagsges. mbH, Stuttgart
4. Tölg, G (1993) CLB Chem. Lab. Biotechn. 44, H. 6:271
5. Leithe W (1974) „Die Analyse der Luft und ihrer Verunreinigungen" Wissenschaftl. Verlagsges. mbH, Stuttgart
6. Klockow D (1987) Fresenius' Z. Anal. Chem. 326:5
7. Grosskopf K (1963) Chem. Ztg. 87:270
8. Leichnitz K (1967) Chem. Ztg. 91:141
9. „Deutsche Einheitsverfahren zur Wasser-, Abwasser- und Schlammuntersuchung – Physikalische, chemische, biologische Verfahren – " VCH/Verlag Chemie, Weinheim
10. Leithe W (1975) „Die Analyse der organischen Verunreinigungen in Trink-, Brauch- und Abwässern" Wissenschaftl. Verlagsges. mbH, Stuttgart
11. Tebbutt THY (1992) „Principles of Water Quality Control", 4. Auflage, Pergamon/Elsevier Science, Oxford
12. ATV-Arbeitsblatt 115: Hinweise für das Einleiten von Abwässern in eine öffentliche Abwasseranlage, Regelwerk der abwassertechnischen Vereinigung e.V. (ATV) in Zusammenarbeit mit dem Verband kommunaler Städtereinigungsbetriebe (VKS)
13. Normalwerte für Abwasserreinigungsverfahren, Sonderdruck: Länderarbeitsgemeinschaft Wasser (LAWA), Hamburg 1970
14. Gesetz über Abgaben für das Einleiten von Abwasser in Gewässer (Abwasserabgabengesetz [AbwAG]) vom 13.09.1976 (BGBl.I. S. 2721, ber. S. 3007), geändert durch Gesetz vom 19.12.1986 (BGBl.I. S. 2619)
15. Gesetz zur Ordnung des Wasserhaushaltes (Wasserhaushaltsgesetz) vom 16.10.1967 (BGBl.I. S. 3017), in der Neufassung vom 25.07.1986 (BGBl.I. S. 1165)
16. Wassergesetz für das Land Nordrhein-Westfalen (Landeswassergesetz – LWG –) in der Fassung der Bekanntmachung vom 09.06.1989
17. Richtlinien des Rates betreffend die Verunreinigung infolge der Ableitung bestimmter gefährlicher Stoffe in die Gewässer der Gemeinschaft; Amtsblatt No L 20 vom 26.01.1980, S. 43ff.

18. Allgemeine Rahmenverwaltungsvorschrift über Mindestanforderungen an das Einleiten von Abwasser in Gewässer (Rahmen-Abwasser VwV) vom 19.12.1989 (GMBl. S. 789).
19. Hoffmann H-J (1993) LaborPraxis, „Labor 2000 – 1993", Vogel Verlag und Druck KG, Würzburg, S. 158.
20. Allgemeine Verwaltungsvorschrift über die nähere Bestimmung wassergefährdender Stoffe und ihre Einstufung entsprechend ihrer Gefährlichkeit – VwV wassergefährdende Stoffe (VwVwS); GMBl. 41 (23.03.1990), S. 114 ff.
21. Frey R (1990) Metalloberfläche 44:176.
22. Sebastiani E, Loose W, Koch KH (1978) Stahl und Eisen 99:1487.
23. Hütter LA (1989) CLB Chem. Lab. Biotechn. 40:64.
24. Sattler H-P (1993) Materialprüf. 35:312.
25. Hein H (1993) LaborPraxis, „Labor 2000 – 1993", Vogel Verlag und Druck KG, Würzburg, S. 152.

9 Die chemische Prozeßanalytik als Teil der Qualitätsprüfung und der Qualitätssicherung

9.1
Vom Wesen der Qualitätssicherung

Archäologische Funde aus Jericho, dem ältesten Industriegebiet der Erde, weisen darauf hin, daß es hier schon vor rund 10 000 Jahren einen regen Handel zwischen weit auseinander lebenden Kunden gab. Als Voraussetzung des Warentauschs gab es sicherlich auch damals schon Vereinbarungen, die die Qualität und Quantität der feilgehaltenen Produkte (meist Waffen und Schmuck aus dem dunklen Gesteinsglas Obsidian) und der zur Bezahlung angebotenen Ware (Felle, Wildgetreide, verschiedene gesammelte Früchte usw.) betrafen. Ohne gewisse Vereinbarungen wäre das Zusammenleben und der Handel in jener Zeit sicher ständig durch Streit und Gewaltanwendung bedroht gewesen. Eine „Qualitätsprüfung" war in dieser Epoche natürlich auf wenige leicht beobachtbare Charakteristika beschränkt. Aber bereits im babylonischen Codex Hammurapi (um 1600 v. Chr.) und in altägyptischen Inschriften sind Verfahren der Qualitätssicherung dokumentiert. Erinnert sei auch an das bekannte Bild von Rembrandt (um 1650 n. Chr.) „De Waardijns", das fünf ernstblickende Herren, die im mittelalterlichen Holland für die Einhaltung von Qualitätsmerkmalen (Maße, Gewichte) Sorge zu tragen hatten, zeigt. Gilden und Zünfte legten auf Qualitätsarbeit ihrer Mitglieder größten Wert und ahndeten Verstöße streng.

Mit dem Fortschreiten der Technik entwickelten sich verfeinerte meßtechnische Methoden, die zunehmend objektive Beurteilungen von Werkstoffen und Waren erlaubten.

Qualität, Prüftechnik und Fortschritt bilden heute einen Dreiklang, der mitbestimmend dafür ist, den Herausforderungen des Marktes auch zukünftig zu begegnen. Daher ist die Beschäftigung mit der optimalen Zusammenfassung und Abstimmung aller qualitätsrelevanten Einzelfunktionen in einem Unternehmen, der „Qualitätskultur", ein ständiges Ziel. Maßnahmen zur Qualitätssicherung sind ein wesentlicher Bestandteil zukunftsorientierten industriellen Handelns. In steigendem Maße wird der Markt von drei Parametern bestimmt: Preis, Qualität und Flexibilität. Die Sicherstellung der Qualität von marktfähigen Produkten wird damit Bestandteil der Qualitätspolitik industrieller Unternehmen.

Qualität, definiert als „Gesamtheit von Eigenschaften und Merkmalen eines Produktes oder einer Tätigkeit, festgelegte Erfordernisse zu erfüllen"

(DIN 55 350, Tl. 11), muß in dem hier betrachteten Zusammenhang quantifizierbar sein. Grundlagen für diese Quantifizierung schafft die Qualitätsprüfung im Rahmen der Qualitätssicherung. An diesen qualitätssichernden Maßnahmen hat die chemische Analytik bedeutenden, in vielen Fällen überragenden und entscheidenden Anteil (1). Um diesem im Spannungsfeld von Qualitätspolitik und Ökonomie gestellten produktorientierten Prüfaufgaben gerecht werden zu können, bedarf es der dokumentierten und nachprüfbaren Integration qualitätssichernder Maßnahmen in das gesamte analytische Geschehen [2].

Die Veränderung im Rechtsempfinden und die damit verknüpften Änderungen der Rechtslage sind weitere Ursachen für diese Aktivitäten. Die Umkehr der Beweislast bei der Haftung des Produzenten für seine Erzeugnisse [3] (Produkthaftungsgesetz vom 01.01.1990) und das gewandelte Umweltbewußtsein haben dazu geführt, daß Fragen der „Qualitätssicherung" bei der Erzeugung und Verwendung von Werkstoffen oder Maschinen in die breite Öffentlichkeit getragen worden sind.

Qualitätssicherungskonzepte umfassen unterschiedliche Unternehmensbereiche und müssen möglichst früh ansetzen, da eine Korrektur von Fehlern oder Abweichungen vom Produktionsziel in einer Endkontrolle weder den Produzenten noch den Kunden zufriedenstellt. Im internationalen Wettbewerb kommt der Qualität von Produkten und Dienstleistungen zunehmend eine entscheidende Bedeutung zu. Qualität wird damit zum Wettbewerbsinstrument der Unternehmen (z.B. Werbeslogan: „Wir schaffen Qualität"!). Der Aufwand für Qualitätssicherungsmaßnahmen ist allerdings erheblich, da

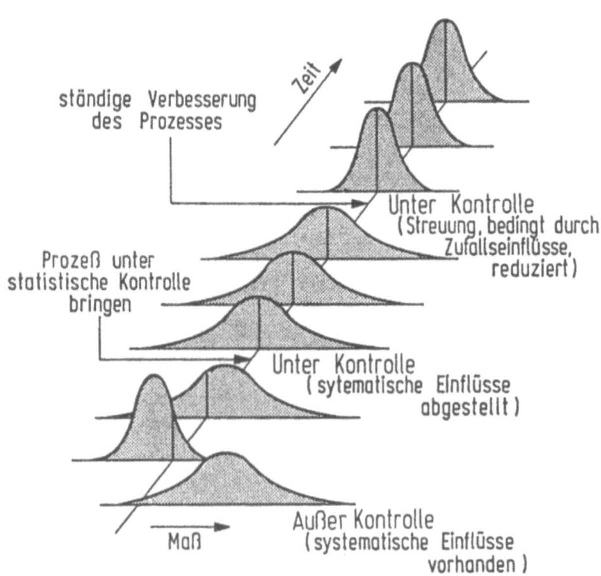

Abb. 9.1. Auswirkung der Prozeßregelung (Beherrschter Prozeß)

Qualitätsmanagementsysteme produkt- und unternehmensspezifisch aufgebaut sein müssen. Nur so kann „sichergestellt" werden, daß „Qualität" kein Zufallsergebnis bleibt.

Solange aber ein Fertigungsprozeß nicht ausreichend beherrscht wird, erfordert die Einstellung der verlangten Produktqualität Maßnahmen am Produkt. Das ist infolge von Prüf- und Sortiervorgängen aufwendig. Wenn es dagegen gelingt, die systematischen Ursachen der Streuung zu beseitigen und die zufälligen Streuungen genügend klein zu halten, resultiert durch eine Prozeßregelung ein „beherrschter" Prozeß [4] (Abb. 9.1).

Die Grundbegriffe der Qualitätssicherung bedürfen zur Vermeidung von sprachlichen Irrtümern und Mißverständnissen der eindeutigen Definition; sie sind Gegenstand der bereits genannten Norm DIN 55350, Tl. 11 [5] und der DIN ISO 8402 (Entwurf). Danach gelten folgende Definitionen (z. T. sinngemäß zitiert).

Qualitätsmanagement: Alle Tätigkeiten der Gesamtführungsaufgabe, welche die Qualitätspolitik, Ziele und Verantwortungen festlegen sowie diese durch Mittel wie Qualitätsplanung, Qualitätssicherung und Qualitätsverbesserung im Rahmen des Qualitätsmanagementsystems verwirklichen.

Qualitätspolitik: Die grundlegenden Absichten und Zielsetzungen einer Organisation zur Qualität, wie sie von ihrer Leitung formell erklärt werden.

Qualitätsplanung: Auswählen, Klassifizieren und Gewichten der Qualitätsmerkmale sowie schrittweises Konkretisieren aller Einzelforderungen an die Beschaffenheit zu Realisierungsspezifikationen.

Qualitätslenkung: Die vorbeugenden, überwachenden und korrigierenden Tätigkeiten bei der Realisierung der Einheit (das können sein: Ergebnisse von Tätigkeiten und Prozessen) mit dem Ziel, die Qualitätsforderung zu erfüllen.

Qualitätssicherung: Alle geplanten und systematischen Tätigkeiten, die innerhalb des Qualitätsmanagementsystems verwirklicht sind, und die wie erforderlich dargelegt werden, um angemessenes Vertrauen zu schaffen, daß eine Einheit die Qualitätsforderung erfüllen wird.

Qualitätsmanagementsystem: Die Organisationsstruktur, Verantwortlichkeiten, Verfahren, Prozesse und erforderlichen Mittel für die Verwirklichung des Qualitätsmanagements.

Qualitätsprüfung: Feststellen, inwieweit eine Einheit (z. B. materielle Produkte oder Dienstleistungen) die Qualitätsforderung erfüllt.
Oder anders ausgedrückt:
System von Prüfverfahren, mit dem erreicht werden soll, daß eine vorgegebene Qualität eingehalten wird.

9.2
Qualitätssicherung in chemisch-analytischen Laboratorien

9.2.1
Die Bedeutung der Qualitätssicherung für die chemische
und in der chemischen (industriellen) Analytik

Das Qualitätsmanagement stellt eine umfassende Aufgabe in einem Unternehmen dar, die sich funktional in Qualitätsplanung, Qualitätslenkung und Qualitätssicherung gliedern läßt. Im Rahmen der *Qualitätsplanung* werden unter Berücksichtigung technischer Gegenheiten und der Kundenforderungen die einzuhaltenden Qualitätsmerkmale definiert und gewichtet. Die *Qualitätssicherung* und insbesondere ihr Teilbereich Qualitätsprüfung ermöglicht die Feststellung, ob ein Produkt oder eine Dienstleistung die Qualitätsforderung erfüllt. Die Qualitätsprüfung gliedert sich in ihrem Ablauf in Prüfplanung, Prüfausführung und Prüfdatenverarbeitung. Die *Qualitätslenkung* schließlich nutzt die aus der Qualitätsprüfung stammenden Prüfdaten zur Überwachung der „Qualitätserzeugung" und leitet gegebenenfalls korrigierende Maßnahmen bei einem laufenden Fertigungsprozeß ein.

Aus dieser kurzen Charakterisierung folgt, daß bei einer umfassenden Qualitätssicherung das Hauptaugenmerk der Qualitätsprüfung zu gelten hat, da sie mit ihren Einzelfunktionen alle Fertigungsschritte in einem Untenehmen oder eines Produktionszweiges umspannt. Als Beispiel zeigt Abbildung 9.2 den Ablauf der Qualitätsprüfung bei der Stahlherstellung. Hierbei wird gleichzeitig deutlich, daß der chemischen Analytik stets eine besondere Rolle im Rahmen einer qualitätsgesicherten Erzeugung zukommt.

Die qualitätssichernde und qualitätsgesicherte Anwendung von Prüfverfahren und damit die Sicherstellung der Richtigkeit der Prüfergebnisse sind Themen [6], die für viele Fachgebiete des Meß- und Prüfwesens, so auch für die chemische Analytik von zunehmender und grundsätzlicher Bedeutung geworden sind.
Dabei sind die chemische Analytik und die Qualitätssicherung in zweifacher Weise miteinander verknüpft. Einerseits ist die Analytik integrierter Bestandteil der Qualitätssicherung (QS) und liefert die Daten, die im Rahmen der Qualitätssicherung zur Sicherstellung der gewünschten Eigenschaften benötigt werden [7]. Andererseits müssen diese Analysendaten selbst durch entsprechende integrative QS-Maßnahmen abgesichert werden [8].
Es gibt seit wenigen Jahren eine Reihe von internationalen Richtlinien und Normen, in denen die Anforderungen an die Kompetenz und Akzeptanz von Prüflaboratorien niedergelegt worden sind. Hier sind vor allem zu erwähnen

- ISO Guide 25: „General requirements for the technical competence of testing laboratories" und
- ISO Guide 38: „General requirements for the acceptance of testing laboratories".

Die konsequente Ergänzung dieser Richtlinien stellt ISO Guide 49: „Guidelines for development of a Quality Manual for a testing laboratory" dar. Der darin

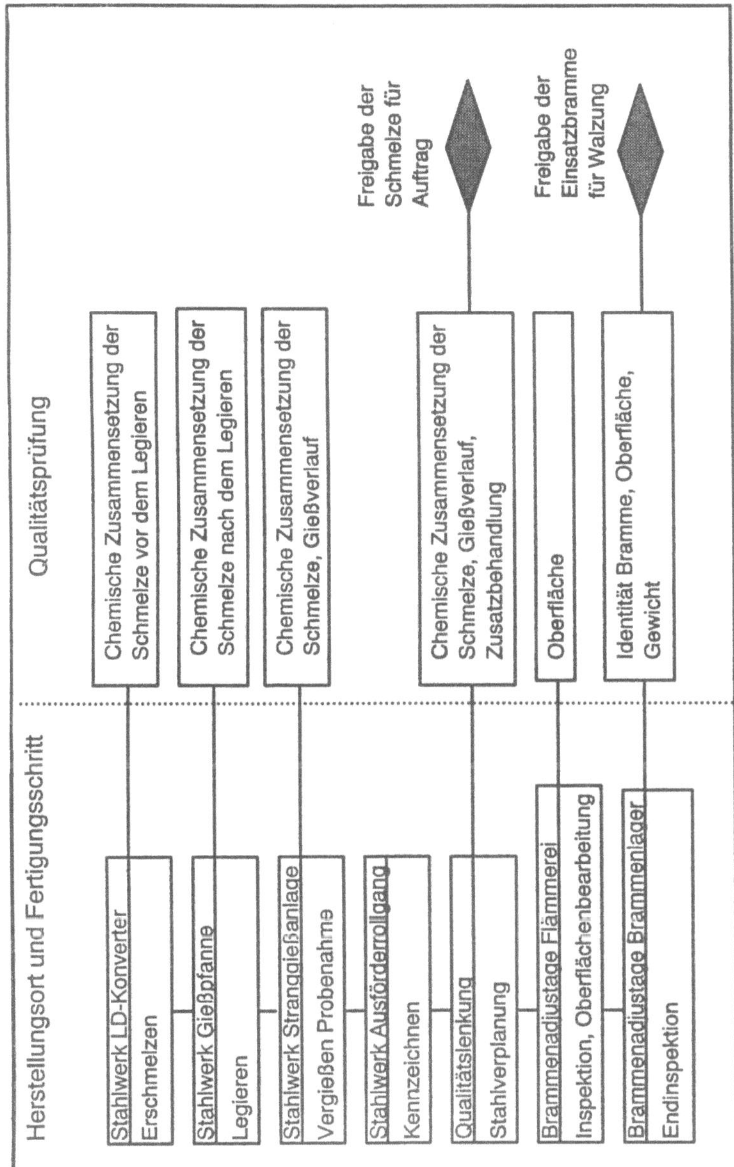

Abb. 9.2. Qualitätsprüfung bei der Stahlherstellung *(Mit Genehmigung der Springer-Verlag GmbH & Co. KG, Heidelberg)*

beschriebene Rahmen für die Abfassung eines Qualitätsmanagementhandbuches enthält als wesentlichen Teil die zu stellenden Anforderungen an die zu treffenden Festlegungen über die Anwendung und Überwachung von Meß- und Prüfeinrichtungen (Prüfmittel) sowie die Führung der dazugehörigen Datenakten [9].

Dieser Prozeß der Abfassung von Qualitätssicherungshandbüchern für chemisch-analytische Laboratorien ist in vollem Gange bzw. konnte in recht vielen Fällen bereits abgeschlossen werden.

Eine weitere Grundlage für QS-gerechte Arbeitsweisen stellen folgende europäische Normen dar [10]:

- EN 45001 Allgemeine Kriterien zum Betreiben von Prüflaboratorien
- EN 45002 Allgemeine Kriterien zum Begutachten von Prüflaboratorien
- EN 45003 Allgemeine Kriterien für Stellen, die Prüflaboratorien
            akkreditieren.

Diese Normen ergänzen die Normenreihen DIN ISO 9000 [11] bzw. DIN EN 29000, die den Leitfaden zur Auswahl und Anwendung der Normen zu Qualitätsmanagement, Elementen eines Qualitätsmanagementsystems und zu Qualitätssicherungs-Nachweisstufen darstellen.

Im Rahmen der Qualitätssicherung von Produkten ist im allgemeinen die chemische Untersuchung in die prozeß- und produktorientierten Maßnahmen zur Qualitätsprüfung miteinbezogen. Die Ergebnisse der chemisch-analytischen Untersuchung sind – wie bereits erwähnt – ein Teil der Meßergebnisse und Beurteilungskriterien, die in das Qualitätsmanagementsystem einfließen und mit zu einer koordinierten Qualitätssicherung beitragen, sie können sogar in einzelnen Phasen von Produktionsprozessen von *entscheidender* Bedeutung sein.

Aus dieser Aufgabenstellung ergibt sich, daß Prüfverfahren eingesetzt werden müssen, die die Bestimmung der chemischen Zusammensetzung mit einer den jeweiligen Anforderungen entsprechenden Genauigkeit gewährleisten. Unter Umständen sind darüber hinaus noch zeitliche Forderungen zu berücksichtigen. Es versteht sich von selbst, daß stets die wirtschaftlichsten Verfahren, die allerdings den gestellten Anforderungen genügen müssen, angewendet werden.

Wie alle Prüfverfahren, sind auch chemische Analysenverfahren mit Streuungen behaftet. Die dabei auftretende Gesamtstreuung setzt sich bekanntlich aus einem systematischen und einem zufälligen Anteil zusammen [12]. Das Ziel der Bemühungen aller an der Herstellung eines Produktes Beteiligten muß die Minimierung der systematischen und der zufälligen Fehler sein. Dies setzt neben dem Vorhandensein der notwendigen technischen Einrichtungen eine entsprechend hohe Personalqualifikation und eine zielgerichtete Personalführung voraus.

9.2.2
Das Qualitätsmanagementhandbuch

Die Ergebnisse chemisch-analytischer Untersuchungen sind – wie bereits erwähnt – ein bedeutender Teil der Meßergebnisse und Beurteilungskriterien, die zur prozeß- und produktorientierten Qualitätssicherung in einem Unternehmen beitragen.

Die der Qualitätssicherung im analytischen Laboratorium dienenden Maßnahmen und die dazugehörigen Gerätedaten usw. sind in aufgabenbezogenen Qualitätsmanagementhandbüchern (QM-Handbüchern), deren Umfang und Inhalt die oben genannten Normen und Richtlinien beschreiben, niedergelegt. Da das QM-Handbuch, das die Funktion eines innerbetrieblichen Regelwerkes besitzt, Grundlage eines jeden Systemaudits ist, muß besonders darauf geachtet werden, daß aus diesem alle für ein Systemaudit relevanten Informationen zu entnehmen sind oder auf diese verwiesen wird. Es wird nach DIN 55350, Tl. 11, unterschieden zwischen Systemaudit, Verfahrensaudit und Produktaudit. Von „Verfahrensaudit" oder von „Produktaudit" wird gesprochen, wenn die Wirksamkeit von Elementen des Qualitätsmanagementsystems anhand von Verfahren oder Produkten beurteilt wird. Von „Systemaudit" spricht man, wenn die Wirksamkeit des Qualitätsmanagementsystems als Ganzes beurteilt wird. „Qualitätsaudit" ist die Beurteilung der Wirksamkeit des Qualitätsmanagementsystems oder seiner Elemente durch eine unabhängige systematische Untersuchung.

Die Abfassung eines QM-Handbuches setzt damit entsprechende Fachkenntnisse über die Grundlagen und Erfordernisse der Qualitätssicherung voraus, um dem genannten Anspruch gerecht werden zu können. Von verschiedener Seite angebotene Seminare sollen helfen, bestehende Wissenslücken auf dem Gebiet der Qualitätssicherung zu füllen und die für die Abfassung eines QM-Handbuches erforderliche Hilfestellung zu geben.

Ein QM-Handbuch für Analytische Laboratorien umfaßt folgende Abschnitte, wobei die nachstehende Untergliederung und Reihenfolge als Beispiel zu betrachten ist:

Revisionsverzeichnis
0. Inhaltsverzeichnis
1. Durchführungserklärung
2. Geltungsbereich
3. Grundlage des QM-Systems
4. Räumlichkeiten und Einrichtungen
5. Organisation
6. Personalqualifikation
7. Prüfmittelbeschaffung
8. Prüfmittel
9. Prüfmittelüberwachung
10. Prüflenkung
   – Probenahme
   – Kennzeichnung der Proben
   – Probentransport

   – Probenvorbereitung
   – Schnittstellen mit anderen Organisationseinheiten
11. Prüfdurchführung
12. Qualitätssicherung
   – Zertifizierte Referenzmaterialien
   – Ringuntersuchungen
   – Notfallstrategie
   – Interne Qualitätsaudits
13. Dokumentation
   – Prüfberichte
   – Änderungsdienst
14. Mitgeltende Dokumente, Vorschriften und Richtlinien

Die als Überschriften für die einzelnen Abschnitte verwendeten Begriffe sollen nachfolgend kurz erläutert oder durch ein Musterbeispiel ergänzt werden.

Das *Revisionsverzeichnis* muß Aufschluß geben über den gültigen Stand des QM-Handbuches. Aus ihm sind mit Angabe des Ausgabedatums die jeweils gültige Fassung der einzelnen Abschnitte ersichtlich.

Bei dem für die Qualitätssicherung in dem beschriebenen Fachbereich Verantwortlichen muß ferner eine Liste über diejenigen natürlichen oder juristischen Personen vorliegen bzw. jederzeit eingesehen werden können, an die ein *numeriertes* Exemplar des QM-Handbuches ausgegeben wurde. Eine Kopie der Empfangsbescheinigung eines jeden Inhabers eines QM-Handbuches wird zusammen mit der genannten Liste aufbewahrt. Das QM-Handbuch ist vertraulich zu behandeln und darf ohne ausdrückliche schriftliche Genehmigung durch den ausgebenden Fachbereich weder ganz noch teilweise vervielfältigt werden.

Das *Inhaltsverzeichnis* gibt die Gliederung des QM-Handbuches (QMH) wieder und unterliegt wie alle anderen Seiten dem Änderungsdienst.

In der einleitenden *Durchführungserklärung* wird der Gültigkeitsbereich des QMH genannt; sie enthält ferner eine Verpflichtungserkärung des zuständigen Unternehmensbereiches zur Einhaltung des beschriebenen QM-Systems. Anschließend wird der *Geltungsbereich* im Unternehmen und die *Grundlage* des QM-Systems erläutert. Zum Geltungsbereich wird im allgemeinen ausgeführt, daß das eingeführte Qualitätsmanagementsystem dazu dient, einen hohen Qualitätsstandard bei allen Prüfaufgaben zu bewirken und aufrecht zu erhalten. Es ist Teil der Qualitätspolitik des Analytischen Laboratoriums, sofern es eine selbständige Einrichtung ist, oder des Unternehmens, zu dem das Analytische Laboratorium als Fachbereich gehört.

Das QM-Handbuch beschreibt die Elemente des für die chemischen Prüfungen eingeführten Qualitätsmanagementsystems (QM-System) und ihre Verwirklichung in den einzelnen Arbeitsbereichen. Alle Mitarbeiter sind verpflichtet, die für ihren Tätigkeitsbereich festgelegten Regelungen dieses Handbuches zu befolgen. Die Verantwortung für die Durchführung der Prüfungen gemäß QM-Handbuch trägt der Leiter des Fachbereiches. Das QM-Handbuch enthält grundsätzliche Aussagen über Prüfanweisungen und Dokumentationen und ferner die Beschreibungen der speziellen Prüfmethoden und Verfahrensweisen, die dazu dienen, die Qualität der Prüfarbeit sicherzustellen.

Die Arbeit des Analytischen Laboratoriums darf dabei keinen Einflüssen ausgesetzt sein, die das technische Urteil beeinträchtigen können, noch dürfen außenstehende Personen oder Organisationen auf die Untersuchungs- und Prüfergebnisse Einfluß nehmen. Die Vergütung des Personals darf weder von der Anzahl der durchgeführten Prüfungen noch von deren Ergebnis abhängig sein.

Die Grundlage des in einem QM-Handbuch beschriebenen QM-Systems bilden die genannten Normenreihen DIN ISO 9000 bis 9004 [11], EN 29000 bis 29004 bzw. EN 45000 ff [10]. Darüberhinaus werden die im Chemikaliengesetz (Gesetz zum Schutz vor gefährlichen Stoffen – ChemG vom 16. September 1980, BGBl I, S. 1718 ff., geändert am 15. September 1986, BGBl I, S. 1505 ff.) verankerten Grundsätze der Guten-Labor-Praxis (GLP-Grundsätze) [13] berücksichtigt.

In weiteren Abschnitten finden sich Erläuterungen zu den genutzten *Räumlichkeiten und Einrichtungen* und zur *Organisation* des betroffenen Fachbereiches (Organigramm). Der Abschnitt über die geforderte *Personalqualifikation* enthält die für jede organisatorische Ebene geltenden Qualitätskriterien und wird ergänzt durch eine Dokumentation über die nach Tätigkeitsfeldern geordneten Stellenbeschreibungen der Mitarbeiter und Qualifikationsnachweise über berufliche Weiterbildungs- und Schulungsmaßnahmen.

Schließlich enthält das QM-Handbuch Angaben zur *Dokumentation* der Prüfberichte und zum Änderungsdienst. Die Untersuchungsergebnisse werden in Abstimmung mit den Auftraggebern als schriftlicher Bericht auf dem Postwege oder mittels Telex, Telefax oder durch EDV-gestützten Datentransfer übermittelt. Diese Prüfberichte werden in den einzelnen Fachabteilungen für eine bestimmte Zeit schriftlich oder auf einem Datenträger aufbewahrt. Die Dauer der Aufbewahrung hängt von der Art des geprüften Materials ab. Angaben darüber sind im allgemeinen in einer in den zuständigen Laborabteilungen vorliegenden Dokumentation enthalten. Jedes QM-Handbuch unterliegt einschließlich aller damit in Zusammenhang stehenden Dokumentationen und Betriebsanweisungen einem Änderungsdienst. Alle Unterlagen werden jährlich einmal geprüft und gegebenenfalls auf den neuesten Stand gebracht. Die erfolgten Änderungen werden in dem Revisionsverzeichnis ausgewiesen. Am Schluß des QM-Handbuches werden mitgeltende *Dokumente, Vorschriften und Richtlinien* aufgeführt.

9.3
Folgerungen und Maßnahmen für die Qualitätssicherung im analytischen Laboratorium

9.3.1
Personalqualifikation und Geräteausstattung

Der Erfolg qualitätssichernder Maßnahmen wie die zweifelsfreie Anwendung moderner Analysentechnik setzt entsprechend qualifizierte – und motivierte –

Fachkräfte voraus. Die geforderte Personalqualifikation wird neben der beruflichen Ausbildung durch eine aufgabenbezogene interne und externe Weiterbildung, deren Umfang dokumentarisch festgehalten wird und jederzeit nachprüfbar sein muß, erreicht. Die Anwendung hochtechnisierter Prüfverfahren durch unerfahrene oder für ihre Aufgaben nicht qualifizierte Mitarbeiter könnte aufgrund der erhaltenen unrichtigen Ergebnisse und der damit verknüpften Fehleinschätzungen zu ernsthaften Problemen für Industrie und Gesellschaft führen. Der „prüfende" Mensch ist hier als Glied einer Kette zu sehen, die sich von der Produktentwicklung im Dienste des technischen Fortschritts bis zur qualitätsgesicherten Erzeugung marktgerechter Produkte spannt.

Gleichrangig mit der Qualifikation des Personals ist die instrumentelle Ausstattung des Laboratoriums zu werten. Ihrer Aufgabenstellung entsprechend besteht daher das ständige Bemühen darin, die Einrichtungen dem modernsten Stand der Technik anzupassen. Dies führt zu einer hochspezialisierten analytischen Ausrüstung nach den Erfordernissen der Produkte und zu einem besonderen Wissens- und Erfahrungsstand des gesamten Personals. Die Organisation und die Ausrüstung des Analytischen Laboratoriums muß aber nicht nur eine optimale Auftragsabwicklung ermöglichen, sondern – wie bereits ausgeführt – den Forderungen des Qualitätsmanagements und gegebenenfalls gesetzlichen Vorschriften Rechnung tragen (z. B. bei der Prüfmittelüberwachung, der Durchführung von Kontrollanalysen u. a.). Letzteres kann für die Laboratorien eine Erweiterung des Tätigkeitsfeldes oder völlig neue Aufgaben darstellen, wobei unter Umständen neue Methoden und Techniken zu entwickeln sind.

Die apparativen Fortschritte sind in zweifacher Hinsicht bedeutsam für die Sicherstellung der Analysenergebnisse: Zum einen erfolgt durch den Einsatz der instrumentellen Methoden eine Einschränkung der Arbeitsschritte im Vergleich zu chemischen Verfahren auf einen Bruchteil, was zwangsläufig eine Einschränkung von zufälligen und systematischen Fehlern bedeutet. Zum anderen führt der EDV-Einsatz zu einer weiteren Sicherung der Ergebnisse durch Vermeidung von Ablese-, Rechen- und Übertragungsfehlern.

9.3.2
Prüfmittelbeschaffung und Prüfmittelüberwachung

Vor der Beschaffung eines Analysen- oder Laborgerätes (Prüfmittels) erfolgt eine Einschätzung der Lieferanten auf „Qualitätsfähigkeit". Die Auswahl geschieht anhand der für das jeweilige Prüfmittel zutreffenden Kriterien. Das kann u. U. umfangreiche analytische Untersuchungen beim Prüfmittelhersteller anhand unternehmenseigener Proben bedeuten.

Die für Prüfzwecke benötigten Chemikalien werden von anerkannten Herstellern aufgrund von Qualitätsangaben bezogen. Die Zuverlässigkeit der Chemikalien wird über die Erfassung der Blindwerte der Analysenverfahren laufend ermittelt.

Die Prüfmittelüberwachung umfaßt die Durchführung der Rekalibration der Prüfmittel (Abgleichen eines Prüfmittels mit Hilfe von Rekalibrierproben), die Festlegung der Rekalibrierintervalle und der Kriterien für die Bewertung von

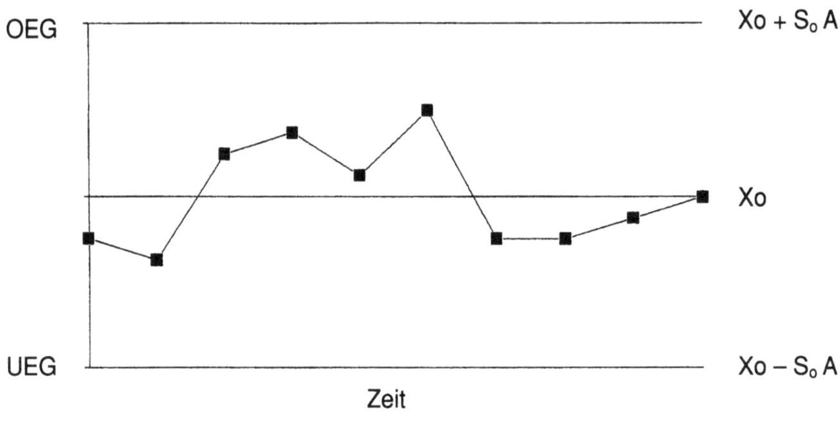

Xo = erwarteter Wert der Kontrollprobe $A = 3\sqrt{n}$
S_o = Standardabweichung

Korrektur wenn:

1. $\bar{x}$ außerhalb der Eingriffgrenzen OEG oder UEG liegt
2. 7 aufeinanderfolgende $\bar{x}$-Werte auf einer Seite der
   Mittellinie fallen oder stetig steigen oder fallen.

Abb. 9.3. Prinzip einer Regelkarte
(Mit Genehmigung der Springer-Verlag GmbH & Co. KG, Heidelberg)

analytischen Ergebnissen im Rahmen der Prüfmittelüberwachung. Der Kalibrierzustand der Prüfmittel wird regelmäßig dokumentiert. Bei ungenügenden Arbeitsergebnissen werden Maßnahmen zur Sperrung des Prüfmittels und seine anschließende Instandsetzung getroffen. Die Ergebnisse der Rekalibration werden in Form von Regelkarten dokumentiert [14] (Beispiel s. Abb. 9.3).

9.3.3
Prüflenkung

Die Prüflenkung betrifft die Probenahme, die Kennzeichnung der Proben, den Probentransport und die Probenvorbereitung. Sie wird beeinflußt durch die Schnittstellen mit anderen Organisationseinheiten (auftraggebende Unternehmensbereiche oder externe Auftraggeber). Die Probenahme erfolgt entweder durch den Auftraggeber oder das Analytische Laboratorium. In jedem Fall ist hoher analytischer Sachverstand gefordert [15]. Nur eindeutige Festlegungen und Verfahrensweisen als Bestandteil des QM-Handbuches sowohl für die Probenahme wie für die Kennzeichnung (Identifikation) und den Transport der Proben garantieren einen reibungslosen Arbeitsablauf.

Die Probenvorbereitung erfolgt im allgemeinen ausschließlich durch das Analytische Laboratorium. Sie geschieht stoff- und problemgerecht nach festgelegten Verfahren, die ebenfalls im QM-Handbuch beschrieben sind.

9.3.4
Prüfdurchführung (Prüfanweisungen)

Im Rahmen der Qualitätssicherung (QS) innerhalb des Analytischen Laboratoriums sind eindeutige Prüfanweisungen (Beschreibungen der Analysenverfahren) für alle zu bestimmenden Komponenten in den der QS unterliegenden Materialien zu erstellen. Sie enthalten Angaben zu den verwendeten Geräten und den notwendigen Reagenzien, beinhalten die exakte Beschreibung des Analysenverfahrens einschließlich der *Eichung* oder *Kalibration* und Angaben zur *Präzision* und *Richtigkeit* des Verfahrens (vollständige Analysenvorschrift [16]). Bei der problemgerechten Anwendung eines Verfahrens müssen zunächst mögliche Fehlerursachen ausgeschlossen werden (Abb. 9.4). Die Richtigkeit der Analysenergebnisse (Abb. 9.5) hängt direkt von der Kalibration (Eichung) der Analysengeräte ab, die wegen der in den Proben im allgemeinen vorliegenden Vielstoffsysteme nicht ohne genaue Kenntnis der chemischen Zusammensetzung durchgeführt werden kann. Mit der Verwendung von Reinstsubstanzen zur Kalibration [17] kann heute eine Vielzahl von Problemen gelöst werden. Dieses Verfahren setzt allerdings hinreichend reine und definierte Substanzen voraus, eine Forderung, die zum Beispiel im Bereich der Spurenanalyse nicht immer zu erfüllen ist. Denkt man ferner in diesem Zusammenhang an das weite Feld der Oberflächenanalytik, so wird deutlich, daß auf dem Gebiet der Kalibration instrumenteller Verfahren noch offene Fragen bestehen.

Mathematisch ist die „Eichfunktion" für Meßverfahren aller Arten (physikalisch-mechanisch oder physikalisch-chemisch) eindeutig beschrieben als Funktion der Meßdaten in Abhängigkeit von geeigneten Standardgrößen. Für die chemische Analytik heißt dies folglich:

$$x = f(c),$$

worin x die Meßwerte und c die Konzentration darstellen.

H. Kaiser [18] hat zwar auch die Umkehrfunktion

$$c = f'(x)$$

beschrieben, womit er glaubte, sich nach der Zielgröße orientieren zu müssen: Bei der Eichung (engl. calibration) ist die Meßgröße und bei der Analyse die Konzentration die Zielgröße. Die Umkehrfunktion wird auch Analysenfunktion (Auswertekurve) genannt. H. Kaiser weist aber darauf hin, daß die Umkehrbarkeit nicht immer gegeben ist. Dies gilt dann, wenn keine analytische Beziehung mehr besteht, z. B. bei Spektrallinien mit Selbstumkehr.

Über die Verwendung der Begriffe „Eichen" und „Kalibrieren" besteht keine einheitliche Meinung. Unter Eichen im obengenannten Sinne wird die Ermittlung des Zusammenhanges zwischen Meßgröße und Prüfgröße (Anteil, Konzentration) verstanden. Zur Vermeidung einer Verwechslung mit dem Vorgang des „amtlichen" Eichens wird häufig empfohlen, für diesen Verfahrensschritt den Begriff „Kalibrieren" zu verwenden und demzufolge die Überprüfung eines Analysengerätes auf mögliche Abweichungen von Sollvorgaben, das oft Kalibrieren genannt wird, mit „Rekalibrieren" zu bezeichnen.

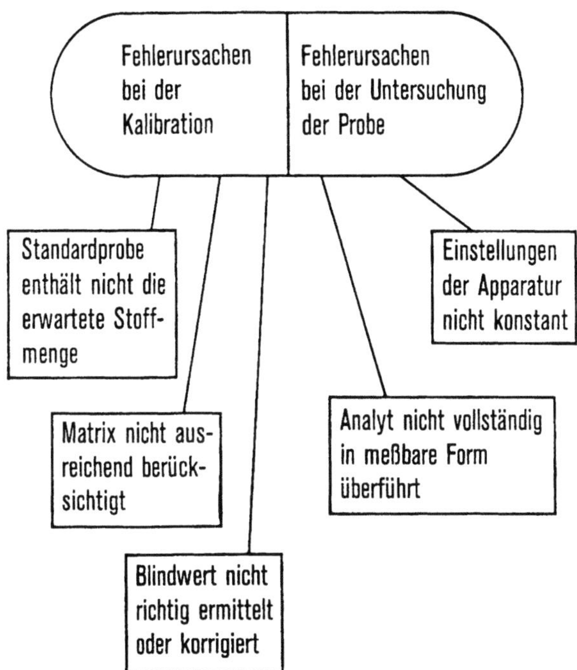

Abb. 9.4. Fehlerursachen bei chemischen Analysen

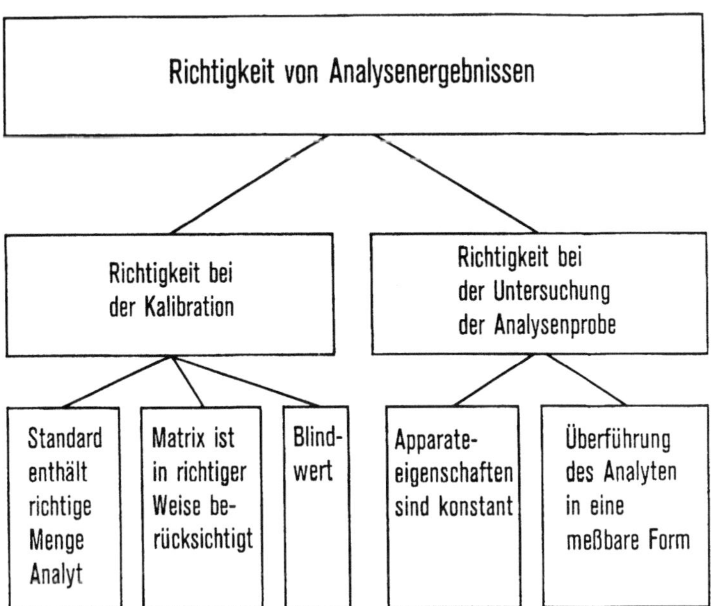

Abb. 9.5. Richtigkeit von Analysenergebnissen

Die Eichung oder Kalibration erfolgt – wie erwähnt – mit Reinstsubstanzen oder mit Hilfe von Referenzproben, deren Kenngrößen mit der für die Prüfung erforderlichen Präzision und Richtigkeit bekannt sind (s. 9.3.6). Daraus folgt, daß den Referenzmaterialien eine fundamentale Bedeutung in der (industriellen) Analytik zukommt [18]. Sie haben zweifache Bedeutung: Zum einen dienen sie unter bestimmten Voraussetzungen zur Erstellung von Kalibrierfunktionen, zum andern als wesentliche Mittel zur Sicherstellung von Analysenergebnissen im Sinne der Qualitätssicherung.

Die Frage nach der „*Genauigkeit*" der chemischen Analyse ist so alt wie die Analyse selbst. Sie wird aber in letzter Zeit im Zusammenhang mit Fragen der Normung und der Qualitätssicherung vermehrt und in dringlicher Weise gestellt. Die Begriffe „Genauigkeit" und „Streuung" sind zunächst nur sehr allgemeiner Art und haben qualitative Bedeutung [19]. Überall dort, wo aber Untersuchungen durchgeführt werden, deren Auswertung zu einer zahlenmäßigen Darstellung der Genauigkeit führen soll [20, 21], müssen zusätzlich quantifizierende Begriffe, wie Präzision, Wiederholbarkeit und Vergleichbarkeit sowie Richtigkeit, verwendet werden.

Einleitend bedarf es einer Definition der Genauigkeitsbegriffe, wobei an dieser Stelle betont werden muß, daß weder im deutschen noch im internationalen Sprachraum Einheitlichkeit in dieser Frage herrscht. Es gibt eine nahezu unüberschaubare Zahl von Normen (Standards) und eine noch größere Zahl von Veröffentlichungen zu dieser Thematik, ohne daß dadurch eine allgemein anerkannte Sprachregelung bewirkt worden wäre [22]. Daher muß zu Beginn eines jeden Beitrages, der sich mit Fragen der „Genauigkeit" analytischer Methoden beschäftigt, eine Definition der benutzten Begriffe erfolgen, um das gewünschte Verständnis zu finden.

Das einfachste Vorgehen ist in jedem Fall, sich auf Normen zu berufen, da sie – ungeachtet der genannten Beobachtung – eine gewisse Allgemeingültigkeit beanspruchen können. Nach DIN 55350 (Teil 13) [22] ist unter „*Genauigkeit*" die „allgemeine qualitative Bezeichnung für die Annäherung von Beurteilungsergebnissen an die exakten oder an die wahren Werte" zu verstehen, wobei der „wahre Wert" als „tatsächlicher Merkmalswert im Augenblick der Beobachtung unter den gegebenen Bedingungen" definiert ist (DIN 55350, Teil 12 [23]). Die „Genauigkeit" ist damit ein rein qualitativer, übergeordneter Begriff, während als „*Präzision*" das „Ausmaß der Übereinstimmung zwischen Ergebnissen, wie sie bei wiederholter Anwendung eines festgelegten Ermittlungsverfahrens gewonnen werden", bezeichnet wird. Als Maß für die Präzision werden im allgemeinen die Standardabweichung der unter „Wiederholbedingungen" oder/ und die Standardabweichung der unter „Vergleichsbedingungen" gewonnenen Meßwerte verwendet. Die „*Wiederholbarkeit*" beschreibt das Ausmaß der Übereinstimmung zwischen Ergebnissen, wie sie bei wiederholter Anwendung eines festgelegten Analysenverfahrens am identischen Untersuchungsobjekt (Analysenprobe) in kurzen Zeitabständen unter denselben Bedingungen (derselbe Analytiker, dieselben Geräte, dasselbe Laboratorium) erhalten werden, die „*Vergleichbarkeit*" entsprechend die Übereinstimmung, die zu verschiedenen Zeiten unter verschiedenen Bedingungen (verschiedene Analytiker, verschiedene

Geräte, verschiedene Laboratorien) resultiert. Die Berechnung erfolgt nach den bekannten mathematisch-statistischen Regeln, die z. B. der DIN 51 848, Teil 3 [24], entnommen werden können.

Die „*Richtigkeit*" ist nach DIN 55 350, Teil 13, zunächst die „qualitative Bezeichnung für das Ausmaß der Übereinstimmung zwischen dem Erwartungswert, d. h. dem mittleren Ergebnis, welches aus der unablässig wiederholten Anwendung des unter vorgegebenen Bedingungen praktizierten Ermittlungsverfahrens gewonnen werden konnte, und dem wahren Wert". Je kleiner der systematische Teil der dem Analysenergebnis anhaftenden Beurteilungsabweichung ist, um so „richtiger" arbeitet das Verfahren. Als Maß für die Richtigkeit wird im allgemeinen die Differenz zwischen dem Mittelwert der nach einem Analysenverfahren erhaltenen Ergebnis und dem Ergebnis des zur Überprüfung herangezogenen „genaueren" Prüfverfahrens („richtiger Wert") verwendet. Unter dem oben erwähnten Begriff „Erwartungswert", der früher auch als Mittelwert der Grundgesamtheit bezeichnet wurde, versteht man nach DIN 55 350, Teil 21 [25], eine diskrete Zufallsgröße, die sich durch Summierung aller mit einer bestimmten Wahrscheinlichkeit verknüpften Meßwerte ergibt. Eine Zusammenfassung dieser Darlegungen findet sich in Tabelle 9.1.

Aus dem Vorstehenden folgt, daß die Ergebnisse nicht nur präzise sein, d. h. eine geringe Streuung aufweisen sollen, sondern vor allem auch richtig, d. h. ohne systematische Fehler, sein müssen. Ein Verfahren, das mit einem (bekannten) systematischen Fehler behaftet ist, liefert gegebenenfalls äußerst präzise Ergebnisse, die aber objektiv falsch („unrichtig") sind und verworfen werden müssen [26]. Erst bei hoher Präzision und zugleich hoher Richtigkeit kann einem Verfahren hohe Genauigkeit bescheinigt werden. Diese Charakteristik von Meßverfahren ist in Abbildung 9.6 dargestellt. Ein Katalog von Maßnahmen dient dazu, die Präzision und die Richtigkeit von Analysenergebnissen sicherzustellen. Aus der Anwendung von QS-Maßnahmen sind hier in erster Linie die problemgerechte Auswahl und Kontrolle der Analysenverfahren, die Verwendung von anerkannten Referenzmaterialien und die Durchführung von Ringuntersuchungen zu nennen.

Auf der Ermittlung der *Standardabweichung* beruhen nahezu alle statistischen Beurteilungen von Meßergebnissen. Sie ist eine Kenngröße zur Charakterisierung der Streuung, also der Präzision von gemessenen Werten (Abb. 9.7). Vollständig und damit sinnvoll wird die Angabe einer Standardabweichung oder davon abgeleiteter Größen aber nur dann, wenn auch die Versuchsbedingungen angegeben werden. Dabei ist unmittelbar verständlich, daß die Standardabweichung bei mehrmaliger Untersuchung einer Probe in einem Labor – hier mit s_r bezeichnet – kleiner ist als die Standardabweichung s_R, die die Streuung aus Ergebnissen verschiedener Laboratorien wiedergibt.

Ist die Standardabweichung eines Analysenverfahrens durch zahlreiche Versuche einmal bestimmt worden, dann lassen sich aus diesem Wert verschiedene Kenngrößen berechnen, die für die analytische Praxis aussagekräftig sind. Beispielsweise sind innerhalb eines Bereiches von $\pm 2\,s$ und bei Normalverteilung 95 % aller Meßwerte zu erwarten, wenn die Messung beliebig oft wiederholt wird. Neuerdings werden oft nach der amerikanischen Norm ASTM E 173-68 die

Tabelle 9.1. Begriffe zur Bewertung und Auswertung von Analysenergebnissen

Begriff	Kurze Definition	Hinweise Norm
Genauigkeit	Qualitative Bezeichnung für die Annäherung von Meßergebnissen an die exakten oder wahren Werte *Genauigkeit* *Richtigkeit* *Präzision*	DIN 55350, Teil 13 ISO 3534
Richtigkeit (accuracy)	Bei quantitativen Angaben die Differenz zwischen dem aus Ringversuchen erhaltenen Mittelwert m und dem wahren Wert W $p = W - m$	DIN 55350, Teil 13 ISO 3534
Präzision (precision)	Auf Basis der Standardabweichung Maß für die unter Wiederholbedingungen und Vergleichbedingungen erhaltenen Meßwerte: Die Präzision wird mit Hilfe der Wiederholbarkeit r und der Vergleichbarkeit R quantifiziert.	DIN 55350, Teil 13 ISO 3534 DIN 51848, Teil 1, Teil 2, Teil 3 ISO 4249 (ISO 5725)
Wiederhol-barkeit r	Quantitatives Maß für die zufällige Streuung, maximaler Wert der absolut genommenen Differenz zwischen 2 einzelnen Ergebnissen unter Wiederhol-bedingungen (1 Beobachter, 1 Gerät) bei normal verteilten Meßwerten (Gauß' Normalverteilung) mit einer Überschreitungswahrscheinlichkeit von z.B. 5 %, Varianzanalyse → Wiederholvarianz Streuung = $\sqrt{\text{Wiederholvarianz}}$ = Standardabweichung Wiederholstandardabweichung = σ_r = Streuung *innerhalb* der einzelnen Laboratorien: $r = 1{,}96 \cdot \sqrt{2}\ \sigma_r = 2{,}77\ \sigma_r$ (2σ-Wert/σ = wahre Standardabweichung)	
Vergleich-barkeit R	Quantitatives Maß für die zufällige Streuung, maximaler Wert der absolut genommenen Differenz zwischen zwei Ergebnissen unter Vergleichbedingungen (verschiedene Beobachter, verschiedene Geräte) bei normal verteilten Meßwerten mit einer Eintrittswahrscheinlichkeit von z.B. 95%. Varianzanalyse → Vergleichvarianz Vergleichstandardabweichung = σ_R = Streuung *zwischen* den Laboratorien: $R = 1{,}96 \cdot \sqrt{2} \cdot \sigma_R = 2{,}77 \cdot \sigma_R$ (R schließt r ein)	

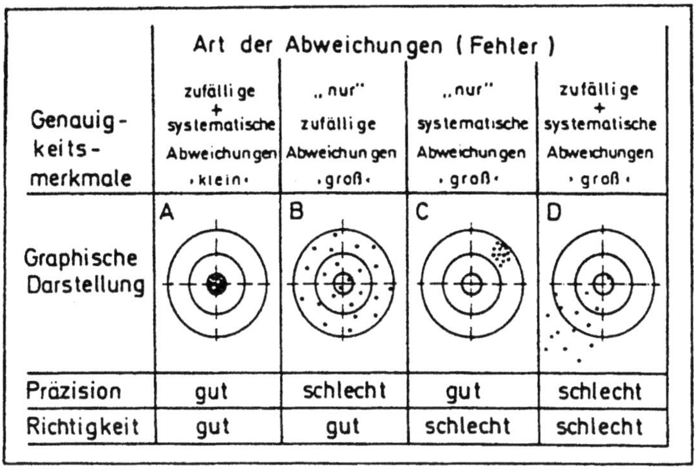

Genauig-keits-merkmale	Art der Abweichungen (Fehler)			
	zufällige + systematische Abweichungen ·klein·	„nur" zufällige Abweichungen ·groß·	„nur" systematische Abweichungen ·groß·	zufällige + systematische Abweichungen ·groß·
Graphische Darstellung	A	B	C	D
Präzision	gut	schlecht	gut	schlecht
Richtigkeit	gut	gut	schlecht	schlecht

Abb. 9.6. Präzision und Richtigkeit eines Analysenverfahrens

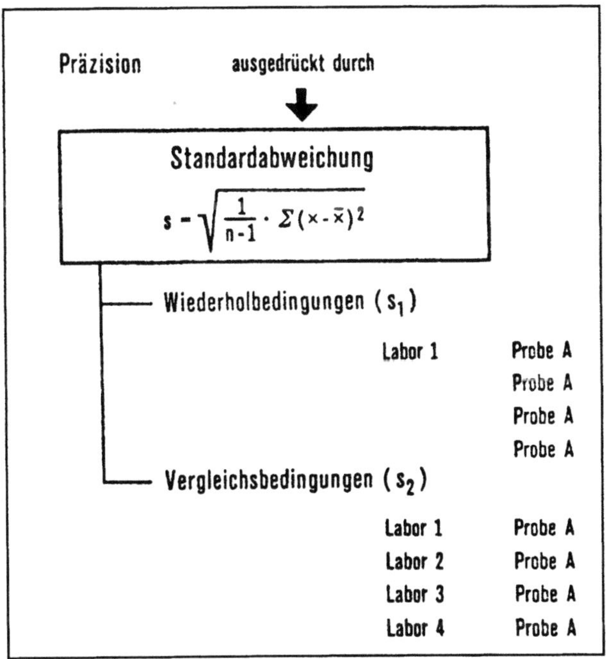

Abb. 9.7. Berechnung der Standardabweichung unter Wiederhol- und Vergleichsbedingungen

Tabelle 9.2. Begriffe zur Beurteilung der Leistungsfähigkeit eines Analysenverfahrens; (Beispiel: AAS)

Begriff	Kurze Definition	Norm
Empfindlichkeit	ist festgelegt durch die Steigung der Bezugsfunktion u. a. $A = f(\beta)$ z. B. $\dfrac{\sigma A}{\sigma \beta}$ oder $\dfrac{\sigma A}{\sigma W}$ A = spektrales dekadisches Absorptionsmaß = Extinktion β = Massenkonzentration w = Massenanteil	DIN 1319, Teil 2, DIN 51401, Teil 1
Charakteristische Konzentration (oder Masse)	Gehalt (oder Masse) des zu bestimmenden Elementes, die mit einer Extinktion $A = 0{,}0044$ bzw. einer Absorption von 1 % gemessen wird. Es ist sinnvoll, diese Größe mit dem Index „Null" zu versehen, z. B. β_0 oder w_0	DIN 51401, Teil 1
Nachweisgrenze	gibt an, welcher Gehalt oder welche Masse mit einem festgelegten Bestimmungsverfahren (noch) mit einer vorgegebenen statistischen Sicherheit nachgewiesen werden kann, z. B.: $\beta_L = \dfrac{\delta \beta}{\delta A} \cdot k \cdot s$ oder $w_L = \dfrac{\delta w}{\delta A} \cdot k \cdot s$ β = Massenkonzentration w = Massenanteil $\dfrac{\delta \beta}{\delta A}$ und $\dfrac{\delta W}{\delta A}$ = reziproke Empfindlichkeiten, s = absolute Standardabweichung der Meßgröße A (wird aus Messungen mit Nullwertlösungen ermittelt) k = Faktor $\rightarrow$ meist 2 oder 3, wird entsprechend der geforderten statist. Sicherheit gewählt	
Bestimmungsgrenze	kleinster Gehalt (oder kleinste Masse), der noch mit einer für den speziellen Anwendungsfall vorgegebenen Präzision (siehe Tabelle 9.1) bestimmt werden kann. Bestimmungsgrenze $\approx 3 \times$ Nachweisgrenze	DIN 51401, Teil 1
Nutzbarer Konzentrationsbereich (oder Massenbereich)	Bereich, in dem mit einer vorgegebenen Präzision (siehe der Gehalt (oder die Masse) bestimmt werden kann. Der untere Grenzwert des nutzbaren Konzentrationsbereichs (oder Massenbereiches) ist die Bestimmungsgrenze	DIN 51401, Tabelle 10.1) Teil 1

zulässigen Abweichungen R_1 und R_2 ermittelt. Die R_1- bzw. R_2-Werte entsprechen etwa der dreifachen Standardabweichung s_r bzw. s_R. Diese Kennzahlen haben folgende Bedeutung:

R_1 ist nach der genannten Norm die zulässige Abweichung von zwei Werten, die innerhalb eines Laboratoriums an der gleichen Probe ermittelt wurden, und

R_2 ist die zulässige Abweichung der Werte, die von zwei verschiedenen Laboratorien ermittelt wurden.

Auf die Anwendung von Ausreißertests kann an dieser Stelle nicht eingegangen werden. Hier muß auf die (recht umfangreiche) Literatur [16] [27] und bestehende Normen (z. B. DIN 53804, Tl. 1 und Beiblatt 1) verwiesen werden.

Abschließend bleibt zu erwähnen, daß das auf ein bestimmtes Problem anzuwendende Verfahren eine ausreichende Empfindlichkeit und eine entsprechende Bestimmungsgrenze besitzen muß, damit die Voraussetzung für die eindeutige Bestimmbarkeit gegeben ist (Tabelle 9.2).

9.3.5
Kontrollanalysen (Sicherung analytischer Ergebnisse)

Besondere Beachtung bei den analytischen QS-Maßnahmen muß der Sicherstellung der Prüfergebnisse geschenkt werden (Validierung) [28, 29]. Zu diesen Maßnahmen gehören neben der Minimierung der Analysenfehler durch technische Entwicklungen und Personalschulung, der Erstellung von Referenzmaterial und der Teilnahme an Ringuntersuchungen die regelmäßige Durchführung von Kontrollanalysen. Bei allen analytischen Untersuchungen werden als erste „Sicherungsmaßnahme" stets Doppelbestimmungen durchgeführt, deren Ergebnisse statistisch bewertet werden. Weichen die Einzelwerte stärker als nach den Charakteristika des jeweiligen Verfahrens zu erwarten voneinander ab, werden „Kontrollanalysen" durchgeführt. Treten bei diesen Kontrollanalysen unzulässige und nicht unmittelbar aufklärbare Streuungen auf, wird u. U. das Prüfmittel für weitere Untersuchungen gesperrt.

Als weitere Maßnahme werden mit Hilfe der festgelegten Prüfverfahren und/oder anerkannter Referenzverfahren an nach einem Zufallsgenerator ausgewählten Proben „Kontrollanalysen" zur Absicherung der Analysendaten durchgeführt [30]. Das bedeutet zwar einen erhöhten Arbeitsaufwand, der aber in Anbetracht seines Verhältnisses zu möglichen Schäden als notwendig erachtet werden sollte. Die Ergebnisse dieser Kontrollanalysen werden in Form von Qualitätsregelkarten dokumentiert (Abb. 9.3).

In diesem Zusammenhang interessiert sicher ein Hinweis auf die für die Qualitätssicherung notwendigen Aufwendungen. Der Gesamtaufwand, der zur Sicherstellung der Analysenergebnisse einschließlich ihrer Kontrolle innerhalb der Laboratorien betrieben wird, umfaßt in den verschiedenen Laboratorien zwar einen unterschiedlichen Anteil; es kann davon ausgegangen werden, daß er bis zu 30 % der gesamten Labortätigkeit bzw. des Kostenaufwandes der Laboratorien beträgt. Aus dieser Tatsache folgt zwangsläufig, daß in ihrer Güte vergleichbare Analysen nur bei Verwendung vergleichbarer Systeme und dem Vorliegen entsprechender Erfahrungen erhalten werden können.

Im Zusammenhang mit der qualitätsgesicherten Anwendung von Analysenverfahren sollte auch auf den Wert von Normen, die bei der Sicherung von Analysenergebnissen durch einen Methodenvergleich oder die Anwendung von standardisierten Referenzverfahren Bedeutung erlangen können, hingewiesen werden. Bei Forderungen, die beispielsweise aus der Produzentenhaftung resultieren, ist es stets von Vorteil, Normen anzuwenden oder zu beachten, da diese die anerkannten Regeln der Technik enthalten [31]. Die Nichtbeachtung der einschlägigen Normen kann in einem Schadensfall als „Beweis des ersten Anscheins" gewertet werden, daß der Schaden schuldhaft verursacht wurde. Daraus muß eindeutig die Konsequenz gezogen werden, daß der Fortgang der Normungsvorhaben im gesamten Bereich der industriellen Prüftechnik, damit also auch der chemischen Analytik, nicht nur interessiert weiterverfolgt werden sollte, sondern von den analytischen Fachgremien aktiv mitgestaltet werden muß, denn er führt letztlich zur Festlegung der Regeln, die für eindeutige und reibungslose Betriebsabläufe Voraussetzung sind [32].

9.3.6
Referenzmaterialien

Bei der Sicherstellung von Analysenergebnissen kommt den Referenzmaterialien (RM) bzw. den zertifizierten Referenzmaterialien (ZRM) grundsätzliche Bedeutung zu (DIN 32 811) [33]. Zertifizierte Referenzmaterialien (ZRM), d.h. solche mit bestätigten Masseanteilen, werden von international anerkannten Verbänden oder Institutionen erstellt und herausgegeben [34].

Nach DIN 32 811 versteht man unter einem Referenzmaterial ein „Material oder eine Substanz, von der eine oder mehrere Eigenschaften so genau festgelegt sind, daß sie zur Kalibrierung von Meßgeräten und Kontrolle der Ergebnisse von Meß-, Prüf- und Analysenverfahren sowie zur Kennzeichnung von Stoffeigenschaften verwendet werden können". Nach Art der chemischen Festlegungen unterscheidet man primäre Referenzmaterialien (Reinststoffe bzw. Urtitersubstanzen), deren Kenngrößen vorwiegend durch die Stöchiometrie gegeben sind, und sekundäre Referenzmaterialien, deren Kenngrößen durch Untersuchung nach anerkannten Verfahren festgelegt sind. Generell ermöglicht ein Referenzmaterial „die Übertragung des Wertes einer festgelegten Eigenschaft zwischen verschiedenen Orten oder Zeitpunkten. Es kann aus einem Gas, einer Flüssigkeit, einem festen Stoff, aber auch aus einem einfachen gefertigten Gegenstand bestehen". Abbildung 9.8 zeigt das Zertifikat eines ZRM, das nicht nur Auskunft über die chemische Zusammensetzung des Materials gibt, sondern auch statistische Angaben über die zulässigen Streuungen der Analysendaten und die an der Zertifizierung beteiligten Laboratorien enthält.

In den analytischen Laboratorien werden entsprechend der zitierten Norm Referenzmaterialien sowohl für die Kalibration (Eichung) („Kalibrations-

Laboratoriumsmittelwerte aus 4 Bestimmungen in m/m %

Lab. Nr.	C	Si	Mn	P	S	Cr	Mo	Ni	B	Co	Cu	N
1	0,0148	0,5362	-	0,0248	0,0009	18,48	0,2330	10,24	0,8291	0,1407	0,1930	0,0183
2	0,0156	0,5410	1,451	0,0249	0,0010	18,48	0,2370	10,24	0,8375	0,1418	0,1956	0,0184
3	0,0157	0,5470	1,464	0,0252	0,0011	18,50	0,2391	10,25	0,8399	0,1430	0,1972	0,0185
4	0,0157	0,5495	1,465	0,0258	0,0011	18,52	0,2399	10,26	0,8470	0,1430	0,1995	0,0185
5	0,0158	0,5523	1,467	0,0262	0,0012	18,52	0,2425	10,31	0,8575	0,1431	0,2005	0,0187
6	0,0158	0,5543	1,467	0,0264	0,0012	18,56	0,2445	10,32	0,8729	0,1457	0,2018	0,0192
7	0,0162	0,5550	1,472	0,0265	0,0014	18,57	0,2452	10,32	0,8778	0,1465	0,2018	0,0194
8	0,0162	0,5675	1,474	0,0267	0,0015	18,61	0,2455	10,32	0,8870	0,1470	0,2020	0,0196
9	0,0163	0,5680	1,475	0,0268	0,0015	18,62	0,2456	10,34	0,9050	0,1482	0,2033	0,0196
10	0,0166	0,5749	1,475	0,0268	0,0015	18,62	0,2456	10,36	0,9102	0,1488	0,2038	0,0196
11	0,0167	0,5778	1,477	0,0270	0,0016	18,63	0,2458	10,36	0,9273	0,1488	0,2042	0,0197
12	0,0168	0,5791	1,479	0,0270	0,0017	18,63	0,2480	10,38	0,9283	0,1490	0,2050	0,0197
13	0,0171	0,5805	1,480	0,0274	0,0018	18,63	0,2508	10,39	0,9302	0,1490	0,2050	0,0203
14	0,0173	0,5835	1,480	0,0276	0,0018	18,64	0,2527	10,40	0,9344	0,1504	0,2058	0,0206
15	0,0178	0,5844	1,482	0,0281	0,0021	18,65	0,2535	10,40	0,9375	0,1513	0,2062	0,0207
16	0,0179	0,5870	1,483	0,0282	-	18,66	0,2542	10,40	0,9400	0,1548	0,2070	-
17	-	0,5880	1,486	0,0293	-	18,67	0,2548	10,42	-	0,1558	0,2095	-
18	-	0,5888	1,504	-	-	18,74	0,2560	10,44	-	-	0,2099	-
19	-	0,5940	1,526	-	-	18,77	0,2650	10,44	-	-	-	-
M_M	0,0164	0,5689	1,478	0,0267	0,0014	18,61	0,2473	10,35	0,8914	0,1475	0,2028	0,0194
s_M	0,0008	0,0181	0,016	0,0012	0,0004	0,08	0,0076	0,07	0,0401	0,0043	0,0045	0,0008

M_M = Arithmetisches Mittel der Laboratoriumsmittelwerte

s_M = Gemittelte Standardabweichung aus den Laboratoriumsmittelwerten

Zertifizierte Werte aufgrund der statistischen Bewertung der Einzelwerte (in m/m %):

Lab. Nr.	C	Si	Mn	P	S	Cr	Mo	Ni	B	Co	Cu	N
M_M	0,016	0,569	1,48	0,027	0,0014	18,61	0,247	10,35	0,89	0,148	0,203	0,019
s_M	0,001	0,018	0,02	0,001	0,0004	0,08	0,008	0,07	0,04	0,005	0,005	0,001

Abb. 9.8. Zertifikat eines Referenzmaterials (mit den Ergebnissen des zugrundeliegenden Ringversuches) (*Mit Genehmigung der Springer-Verlag GmbH & Co. KG, Heidelberg*)

standards") als auch für Kontrollzwecke („Analysenkontrollproben") verwendet. Dennoch garantieren die zertifizierten Daten allein noch nicht die erfolgreiche, d.h. richtige Anwendung der Referenzmaterialien. Je nach dem zu untersuchenden Material oder dem anzuwendenden Untersuchungsverfahren bedarf es hier der sachverständigen Beurteilung und der problemgerechten Auswahl. Daraus folgt, daß die aufgabengerechte Anwendung eines (instrumentellen) Analysenverfahrens einschließlich der Kalibrationsstandards nach wie vor der berufsspezifisch ausgebildeten Fachkraft bedarf.

9.3.7
Ringuntersuchungen

Zur Kennzeichnung der Güte von Analysenverfahren, z.B. im Rahmen der Normung, und bei der Schaffung von zertifizierten Referenzmaterialien werden „Ringuntersuchungen" (Ringversuche) durchgeführt, deren Planung und Durchführung bestimmten Regeln unterliegt [35] und deren Ergebnisse nach statistischer Auswertung als Bewertungsgrundlage dienen [36]. Im Zuge der Qualitätssicherung in den analytischen Laboratorien sind ebenfalls derartige Gemeinschaftsuntersuchungen als notwendige analytische Sicherungsmaßnahmen zu betrachten [37].

Ziel dieser Gemeinschaftsarbeiten ist es, den Beteiligten einen Einblick in die eigene Leistungsfähigkeit und die Vergleichbarkeit der Analysenergebnisse zu vermitteln. Jeder Teilnehmer kann für sich aus den Ergebnissen dieser Ringuntersuchungen die Eignung seines Analysenverfahrens, den Ausbildungsstand seines Personals und die Zuverlässigkeit seiner apparativen Ausrüstung ableiten und damit u. a. den Nachweis seiner Kompetenz führen.

9.3.8
Qualitätsaudits

Interne Qualitätsaudits werden mit dem Ziel durchgeführt, den Istzustand des Qualitätsmanagementsystems und des Ablaufes von Qualitätssicherungsmaßnahmen zu ermitteln und eine ständige Weiterentwicklung und Verbesserung zu erreichen. Daher wird das QM-System mindestens alle 2 Jahre auditiert. Arbeitsgrundlagen für die Audits sind das Qualitätsmanagementhandbuch (QMH) zusammen mit Betriebshandbüchern, Betriebsunterlagen und Dokumentationen zum QMH.

Interne Qualitätsaudits werden von dem QM-Beauftragten des für die QS zuständigen Unternehmensbereiches geplant, vorbereitet und von Auditoren, die nicht dem zu überprüfenden Bereich zugeordnet sind, durchgeführt. Bei der Planung und der Aufstellung des Programms für das Audit werden Fachkräfte des Analytischen Laboratoriums hinzugezogen. Die Auditoren verfassen den Ergebnisbericht über das Audit mit gegebenenfalls vereinbarten Korrekturmaßnahmen. Die termingerechte Durchführung von Korrektur- und Verbessrungsmaßnahmen wird überwacht und gegebenenfalls in Wiederholungsaudits überprüft.

9.4
Prozeßfähigkeit und Maschinenfähigkeit

Bei der statistischen Bewertung von Produktions- und Meßverfahren spielen neuerdings die Begriffe „Prozeßfähigkeit" und „Maschinenfähigkeit" eine zentrale Rolle. Die *Prozeßfähigkeit* sagt aus, daß der untersuchte Fertigungsprozeß (Analysenablauf) die an ihn gestellten Qualitätsforderungen dauerhaft zur erfüllen vermag, während die *Maschinenfähigkeit* Auskunft darüber gibt, daß

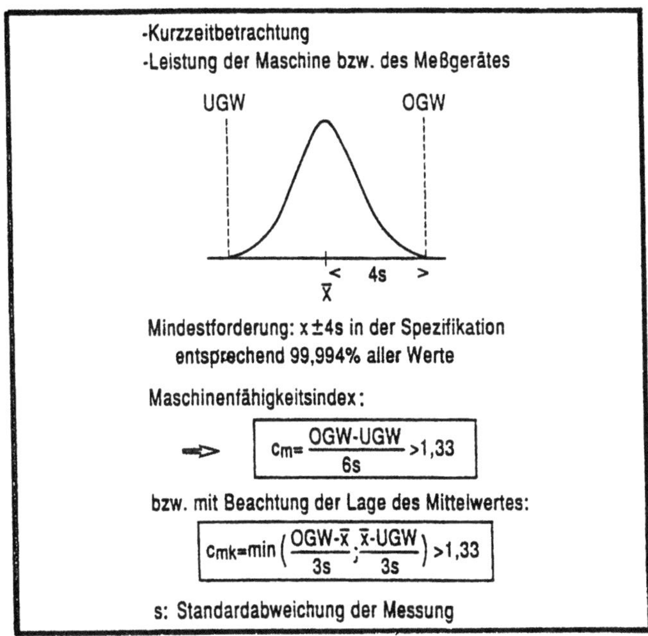

$$C_m = \frac{OGW-UGW}{6s} > 1{,}33$$

$$C_{mk} = \min\left(\frac{OGW-\bar{x}}{3s} ; \frac{\bar{x}-UGW}{3s}\right) > 1{,}33$$

Abb. 9.9. Berechnung der Maschinenfähigkeit

eine Maschine oder ein Verfahren mit erkennbarer Gleichmäßigkeit innerhalb vorgegebener Toleranzen arbeitet.

Die Prozeßfähigkeit ist eine Indexzahl, die darüber Auskunft gibt, ob ein Prozeß in einem geforderten Rahmen ablaufen kann. Die Streuung und die Richtigkeit der Analysenergebnisse haben einen bedeutenden Anteil an der Lage dieser Indexzahl, die nicht kleiner als 1 sein sollte. Verbesserungen der Prozeßfähigkeit sind ebenso wie Verbesserungen der Maschinenfähigkeit ($> 1{,}3$) durch geringere Standardabweichungen und Beseitigung von systematischen Abweichungen zu erreichen. Die Verfolgung der Fähigkeitsindizes über die Zeit ist ein geeignetes Mittel zum Nachweis und zur Absicherung der Qualität der Analytik und damit auch ein Beitrag zur Sicherung der Qualität der mit der Analysenerstellung verbundenen Prozesse [38].

Während die Maschinenfähigkeit eine kurzzeitige Betrachtung ist, setzt der Nachweis der Prozeßfähigkeit eine langfristige Untersuchung voraus. In beiden Fällen geht die Streuung des (analytischen) Verfahrens, ausgedrückt durch die Standardabweichung, als wesentliche Kennzahl in die Berechnungen der Indizes ein (s. Abb. 9.9 und 9.10) [39, 40]. Die Betrachtungsweise löst sich hierbei von dem rein analytischen Verfahren, da durch Festlegung eines oberen und unteren Grenzwertes eine Toleranz als Ergebnis eines technischen Prozesses vorgegeben wird, zu der die Streuung in einem angemessenen Verhältnis stehen muß. Damit gibt der Prozeßfähigkeitsindex Auskunft darüber, ob es möglich ist, den betrachteten Prozeß in der geforderten Weise zu führen.

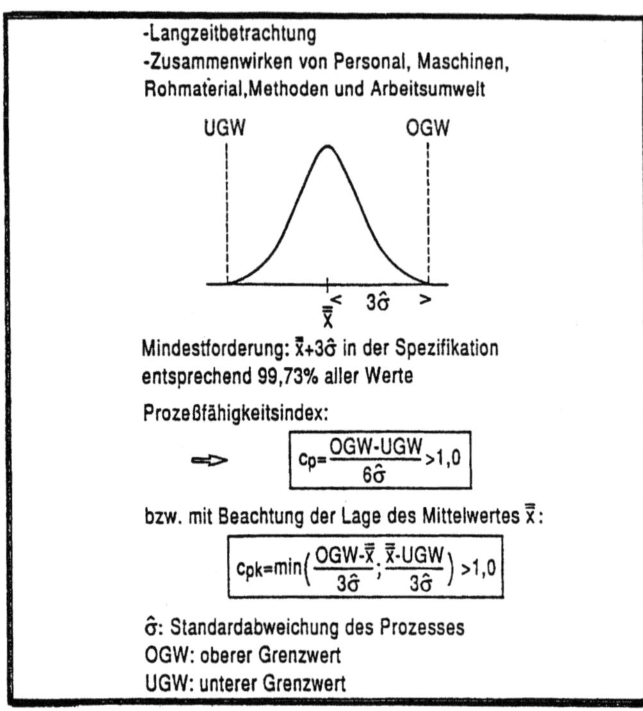

Abb. 9.10. Berechnung der Prozeßfähigkeit

Auch der Mittelwert der gemessenen Prüfgröße bekommt in diesem Zusammenhang eine besondere Bedeutung. Nur wenn dieser Mittelwert über einen bestimmten Zeitraum mit dem Sollwert übereinstimmt, ist der Prozeß führbar.

Die Leistungsfähigkeit einer Maschine oder eines Meßgerätes im Hinblick auf die Einhaltung vorgegebener Toleranzen wird durch die Maschinenfähigkeit beschrieben. Mit der in die Rechnung eingehende Streuung von 4 s (99,994% aller Prüfwerte) sind hier die Anforderungen höher. Viele kurzfristig nacheinander ausgeführte Messungen sollen den Nachweis der bestmöglichen Leistung der Maschine oder des Meßgerätes erbringen. Systematische Fehler müssen vor der Untersuchung der Prozeß- und der Maschinenfähigkeit beseitigt werden. Bezüglich der Bewertung und Bedeutung dieser Wertzahlen sei auf die weiterführende Literatur verwiesen [38 – 40].

9.5
Akkreditierung analytischer Laboratorien

Immer mehr Abnehmer industrieller Produkte im In- wie im Ausland erwarten von ihren Zulieferern nicht nur ein wirksames Qualitätsmanagementsystem sondern auch einen entsprechenden Nachweis über die Wirksamkeit dieses Systems von einer neutralen Stelle. Aus diesem Grund wurden Gesellschaften im Interesse der Wirtschaft gegründet, die entsprechende Zertifikate erteilen. Neben der Zertifizierung von Qualitätsmanagementsystemen ist dadurch Bedarf für die Akkreditierung von Prüflaboratorien, also auch von chemisch-analytischen Laboratorien entstanden. Die Grundlage dieser Aktivitäten bildet die bereits genannte europäische Normenreihe EN 45 000, nach der unter der Akkreditierung eines Prüflaboratoriums die formelle Anerkennung der Kompetenz eines Prüflaboratoriums, bestimmte Prüfungen oder Prüfungsarten auszuführen, verstanden wird [41].

Es ist natürlich die freie Entscheidung jedes einzelnen Laboratoriums, sich akkreditieren zu lassen, denn es gibt keine zwingende Richtlinie des Staates. Allein der Markt ist der bestimmende Faktor. Viele Laboratorien haben aber auch die Werbewirksamkeit der Akkreditierung erkannt und unterziehen sich diesem Verfahren, um damit ihre analytische Qualität offenzulegen.

Die Akkreditierung von Prüflaboratorien im gesetzlich nicht geregelten Bereich besitzt aber noch einen beachtlichen wirtschaftlichen Aspekt. Wenn nämlich künftig alle Prüflaboratorien im gemeinsamen Markt von nationalen Akkreditierstellen nach den gleichen Kriterien (EN 45 002) akkreditiert werden, besteht eigentlich kein zwingender Grund mehr, sowohl beim Hersteller als auch nochmals beim Empfänger die gleiche Prüfung eines Produktes auf Einhaltung der Qualitätsforderungen durchzuführen. Das bedeutet (theoretisch), daß die Hälfte aller Prüfkosten gespart werden könnten.

Die Vorteile, die sich aus der Akkreditierung eines Analytischen Laboratoriums ergeben, können wie folgt zusammengefaßt werden:

1. Qualifizierte Erfüllung von Kundenforderungen an die Wirksamkeit des QM-Systems,
2. Gestärkte Position bei der Auditierung des QM-Systems eines Unternehmens,
3. Gleichwertigkeit bei Schiedsanalysen im Warenverkehr (hier besteht z. B. ein grundsätzlicher Unterschied zu den mechanisch-technologischen und metallkundlichen Werkstoffprüfungen),
4. Qualifikationsnachweis im Hinblick auf die Erledigung firmenexterner Aufträge,
5. Qualifizierte Teilnahme an Ringversuchen zur Schaffung zertifizierter Referenzmaterialien (ZRM).

Im letztgenannten Fall handelt es sich um die beste und billigste Möglichkeit der Eigenkontrolle und der Überprüfung der eigenen Leistungsfähigkeit. Ferner bietet es die Möglichkeit, die eigene Kompetenz in das ZRM-Procedere einzubringen und das ZRM-Geschehen zu beeinflussen.

Auf das vielschichtige Zusammenwirken verschiedener auf dem Gebiet der Zertifizierung und Akkreditierung tätigen Organisationen kann an dieser Stelle nicht eingegangen werden. Dazu muß auf die entsprechende Literatur verwiesen werden [42].

9.6
Literatur

1. Koch KH (1990) Kontrolle, Oktober: 80
2. Funk W, Dammann V, Donnevert G (1992) „Qualitätssicherung in der Analytischen Chemie". VCH Verlagsgesellschaft mbH, Weinheim
3. Theuer A (1990) LABO 12/1990:7
4. Kremer K-J (1989) Stahl u. Eisen 109:119
5. DIN 55350 (Teil 11): Begriffe der Qualitätssicherung und Statistik – Grundbegriffe der Qualitätssicherung.
6. Thierig D, Thiemann E (1983) Arch. Eisenhüttenwes. 54:301
7. Czabon V (1992) Fresenius' J. Anal. Chem. 342:760
8. Hartmann E (1992) Fresenius' J. Anal. Chem. 342:764
9. Qualitätssicherungshandbuch und Verfahrensanweisungen DGQ-Schrift Nr. 12–62, 2. Auflage, 1991, Deutsche Gesellschaft für Qualität e.V. (DGQ), Frankfurt/M.; Beuth Verlag GmbH, Berlin
10. Böshagen U (1994) „Die europäische Normenserie EN 45000 (und ISO-Guide 25) als Basis der Akkreditierung", in „Die Akkreditierung Chemischer Laboratorien", Hrsg. H. Günzler, Springer Verlag, Heidelberg
11. DIN/ISO 9000: Leitfaden zur Auswahl und Anwendung der Normen zu Qualitätsmanagement, Elementen eines Qualitätssicherungssystems und zu Qualitätsnachweisstufen DIN/ISO 9001: Qualitätssicherungs-Nachweisstufe für Entwicklung und Konstruktion, Produktion, Montage und Kundendienst DIN/ISO 9002: Qualitätssicherungs-Nachweisstufe für Produktion und Montage DIN/ISO 9003: Qualitätssicherungs-Nachweisstufe für Endprüfungen DIN/ISO 9004: Qualitätsmanagement und Elemente eines Qualitätssicherungssystems, Leitfaden
12. Danzer K (1994) „Die Bedeutung der Statistik für die Qualitätssicherung: Fehler, Fehlervermeidung, Fehlerbehandlung"; in „Die Akkreditierung Chemischer Laboratorien", Hrsg. H. Günzler, Springer Verlag, Heidelberg
13. Merz W, Weberruß U, Wittlinger R (1992) Fresenius' J. Anal. Chem. 342:779
14. Werner W (1992) Fresenius' J. Anal. Chem. 342:783
15. Wegscheider W (1994) „Richtige Probenahme, Voraussetzung für richtige Analysen", in „Die Akkreditierung Chemischer Laboratorien", Hrsg. H. Günzler, Springer Verlag, Heidelberg
16. Doerffel K, Eckschlager K (1981) „Optimale Strategien in der Analytik", Verlag H. Deutsch, Thun, Frankfurt/M.
17a. Danzer K (1995) Fresenius' J. Anal. Chem. 351:3
17b. Staats G (1979) Z. anal. Chem. 295:260
18. Griepink B (1990) Fresenius' J. Anal. Chem. 338:360
19. Gottschalk W (1980) „Auswertung quantitativer Analysenergebnisse", in: Analytiker Taschenbuch, Bd. 1, Springer Verlag, Berlin-Heidelberg-New York, S. 63
20. Handbuch für das Eisenhüttenlaboratorium, Bd. 5, Kap. 6.6 „Angewandte Statistik für Laboratorien", Stahleisen Verlag, Düsseldorf, 1985
21. Doerffel K (1966) „Statistik in der analytischen Chemie", VEB Deutscher Verlag für Grundstoffindustrie, Leipzig
22. DIN 55350, Tl. 13: „Begriffe der Qualitätssicherung und Statistik – Begriffe zur Genauigkeit von Ermittlungsergebnissen"
23. DIN 55350, Tl. 12: „Begriffe der Qualitätssicherung und Statistik – Merkmalsbezogene Begriffe"
24. DIN 51848, Tl. 3: „Präzision von Prüfverfahren – Berechnung von Werten für die Wiederholbarkeit und Vergleichbarkeit"
25. DIN 55350, Tl. 21: „Begriffe der Qualitätssicherung und Statistik – Zufallsgrößen und Wahrscheinlichkeitsverteilungen"
26. Koch KH (1986) CLB Chem. Lab. Betr. 37:282
27. Gottschalk G, Kaiser K E (1976) „Einführung in die Varianzanalyse und Ringversuche", B-I-Hochschultaschenbücher, Band 775
28. Ebel S (1992) Fresenius' J. Anal. Chem. 342:769

29 a. Wegscheider W (1994) „Validierung analytischer Ergebnisse"; in „Die Akkreditierung Chemischer Laboratorien", Hrsg. H. Günzler, Springer Verlag, Heidelberg

29 b. Kromidas S, Klinkner R, Mertens R (1995) Nachr. Chem. Tech. Lab. 43:669

30. Koch KH (1982) Arch. Eisenhüttenwes. 53:97

31. Budde E (1979) DIN-Mitt. 58:351

32. Fremgens GJ (1979) DIN-Mitt. 58:603

33. Griepink B, Quevauviller Ph (1994) „Referenzmaterialien und chemische Standards: Bedeutung für die QS; Herstellung, Qualitätsforderungen, Lieferanten"; in „Die Akkreditierung Chemischer Laboratorien", Hrsg. H. Günzler, Springer Verlag, Heidelberg

34. De Bièvre P (1994) „Traceability of Measurements: Die Rückführbarkeit von Meßwerten auf internationale Normale"; in „Die Akkreditierung Chemischer Laboratorien", Hrsg. H. Günzler, Springer Verlag, Heidelberg

35. Cofino WP (1994) „Ringversuche"; in „die Akkreditierung Chemischer Laboratorien", Hrsg. H. Günzler, Springer Verlag, Heidelberg

36. DIN/ISO 5725: Präzision von Meßverfahren – Ermittlung der Wiederhol- und Vergleichspräzision von festgelegten Meßverfahren durch Ringversuche.

37. Grasserbauer M, Pfannhauser W, Wegscheider W (1987) ÖChemZ 88:130

38. Thierig D (1991) Stahl und Eisen 111, Nr. 10:83

39. Ford AG, Köln: Statistische Prozeßregelung, Qual. Cont. EV 880b, 1985

40. Ford AG, Köln: Q101, Qualitätssystem. Richtlinie (1988)

41. Staats G, Tröbs V (1992) CLB Chem. Lab. Biotechn. 43, H. 4:194, H. 6:314

42. Günzler H (1994) „EUROLAB und EURACHEM: Ziele, Aufgaben und Struktur"; in „Die Akkreditierung Chemischer Laboratorien", Hrsg. H. Günzler, Springer Verlag, Heidelberg

10 Wirtschaftlichkeit industrieller Analytik

Die Wirtschaftlichkeit industrieller Analytik ist unter zwei Blickwinkeln zu betrachten. Zum einen spielt sie eine in ihrer Auswirkung erhebliche oder gar entscheidende und in speziellen Fällen eine quantifizierbare Rolle im industriellen Prozeßgeschehen; in jedem Fall trägt sie zur Wirtschaftlichkeit technischer Prozesse bei. Zum andern muß sie sich selbst an ökonomischen Kriterien orientieren [1] (vgl. dazu den dualen Problemkreis: Automation *mit* und *in* der Analytischen Chemie!). Die Möglichkeiten der Einflußnahme der Analytik auf die Wirtschaftlichkeit technischer Produktionsprozesse und die damit verbundenen Fragen der Qualitätssicherung der Produkte lassen sich aus der Darstellung der den verschiedenen Industriezweigen dienenden prozeßanalytischen Methoden und den Forderungen zur Qualitätssicherung unmittelbar ableiten. Die bei jedem Prozeß angestrebte Minimierung der Kosten ist vor dem Hintergrund der fortschreitenden technischen Entwicklung und der auf die Erzeugung industrieller Produkte ständig einwirkenden wirtschaftlichen Zwänge eine bleibende Forderung, deren Erfüllung allerdings immer nur für einen begrenzten Zeitraum gelingt.

Eine wesentliche Voraussetzung für wirtschaftliches Handeln in der Analytik [2] ist die Begrenzung des analytischen Auftrages auf den für den technischen Prozeß zwingend notwendigen Umfang. Das setzt den ständigen Dialog zwischen den Auftraggebern und dem Analytiker voraus, um die für ein gegebenes Problem notwendige Anzahl an Proben, die Zahl der zu bestimmenden Komponenten und die tolerierbare Streuung der Analysenergebnisse in jedem Einzelfall festzulegen. H. Zettler [3] stellt die Kosten als Funktion von Standardabweichungen dar und kommt zu der Beziehung:

$$N = \left(\frac{t \cdot 2}{\pm U}\right)^{2} \approx Kosten\,^{1}$$

Sie stellt eine Abschätzung einer für ein bestimmtes Material notwendigen Stichprobenanzahl oder -größe für die durchzuführende Probenahme dar. Anderer-

---

1 N = Erforderliche Stichproben-Anzahl bzw. -Größe
  t = Faktor aus der STUDENT-Verteilung
  s = Standardabweichung aus Material, Probenahme und Voranalyse
  U = Tolerierte Unsicherheit des Ergebnisses

seits bedeutet sie, daß ein Kostenanstieg die Folge der steigenden Standardabweichung aus Material, Probenahme und Analyse und/oder sinkenden Größe für die tolerierten oder aus anderen Forderungen vorgegebenen Unsicherheit der analytischen Ergebnisse ist.

Auf die gelegentlich veröffentlichten Formeln zum Thema „Minimieren von Laboratoriumskosten" [4,5] soll hier nicht näher eingegangen werden, da sie für den jeweils zu betrachtenden Fall wenig aufschluß- und hilfreich sind.

Fragen der Wirtschaftlichkeit analytischer Methoden sind vor allem dann angesprochen, wenn es um die Automatisierung analytischer Methoden geht. Der wirtschaftliche Nutzen schneller (automatisierter) verfahrensgerechter Untersuchungsverfahren bei der Produktionsüberwachung und Produktkontrolle kann in folgenden Punkten zusammengefaßt werden:

1. Verringerung der Anzahl von Fehlchargen;
2. Erhöhung der Qualität der Produkte;
3. Senkung der spezifischen Selbstkosten durch hohe Leistung der Aggregate infolge kurzer Analysenzeiten;
4. Senkung der Kosten für Grundmaterial und Hilfsstoffe durch Erhöhung der Präzision der Analysenverfahren;
5. Senkung der spezifischen Analysenkosten und Steigerung der Produktivität des Laboratoriums.

Die Entscheidung über den Einsatz „instrumenteller" Analysenverfahren mit einem entsprechend hohen Investitionsaufwand als Ersatz für konventionelle „manuelle" Arbeitsweisen setzt einen begründeten Kostenvergleich voraus [6]. In derartige Wirtschaftlichkeitsrechnungen gehen das zu investierende Kapital, die Lebensdauer der Anlage, die jährlichen Betriebskosten und die einzusparenden Personalkosten sowie andere Einsparungen oder Mehraufwendungen an Sachkosten ein. Als Beispiel für einen derartigen Vergleich seien Ergebnisse von Berechnungen aus dem Bereich der spektrometrischen Metallanalytik erwähnt [7]. Danach ergab sich, daß das Verhältnis der spektrometrischen Analysenkosten zur Anzahl der Analysen durch eine Hyperbel dargestellt werden kann (Abb. 10.1). Im Vergleich dazu bleibt das Verhältnis der Kosten für die chemischen Analysen zur Analysenanzahl konstant, da sich bei einer Steigerung der Anzahl, die eine Erhöhung der Zahl an Arbeitskräften und einer proportionalen Erhöhung des Verbrauches an Materialien zur Folge hätte, die Kosten je Analyse nicht verändern. Bei einer Erhöhung der Anzahl spektrometrischer Analysen werden keine weiteren Arbeitskräfte benötigt und es tritt auch kein proportionaler Mehrverbrauch an Energie und Hilfsstoffen auf.

In dem genannten Beispiel wurden die Kosten für die chemische Analyse gleich 100 % gesetzt. Ab einer bestimmten Anzahl sind die Kosten der spektrometrischen Analyse niedriger als die bei chemischer Durchführung. Andererseits wird klar ersichtlich, daß die Kosten der spektrometrischen Analyse bei niedriger Probenzahl bedingt durch den höheren Kapitaldienst und den höheren spezifischen Wartungs- und Reparaturaufwand erheblich höher sein können als die der chemischen Untersuchung. In diesem Beispiel ergibt sich Kostengleichheit bei 60 000 Analysen/Jahr. Hierbei wurde noch nicht berücksichtigt,

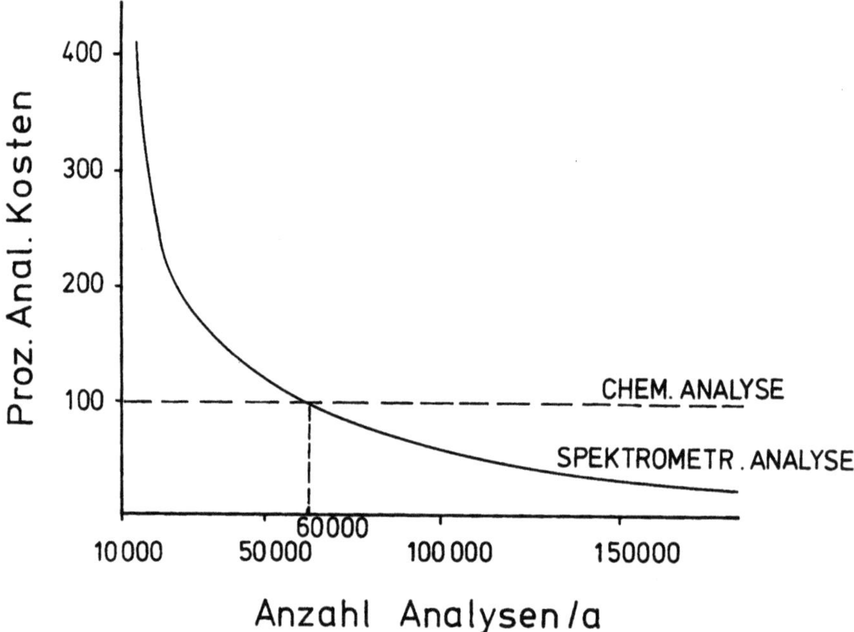

Abb. 10.1. Kostenvergleich zwischen chemischer und spektrochemischer Analyse bei Metalluntersuchungen (Beispiel)

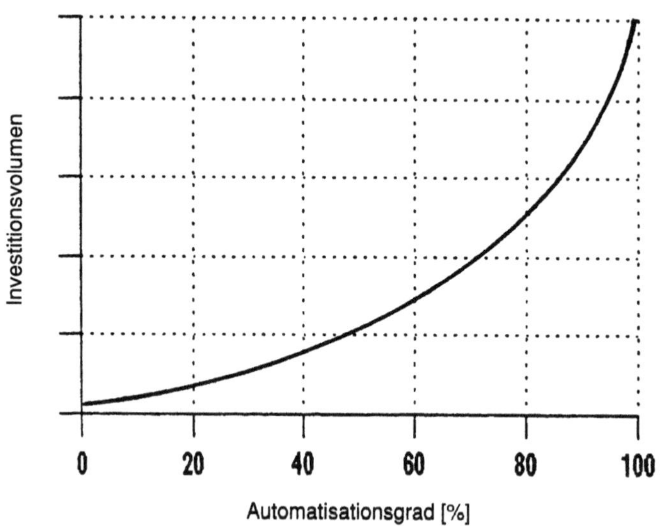

Abb. 10.2. Zusammenhang zwischen dem Investitionsaufwand und dem Automationsgrad (schematisch)

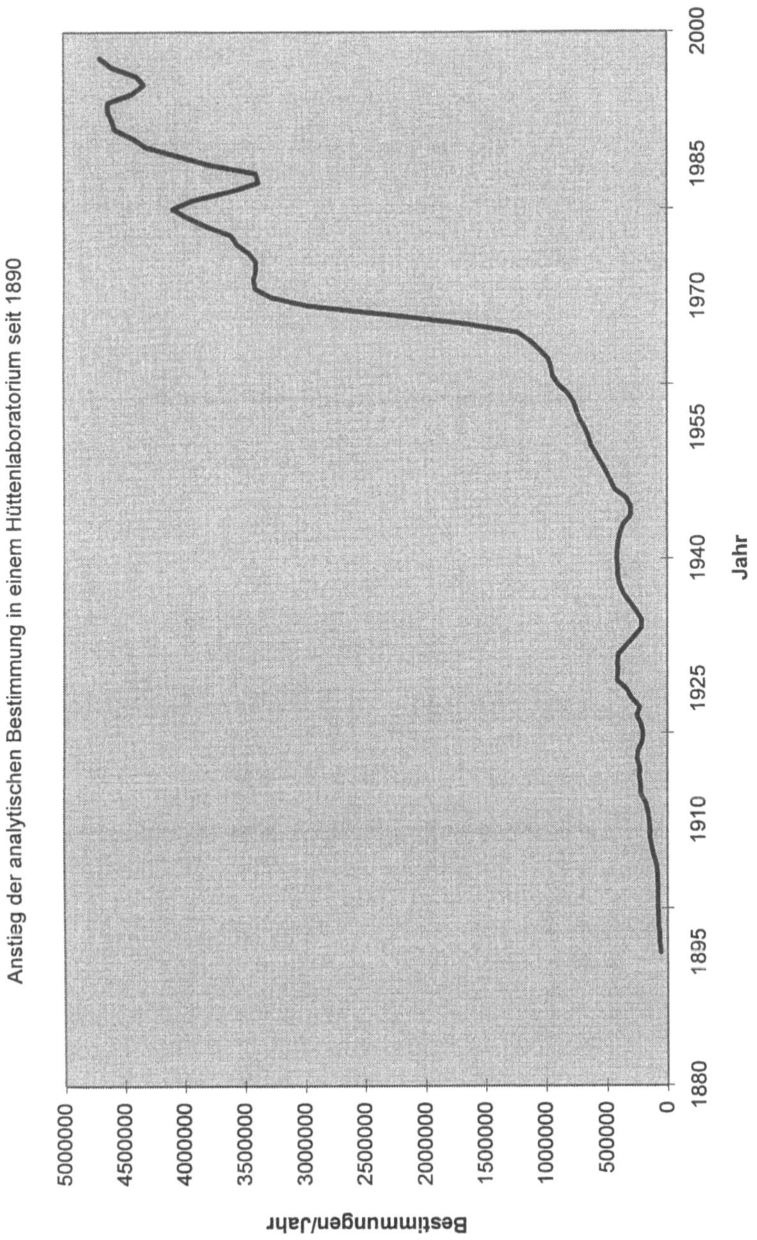

Abb. 10.3. Anstieg der analytischen Bestimmungen in einem Hüttenlaboratorium seit 1890 (Beispiel)

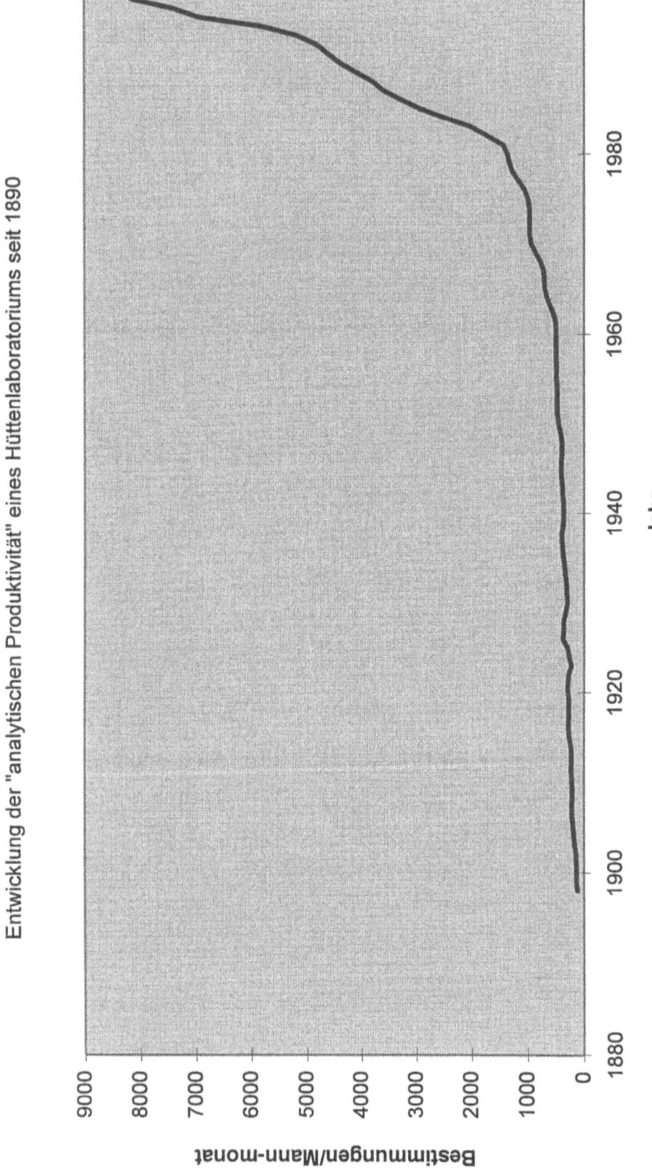

Abb. 10.4. Entwicklung der „analytischen Produktivität" eines Hüttenlaboratoriums seit 1890 (Beispiel)

daß bei weiteren zu bestimmenden Elementen die Kosten für die chemische Analyse sprunghaft anwachsen, während sich die Kosten für die spektrometrische Analyse (nahezu) nicht verändern. Die in Abhängigkeit vom Automatisierungsgrad eines analytischen Systems zu erbringenden Investitionsmittel steigen exponentiell an (Abb. 10.2), so daß Entscheidungen über den Einsatz von Kapital zur (weiteren) Erhöhung des Automatisierungsgrades sorgfältige betriebswirtschaftliche Berechnungen voraussetzen.

Der wirtschaftliche Erfolg des Einsatzes instrumenteller Verfahren in der Prozeßanalytik soll an den folgenden Bildern aus dem Bereich der Stahlindustrie erläutert werden [8]. Gleichsinnig mit der technischen Entwicklung vollzog sich ein schrittweiser Wandel in der chemischen Analytik, der durch den zunehmenden Einsatz von Analysengeräten bis hin zu automatisierten „Analysenlinien" charakterisiert ist. Das hatte zum einen einen ständigen Anstieg der Gesamtzahl analytischer Untersuchungen in den Laboratorien (Abb. 10.3) und zum andern einen exponentiellen Anstieg der „analytischen Produktivität", ausgedrückt als Bestimmungen/Analytiker-Monat, (Abb. 10.4) zur Folge. Diese Entwicklung ist natürlich nicht beliebig fortsetzbar: Das zeigt sich an den rechten Kurvenenden, die sich in der Gegenwart langsam zu einer Waagerechten neigen.

10.1
Literatur

1. Scharrnbeck C (1970) Chem. Techn. 22:166
2. Doerffel K, Eckschlager K (1981) „Optimale Strategien in der Analytik", Verlag H. Deutsch, Thun, Frankfurt/M., S. 39
3. Zettler H (1978) Erzmetall 31:460
4. Vandeginste BGM, Janse TAHM (1977) Fresenius' Z. Anal. Chem. 286:327
5. Fahr E (1977) Fresenius' Z. Anal. Chem. 287:97
6. Kromidas S, Guardiola J (1994) LaborPraxis – Mai:34
7. Gegner H, Kunze D (1968) Neue Hütte 13:308
8. Koch KH (1990) Fresenius' J. Anal. Chem. 337:229

11 Ausblick auf Forschungs- und Entwicklungsrichtungen in der zukunftsorientierten industriellen Prozeß- und Produktanalytik

Die Grenzen technischer Systeme werden meist durch die Leistungsfähigkeit der verwendeten (verfügbaren) Materialien bestimmt. Forschung und Entwicklung auf dem Gebiet neuer Produkte werden daher ebenso wie die Optimierung bekannter Materialien als vordringliche Aufgaben betrachtet. Die Materialforschung bedeutet somit wie die Mitwirkung bei der Optimierung technischer Prozesse eine große Herausforderung für die Analytische Chemie. Hierbei sind die Verfahren der Prozeßanalytik im engeren Sinne weiterzuentwickeln und beispielsweise in den Materialwissenschaften die Werkstoffanalytik mit ihren vielfältigen Methoden der Mikro-, Mikrobereichs-, Spuren- und Oberflächenanalytik gefordert. Dabei gilt für die chemische Analytik analog das gleiche, was für die Produkte ausgesagt wird. Es muß und wird Neuentwicklungen wie die Optimierung bekannter Verfahren geben.

Die vorstehenden Ausführungen haben u. a. in einem Kapitel exemplarisch den Stand der angewandten Atomspektroskopie erkennen lassen. An diesem Beispiel wird eines deutlich: Nach wenigen Jahrzehnten der Entwicklung ist sie ein Zweig von beachtlicher verfahrenstechnischer und wirtschaftlicher Bedeutung geworden, wobei die instrumentelle Entwicklung auch heute noch nicht als völlig abgeschlossen gelten kann. Diese Aussage gilt für viele andere methodische Entwicklungen in gleichem Maße. Infolge der wirtschaftlichen Situation in weiten Bereichen der Industrie ist allerdings ein Umbruch bei den praxisbezogenen Entwicklungsarbeiten zu beobachten. In früheren Jahren vollzogen sich ein Großteil der Applikationsarbeiten eng an dem Tagesgeschehen orientiert in den analytischen Laboratorien der Industrie. Heute haben sich diese Aufgaben immer stärker zu den Herstellern spektralanalytischer Geräte, von denen dann analytische Individuallösungen erwartet werden, verlagert. Dazu gehört oft auch die Erarbeitung einer kundenspezifischen Software.

Prozeßtechnische, werkstofftechnische, wirtschaftliche aber auch umweltbezogene Fragestellungen werden in Zukunft die Triebfeder weiterer Entwicklungen sein, wobei folgende Gebiete als Schwerpunkte in dem in diesem Buch behandelten Sinne zu betrachten sind.

Prozeßanalytik und Automation

Es wurde in verschiedenen Kapiteln eingehend dargelegt, daß die Optimierung der Prozesse und die Qualitätssicherung nach einer leistungsstarken Prozeßanalytik verlangt. Die zukünftige Entwicklung geht hier zu on-line- und in-line-Verfahren, die in Prozeßleitsysteme eingebunden werden können. Zerstörungsfrei arbeitende optische und spektrometrische Methoden werden daran ein hohen Anteil haben.

Bei der Produktanalytik werden die Forderungen der Qualitätssicherung zu einem deutlich erhöhten Probenaufkommen führen, das bei gleichbleibendem oder gar verringertem Personal in den analytischen Laboratorien nur durch konsequente Automatisierung bewältigt werden kann. Daraus resultieren die Forderungen nach immer leistungsfähigeren, flexibleren automatischen Probenvorbereitungs- und freiprogrammierbaren Robotersystemen sowie minimalen Benutzeraufwand durch anspruchsvollere Computer- oder Mikroprozessorsteuerungen. Neue gerätesteuernde Software arbeitet dabei in steigendem Maße mit standardisierten Benutzeroberflächen.

Der Markt fordert darüberhinaus vermehrt den vernetzten Rechnereinsatz als Voraussetzung für die Auftragsvergabe z. B. über eine Datenfernübertragung oder für die elektronische Übermittlung von Analysenzerfifikaten oder Sicherheitsdatenblättern (Unbedenklichkeitsatteste) der gelieferten bzw. zu liefernden Produkte. Zusammenfassend kann dazu festgestellt werden, daß der elektronischen Datenverarbeitung in den kommenden Jahren eine Schlüsselfunktion zuwächst. Denn nur auf diese Weise können die gewaltigen (analytischen) Datenmengen zweckmäßig dokumentiert, für Recherchen abrufbar und für statistische Auswertungen, z. B. zur Untersuchung und Bewertung eines Produktionsprozesses, genutzt werden.

Der Einsatz chemischer Sensoren wird für die Steuerung von Produktionsprozessen neben dem Einsatz von mannlos betriebenen Laboreinheiten sowie automatischen Analysesystemen „vor Ort" (at line) eine zunehmend wichtigere Rolle spielen [1]. Es gibt zwar kritische Stimmen, die besagen, daß manche Marktprognosen für Chemosensoren zu euphorisch sind, doch kann als sicher gelten, daß die Weiterentwicklung dieser Technik marktorientiert und erfolgreich ablaufen wird. Das gilt insbesondere für die elektrochemischen, thermokatalytischen, ionenleitenden und Ionisations-Sensoren. Aber auch die Entwicklung chemisch sensitivierter Feldeffekt-Transistoren, von faseroptischen und piezoelektrischen Sensoren lassen interessante prozeßanalytische Anwendungen erwarten [2]. Ein besonderer Trend geht in Richtung miniaturisierter Sensorsyteme.

Es sollte jedoch an dieser Stelle erwähnt werden, daß in der chemischen Sensorik die Schwerpunkte bei den Entscheidungskriterien zur Neu- oder Weiterentwicklung von Sensoren vor allem dadurch bestimmt werden, welche Vorteile gegenüber konkurrierenden „konventionellen" Analyseverfahren erreichbar sind und wie nachdrücklich das Anwenderinteresse an einer Verbesserung der jeweils üblichen analytischen Praxis vertreten wird. In jedem Fall kann nur eine detaillierte Markt- und Bedarfsanalyse Aufschluß über den zu wählenden Weg geben.

Für die zukünftige Prozeßanalytik wird besonders das Konzept des Totalen Analysensystems (TAS) beachtliche Bedeutung erlangen, da es nicht den Begrenzungen der Sensorik unterliegt (s. 5.3.2). Hierbei handelt es sich um flexibel einsetzbare, ganzheitliche Analysensysteme, bei denen bewährte analytische Prinzipien, wie die Hochdruck-Flüssigkeitschromatographie (HPLC), die Kapillarelektrophorese (CE) und die Fließinjektionsanalyse (FIA) die Verfahrensgrundlage bilden. Die photolithographische Herstellung von Mikrofließsystemen ermöglicht die Miniaturisierung der letztgenannten Technik (μ-TAS) und erschließt damit der FIA zusätzliche Anwendungsfelder (s. 5.3.3). Die zukünftigen Entwicklungsarbeiten zielen neben der Schaffung von Systemen im Mikromaßstab auf die Integration der Detektoren und Pumpen. Die zusätzlichen Möglichkeiten für Analysensysteme im Mikromaßstab bieten die HPLC und CE, bei denen die Trennsäule bezw. die Trennkapillare in einen Siliciumchip eingeätzt wird (Chip-Technologie). Es kann davon ausgegangen werden, daß diese Mikromethoden im Laufe der nächsten Jahre zur Analyse von extrem kleinen Probenvolumina für die on-line-Messung in „Totalen Analysensystemen" eine große Rolle spielen werden.

Die Vorteile, die derartige Analysensysteme bieten, wie schnelle und selektive Analysen bei geringstem Chemikalienverbrauch und geringem Anfall von Abfallstoffen, empfehlen sie für die on-line-Prozeßanalytik und werden ihnen große Marktchancen eröffnen [3].

Spektroskopische Methodenentwicklungen

In der Prozeß- und Produktanalytik haben die spektroskopischen Methoden – wie bereits mehrfach erwähnt – schon immer eine wichtige Rolle gespielt. Daher sollte an dieser Stelle ein kurzer Blick auf einige aktuelle Entwicklungsrichtungen geworfen werden. Zwar haben beispielsweise die UV-/VIS-Spektrometer in den letzten Jahren kaum prinzipielle Veränderungen erfahren, doch ist hier eine verstärkte Entwicklung hin zu simultan detektierenden Diodenarray-Spektrometern zu erkennen. Die Weiterentwicklung in der Mikrosystemtechnik in Verbindung mit monolithischen Bauelementen führt zu preiswerten integrierten optischen Systemen, die ihre Anwendung in der optischen Sensortechnik und bei der in-line-Prozeßanalytik finden werden.

Vor großen Herausforderungen steht die Analytische Chemie bei der Direktanalyse fester Stoffe, von denen die neuen Werkstoffe wie Hochleistungskeramiken, Multilayermaterialien, oberflächenvergütete Werkstoffe und Verbundwerkstoffe großes technologisches und wirtschaftliches Interesse besitzen. Besonders die Entwicklung elektrisch nicht-leitender Werkstoffe hat Methoden, die die Laserverdampfung und das radiofrequente Sputtern des Probematerials für die atomspektrometrische Analyse nutzen, sehr gefördert. Auch die Glimmentladungsspektrometrie findet hier noch vielfältige Anwendungsfelder und bedarf der Weiterentwicklung, z.B. hinsichtlich der Untersuchung von Nichtmetallen und nichtmetallischen Beschichtungen mit Hilfe von Hochfrequenzlampen und der Verfahren zur Kalibrierung bei der Tiefenprofil-, wie auch bei der Mikroverteilungsanalyse. Referenzmaterialien stehen bisher hierfür kaum zur Verfügung.

Das letztgenannte Problem ist von grundsätzlicher Bedeutung für die Analytik und wird auf lange Sicht eine wichtige Aufgabe der analytischen Forschung sein. Von der Schaffung ausreichend und problemorientiert charakterisierter, möglichst von kompetenten Institutionen zertifizierter Referenzmaterialien hängt letztlich die Zuverlässigkeit der Analysenverfahren ab. Hier besteht eine nur in Gemeinschaft vieler Fachleute zu lösende Aufgabe, die wegen der ständig fortschreitenden analytischen Entwicklung wohl nie als abgeschlossen betrachtet werden kann.

Wichtige Gebiete instrumenteller Innovation betreffen Systeme zur on-line-Probenvorbereitung und -zuführung bei atomspektrometrischen Methoden. Als Primärstrahlungsquellen für die Atomspektrometrie sind Diodenlaser in der Entwicklung. Wie überhaupt die Laserspektroskopie noch bedeutsame Anwendungen, insbesondere in der Mikro- und Spurenanalyse technischer Produkte erwarten läßt [4].

Die Nah-Infrarot (NIR-)-Spektrometrie fand bis vor wenigen Jahren kaum Anwendung in der Prozeß- und Produktanalytik. Dank der Entwicklung besserer Spektrometer, des Einsatzes schneller Rechner und der Anwendung chemometrischer Methoden ist sie heute oft bei schnellen Identitätsprüfungen, z. B. beim Wareneingang oder im Rahmen der Produktkontrolle, die Methode der Wahl. Sicher ist die Leistungsfähigkeit dieser Analysentechnik noch längst nicht ausgeschöpft. Sie läßt breitere Anwendungen nicht nur in der Lebensmittelindustrie, sondern auch bei der Prüfung von Polymerfolien und in der pharmazeutischen Industrie erwarten [5].

Mit diesem Beispiel soll der Ausblick auf spektroskopische Methodenentwicklungen abgeschlossen werden, wobei daran zu erinnern ist, daß in jedem Kapitel dieser Darstellung Hinweise auf erfolgversprechende und zukunftsweisende Forschungsarbeiten und Entwicklungen zu finden sind.

Materialwissenschaften

Fortschritte in den Materialwissenschaften sind besonders eng mit Fortschritten in der Prozeß- und Produktanalytik verknüpft. Das gilt nicht nur für die klassischen Metalle und Legierungen, sondern in noch höherem Maße für die "neuen" Werkstoffe, wie Hochleistungskeramiken, oberflächenvergütete und Verbund-Werkstoffe, um nur einige Beispiele zu nennen. Der mit diesen Materialien zu erzielende Fortschritt hängt unmittelbar vom Stand der Analytik einschließlich der mikroskopischen Methoden ab. Als allgemeines Forschungsziel wird heute betrachtet, die mikroskopischen Eigenschaften mit den makroskopischen Charakteristika eines Werkstoffes zu verknüpfen und neue Materialien in ihrem Aufbau und ihrer Wirkweise umfassend zu verstehen. Als weiteres Merkmal dieses zukunftsweisenden Gebietes, das eine Herausforderung an Industrie *und* Wissenschaft darstellt, ist herauszustellen, daß technologische Fortschritte auf diesem Sektor nur durch eine enge interdisziplinäre Zusammenarbeit von Feststoffchemikern und -physikern sowie Materialwissenschaftlern und Analytikern zu erreichen sind.

Die analytischen Fragestellungen betreffen im Falle der keramischen Werkstoffe sowohl die Ausgangsstoffe, wie z. B. Al_2O_3, AlN, Si_3N_4, SiC, als auch die keramischen Endprodukte [6]. Bei der Analyse der Ausgangsstoffe haben neben klassischen Verfahren die ICP- und die Atomabsorptions-Spektrometrie Anwendung gefunden. Die Analyse der Endprodukte gestaltet sich weitaus schwieriger, da hier nicht nur die Bulk-Zusammensetzung sondern in entscheidendem Maße die Mikroverteilung der Elemente und die Struktur interessieren muß. Zur Lösung der analytischen Probleme werden hauptsächlich spektroskopische Methoden, wie die Sekundär-Neutralteilchen- und die ICP-Massenspektrometrie sowie verschiedene laserspektroskopische Methoden [7] eingesetzt. Ferner werden für die Charakterisierung von nichtmetallischen Werkstoffen die Röntgenbeugung, die IR- und die Raman-Spektroskopie sowie zunehmend auch die Festkörper-NMR-Spektroskopie genutzt. Bei nahezu allen Methoden bestehen noch offene Fragen hinsichtlich der zuverlässigen Anwendbarkeit, die ebenso Gegenstand der laufenden analytischen Forschung sind wie die Schaffung von Referenzmaterialien für dieses äußerst komplexe Gebiet zur Sicherstellung der Untersuchungsergebnisse.

Zur Beobachtung von Phasenumbildungen bei Gas-Festkörperreaktionen läßt sich die Rasterkraftmikroskopie [8] einsetzen. Bei der Untersuchung struktureller Eigenschaften sowie der Bindungsverhältnisse und atomaren Abstände an inneren Grenzflächen erweist sich die Hochauflösende Elektronenmikroskopie als geeignetes Mittel. Die dadurch möglichen Aussagen über die Gefügezustände können zur Beschreibung makroskopischer Eigenschaften herangezogen werden.

Der schnelle Fortschritt in den „High-tech-Materialwissenschaften" stellt immer wieder neue Forderungen an die Analytische Chemie und beschleunigt die Entwicklung neuer Techniken und Verfahren. Aus den Entwicklungen in der Mikroelektronik, der Optoelektronik, von superharten Beschichtungen und speziellen Polymeren, z. B. für Biomaterialien, folgten u. a. starke Impulse für die Erarbeitung oberflächenanalytischer Verfahren [9]. Heute stehen eine Vielzahl von Methoden für die Analyse von Oberflächen und Zwischenschichten zur Verfügung, von denen nur einige an dieser Stelle genannt seien: Die Elektronenstrahlmikroanalyse (EPMA) für die Charakterisierung der Oberflächenmorphologie und zur Mikroanalyse, die Analytische Elektronenmikroskopie (AEM) für die hochaufgelöste Interface-Analyse, die Auger-Elektronenspektroskopie (AES) für die Tiefenprofil- und die Mikrooberflächenanalyse, die Photoelektronenspektroskopie (XPS) für die Untersuchung chemischer Bindungen in Oberflächenschichten, die Sekundärionen-Massenspektrometrie (SIMS) für die Spurenanalyse in Oberflächen und Zwischenschichten sowie die Scanning-Tunnelmikroskopie (STM) und die Rasterkraftmikroskopie (AFM) für die topographische Oberflächencharakterisierung mit atomarer Auflösung [10]. Obwohl alle diese Methoden bei ihrer Anwendung bereits einen hohen Stand erreicht haben, ist noch viel problemorientierte Forschungsarbeit zu leisten [9].

Die Analyse von Feststoffen unterscheidet sich von der der Gase und Flüssigkeiten durch eine weitere Problemstellung: Die topographische und die Struktur-Analyse. Es gibt keinen Feststoff, der in seinen Eigenschaften nicht vom Anteil an Neben- und Spurenbestandteilen abhängt. Daraus folgt, daß Verfahren hohen Nachweisvermögens zur Multispurenanalyse benötigt werden, um den Einfluß geringster Verunreinigungen auf die Struktur und die Eigenschaften von

Werkstoffen untersuchen zu können. Von gleicher Bedeutung ist die Verteilungs- und Mikrobereichsanalyse von Spurenelementen in der Werkstoffmatrix und an Korngrenzen bezw. in Zwischenschichten. Sie ermöglicht Aussagen über den Einfluß der Spurenelemente bezw. der Elementverteilung auf die Werkstoffeigenschaften [11]. Hier muß die Analytik nicht nur Voraussetzungen für neue zukunftsweisende technologische Entwicklungen schaffen sondern auch die Mittel für eine zuverlässige Qualitätssicherung bei der Herstellung dieser neuen Werkstoffe bereitstellen.

Literatur

1. Göpel W, Hesse J, Zemel JN (1991) Sensors – A Comprehensive Survey, Part 1: Chemical Sensors, VCH Verlagsgesellschaft, Weinheim
2. Carey WP (1994) TrAC 13:210
3. Manz A, Verpoorte E, Raymond DE, Effenhauser CS, Burggraf N, Widmer HM (1995) In: Van den Berg A, Bergveld P (Eds.), Micro Total Analysis Systems, Kluwer Academic Publ., S. 5
4. Niemax K (1991) Naturwissenschaften 78:250
5. Benson IB (1995) Spectroscopy Europe 7, No. 6:18
6. Broekaert JAC, Tölg G (1990) Mikrochim. Acta II:173.
7. Niemax K (1990) Fresenius'J Anal Chem 337:551
8. Friedbacher G (1995) Nachr Chem Tech Lab 43, Nr. 3:342
9. Grasserbauer M, Friedbacher G, Hutter H, Stingeder G (1993) Fresenius' J Anal Chem 346:594
10. Grasserbauer M, Werner HW (1991) Analysis of microelectronic materials and devices. Wiley, Chichester
11. Ortner HM, Wilhartitz P (1991) Mikrochim Acta II:177

D.A. Skoog, J.J. Leary

Instrumentelle Analytik

Grundlagen - Geräte - Anwendungen

Aus dem Amerikanischen übersetzt von D. Brendel,
S. Hoffstetter-Kuhn

1996. XVIII, 898 S. 537 Abb., 86 Tab. Geb. DM 98,-; öS 715,40;
sFr 86,50 ISBN 3-540-60450-2

Mit der deutschsprachigen Ausgabe des Standard-Lehrbuchs zur
Instrumentellen Analytik von Skoog und Leary schließt sich end-
lich eine Lücke im Buchangebot für fortgeschrittene Studenten
der Chemie an Universitäten und Fachhochschulen. Aufgrund des
multidisziplinären Eindringens der Analytischen Chemie in andere Bereiche richtet sich das Buch auch an Physiker, Ingenieure
und Biochemiker. Das Buch führt aktuell und kompetent in die
Grundzüge und Feinheiten der heutigen Instrumentellen Analytischen Chemie ein. Über 530 detailreiche, selbsterklärende
Abbildungen, Anhänge zu Statistik und Elektronik, Übungsauf-
gaben mit Lösungen und viele wichtige Originalzitate ergänzen
dieses moderne Lehrbuch für Studierende und Praktiker.

Springer-Verlag, Postfach 31 13 40, D-10643 Berlin, Fax 0 30 / 8 27 87 - 3 01 / 4 48   e-mail: orders@springer.de   BA96.06.24c

Erratum

Sehr geehrter Leser, sehr geehrte Leserin,

durch ein bedauerliches Versehen wurde Herr Professor
Dr. Karl Heinz Koch sowohl auf dem Einband als auch im
Innentitel als Herausgeber des unten genannten Werkes
bezeichnet. Herr Professor Dr. Karl Heinz Koch ist jedoch
Alleinautor dieses Werkes. Wir bitten Sie ausdrücklich,
dieses an entsprechender Stelle im Buch zu vermerken.
Ausserdem legt der Autor Wert auf die Feststellung, dass
er alle seine Veröffentlichungen unter dem Namen "Karl
Heinz Koch" (ohne Abkürzung der Vornamen) getätigt hat.
Wir bitten Sie, unser Versehen zu entschuldigen.

Karl Heinz Koch, Industrielle Prozessanalytik
© Springer-Verlag, Berlin/Heidelberg 1997